长江治理与保护科技创新丛书

SERIES OF SCIENCE & TECHNOLOGY INNOVATION
FOR CHANGJIANG RIVER REHABILITATION AND PROTECTION

U0261867

三峡工程运用后荆江河道
冲淤演变及影响研究

朱勇辉 李凌云 王敏 陶铭 等 著

中国水利水电出版社
www.waterpub.com.cn

·北京·

内 容 提 要

荆江河段是长江中游防洪问题最为突出的河段，也是三峡工程运用以来坝下游受影响时间早、程度大的河段。本书通过现场查勘、原型观测资料分析、实体模型试验和数学模型计算等技术手段，研究揭示了三峡工程运用以来荆江河段河床变形及再造规律，预测了溪洛渡、向家坝、亭子口等水库与三峡水库联合运用后荆江河道再造过程及变化趋势，揭示了荆江河道再造过程对防洪形势和取水工程正常运用的影响，研究成果可为荆江河道（航道）治理、防洪、供水、灌溉以及上游水库的运行调度等提供技术支撑，进而促进长江治理与保护。

本书可供从事河道演变与河道（航道）治理的专业人员及高等院校相关专业的师生借鉴与参考。

图书在版编目（ＣＩＰ）数据

三峡工程运用后荆江河道冲淤演变及影响研究 /
朱勇辉等著. -- 北京：中国水利水电出版社，2021.10
（长江治理与保护科技创新丛书）
ISBN 978-7-5170-9953-6

Ⅰ．①三… Ⅱ．①朱… Ⅲ．①三峡水利工程—影响—
荆江—河道冲刷—研究 Ⅳ．①TV147

中国版本图书馆CIP数据核字(2021)第201613号

书　　名	长江治理与保护科技创新丛书 **三峡工程运用后荆江河道冲淤演变及影响研究** SAN XIA GONGCHENG YUNYONG HOU JING JIANG HEDAO CHONGYU YANBIAN JI YINGXIANG YANJIU	
作　　者	朱勇辉　李凌云　王敏　陶铭　等 著	
出版发行	中国水利水电出版社 （北京市海淀区玉渊潭南路 1 号 D 座　100038） 网址：www.waterpub.com.cn E-mail：sales@waterpub.com.cn 电话：(010) 68367658（营销中心）	
经　　售	北京科水图书销售中心（零售） 电话：(010) 88383994、63202643、68545874 全国各地新华书店和相关出版物销售网点	
排　　版	中国水利水电出版社微机排版中心	
印　　刷	天津嘉恒印务有限公司	
规　　格	184mm×260mm　16 开本　20.75 印张　505 千字	
版　　次	2021 年 10 月第 1 版　2021 年 10 月第 1 次印刷	
定　　价	**145.00 元**	

丛书序

　　长江是中华民族的母亲河，是世界第三、中国第一大河，是我国水资源配置的战略水源地、重要的清洁能源战略基地、横贯东西的"黄金水道"和珍稀水生生物的天然宝库。中华人民共和国成立以来，经过70多年的艰苦努力，长江流域防洪减灾体系基本建立，水资源综合利用体系初步形成，水资源与水生态环境保护体系逐步构建，流域综合管理体系不断完善，保障了长江岁岁安澜，造福了流域亿万人民，长江治理与保护取得了历史性成就。但是我们也要清醒地认识到，由于流域水科学问题的复杂性，以及全球气候变化和人类活动加剧等影响，长江治理与保护依然存在诸多新老水问题亟待解决。

　　进入新时代，党和国家高度重视长江治理与保护。习近平总书记明确提出了"节水优先、空间均衡、系统治理、两手发力"的治水思路，为强化水治理、保障水安全指明了方向。习近平总书记的目光始终关注着壮美的长江，多次视察长江并发表重要讲话，考察长江三峡和南水北调工程并作出重要指示，擘画了长江大保护与长江经济带高质量发展的宏伟蓝图，强调要把全社会的思想统一到"生态优先、绿色发展"和"共抓大保护、不搞大开发"上来，在坚持生态环境保护的前提下，推动长江经济带科学、有序、高质量发展。面向未来，长江治理与保护的新情况、新问题、新任务、新要求和新挑战，需要长江治理与保护的理论与技术创新和支撑，着力解决长江治理与保护面临的新老水问题，推进治江事业高质量发展，为推动长江经济带高质量发展提供坚实的水利支撑与保障。

　　科学技术是第一生产力，创新是引领发展的第一动力。科技立委是长江水利委员会的优良传统和新时期发展战略的重要组成部分。作为长江水利委员会科研单位，长江科学院始终坚持科技创新，努力为国家水利事业以及长江保护、治理、开发与管理提供科技支撑，同时面向国民经济建设相关行业提供科技服务，70年来为治水治江事业和经济社会发展作出了重要贡献。近年来，长江科学院认真贯彻习近平总书记关于科技创新的重要论述精神，积极服务长江经济带发展等国家重大战略，围绕长江流域水旱灾害防御、水资源节约利用与优化配置、水生态环境保护、河湖治理与保护、流域综合管理、水工程建设与运行管理等领域的重大科学问题和技术难题，攻坚克难，不断进取，在治理开发和保护长江等方面取得了丰硕的科技创新成果。《长江治理与保护科技创新丛书》正是对这些成果的系统总结，其编撰出版正逢其时、意义重大。本套丛书系统总结、提炼了多年来长江治理与保护的关键技术和科研成果，具有较高学术价值和文献价值，可为我国水利水电行业的技术发展和进步提供成熟的理论与技术借鉴。

    本人很高兴看到这套丛书的编撰出版，也非常愿意向广大读者推荐。希望丛书的出版能够为进一步攻克长江治理与保护难题，更好地指导未来我国长江大保护实践提供技术支撑和保障。

长江水利委员会党组书记、主任

2021 年 8 月

丛书前言

　　长江流域是我国经济重心所在、发展活力所在，是我国重要的战略中心区域。围绕长江流域，我国规划有长江经济带发展、长江三角洲区域一体化发展及成渝地区双城经济圈等国家战略。保护与治理好长江，既关系到流域人民的福祉，也关乎国家的长治久安，更事关中华民族的伟大复兴。经过长期努力，长江治理与保护取得举世瞩目的成效。但我们也清醒地看到，受人类活动和全球气候变化影响，长江的自然属性和服务功能都已发生深刻变化，流域内新老水问题相互交织，长江治理与保护面临着一系列重大问题和挑战。

　　长江水利委员会长江科学院（以下简称长科院）始建于1951年，是中华人民共和国成立后首个治理长江的科研机构。70年来，长科院作为长江水利委员会的主体科研单位和治水治江事业不可或缺的科技支撑力量，始终致力于为国家水利事业以及长江治理、保护、开发与管理提供科技支撑。先后承担了三峡、南水北调、葛洲坝、丹江口、乌东德、白鹤滩、溪洛渡、向家坝，以及巴基斯坦卡洛特、安哥拉卡卡等国内外数百项大中型水利水电工程建设中的科研和咨询服务工作，承担了长江流域综合规划及专项规划，防洪减灾、干支流河道治理、水资源综合利用、水环境治理、水生态修复等方面的科研工作，主持完成了数百项国家科技计划和省部级重大科研项目，攻克了一系列重大技术问题和关键技术难题，发挥了科技主力军的重要作用，铭刻了长江科研的卓越功勋，积累了一大批重要研究成果。

　　鉴于此，长科院以建院70周年为契机，围绕新时代长江大保护主题，精心组织策划《长江治理与保护科技创新丛书》（以下简称《丛书》），聚焦长江生态大保护，紧扣长江治理与保护工作实际，以全新角度总结了数十年来治江治水科技创新的最新研究和实践成果，主要涉及长江流域水旱灾害防御、水资源节约利用与优化配置、水生态环境保护、河湖治理与保护、流域综合管理、水工程建设与运行管理等相关领域。《丛书》是个开放性平台，随着长江治理与保护的不断深入，一些成熟的关键技术及研究成果将不断形成专著，陆续纳入《丛书》的出版范围。

　　《丛书》策划和组稿工作主要由编撰委员会集体完成，中国水利水电出版社给予了很大的帮助。在《丛书》编写过程中，得到了水利水电行业规划、设计、施工、管理、科研及教学等相关单位的大力支持和帮助；各分册编写人员反复讨论书稿内容，仔细核对相关数据，字斟句酌，殚精竭虑，付出了极大的心血，克服了诸多困难。在此，谨向所有关心、支持和参与编撰工作的领导、专家、科研人员和编辑出版人员表示诚挚的感谢，并诚恳欢迎广大读者给予批评指正。

《长江治理与保护科技创新丛书》编撰委员会

2021 年 8 月

长江荆江河段上起枝城，下至城陵矶，全长约 347.2km，是长江中游防洪问题最为突出的河段，素有"万里长江，险在荆江"之说。荆江河段同时也是三峡工程运用以来坝下游受影响时间早、程度大的河段。三峡工程于 2003 年 6 月开始蓄水，至 2009 年全部建成，并自 2010 年起连续 11 年成功蓄水至 175.00m，实现防洪、发电、航运及补水等综合目标。由于水库的调蓄作用，三峡工程运用至今荆江河段水沙条件及河道已发生了一系列的变化。受三峡工程及上游水利水电枢纽蓄水拦沙、上游水土保持减沙等因素的共同影响，进入荆江河道的泥沙明显减少，水库的调蓄作用也造成进入下游河道的流量过程发生明显变化。荆江河床冲刷加剧，部分河段河势已发生明显调整，主要控制站枯水位下降明显，荆江三口分流量持续减小，江湖关系已发生一定变化。此外，溪洛渡、向家坝等水库陆续蓄水运用，与三峡水库联合运用后，荆江河段上游来水来沙条件进一步发生变化，其对坝下游河道的冲淤演变及再造过程影响也将进一步加强，从而对防洪、取水工程的正常运用等带来影响。为积极应对新形势下荆江河段面临的新问题，深入开展三峡工程运用后荆江河道冲淤演变及影响研究，既是长江中游防洪及治理的需要，也是保障中游地区取水工程正常运用的需要，对保护坝下游沿江经济社会的可持续发展、推进生态文明建设具有重要意义。

本书是在水利部公益性行业科研专项经费项目"三峡水库运用后荆江河道再造过程及影响研究（201401011）"成果的基础上撰写而成的。全书共 7 章：第 1 章为绪论，介绍荆江河道基本情况及上游主要水库建设运行概况；第 2 章分析荆江河段水文泥沙情势变化特征，研究荆江三口分流分沙变化规律，分析荆江河段河床冲淤特征，揭示三峡工程运用以来荆江河段河床再造规律及产生机制；第 3 章开展上游梯级水库联合运用后荆江河道再造过程及变化趋势的江湖河网一维水沙数学模型模拟预测，并针对荆江典型河段开展二维水沙数学模型模拟预测；第 4 章选定荆江典型河段，在河道演变分析基础上开展上游梯级水库联合运用后河道再造过程及变化趋势的实体模型试验研究；第 5 章开展荆江河段洪水演进特性数学模型计算和定床模型试验研究，在此基础上综合分析荆江河道再造过程对防洪形势的影响；第 6 章开展荆江河道再造过程对取水工程正常运用影响的数值模拟计算和定床模型试验研究，进而综合分析荆江河道再造过程对取水工程正常运用的影响；第 7 章为结论与展望，介绍研究取得的主要成果，展望未来进一步研究的方向。

本书第 1 章由朱勇辉、李凌云撰写，第 2 章由郭小虎、朱玲玲、朱勇辉、刘心愿、杨成刚撰写，第 3 章由王敏、崔占峰、葛华、宫平撰写，第 4 章由陈栋、陶铭、唐峰、黄莉撰写，第 5 章由朱勇辉、陶铭、王敏、胡德超、李凌云撰写，第 6 章由陶铭、元媛、朱勇辉、渠庚撰写，第 7 章由朱勇辉撰写。全书由朱勇辉与李凌云统稿。

需要特别说明的是，本书相关研究项目是在各参加单位的共同努力下完成的，参加项目研究的单位和主要完成人如下：①长江科学院，包括朱勇辉、范北林、姚仕明、李凌云、陶铭、陈栋、王敏、刘心愿、葛华、宫平、郭小虎、黄莉、胡德超、唐峰、渠庚、胡向阳、元媛、李昊洁、李武、林木松、张细兵、唐文坚、阳远硬、王茜、周若、何广水、张慧、魏国远、郭炜、喻志强、张文二、李荣辉、岳红艳、谷利华、韩向东、周哲华、刘亚、邓彩云、王彦君、崔占峰、孙贵州、黎礼刚、潘毅人、赵燕、刘同宦、丁兵、王家生、蔺秋生、赵瑾琼、贺方舟、章运超、王齐、李彩霞等；②长江水利委员会水文局，包括熊明、许全喜、袁晶、董炳江、朱玲玲、杨成刚、李圣伟、原松、王伟、陈泽方、彭玉明等；③长江勘测规划设计研究院有限责任公司，包括徐照明、张黎明、蒋磊、马小杰、徐慧娟、郭铁女等。在项目研究过程中，得到了长江科学院卢金友教授级高级工程师、董耀华教授级高级工程师等的指导。在此对他们的辛勤劳动表示诚挚的感谢。本书得到了水利部公益性行业科研专项经费项目（201401011）的资助，特此致谢。

限于水平，书中难免存在疏漏和不妥之处，敬请读者批评指正。

作者

2021 年 5 月

目录

第 1 章

绪　　论

1.1　研究背景

　　荆江河段是长江中游防洪问题最为突出的河段，也是三峡工程运用以来受影响时间早、程度大的河段。三峡工程于 2003 年 6 月开始蓄水，至 2009 年全部建成，并自 2010 年起连续 11 年成功蓄水至 175.00m，实现防洪、发电、航运及补水等综合目标。

　　由于水库的调蓄作用，三峡工程运用至今荆江河段水沙条件及河道已发生了一系列的变化，主要表现在：①荆江河段水沙条件已发生显著变化。三峡工程运用后，受三峡工程及上游水利水电枢纽蓄水拦沙、上游水土保持减沙等因素的共同影响，进入荆江河道的泥沙明显减少，减少幅度为 67%～93%。水库的调蓄作用也造成进入下游河道的流量过程发生明显变化。②荆江河床冲淤加剧，部分河段河势已发生明显调整。原型观测资料分析表明，2002 年 10 月至 2018 年 10 月，荆江河段平滩河槽冲刷泥沙 11.38 亿 m³，年均冲刷 0.71 亿 m³，远大于三峡工程运用前 1975—2002 年年均冲刷量 0.137 亿 m³。下荆江七弓岭弯道、观音洲弯道呈现出"撇弯切滩"现象，局部河段河势调整较为剧烈。③荆江主要控制站枯水位下降明显，荆江三口（松滋口、太平口和藕池口）分流量持续减小，江湖关系已发生一定变化。荆江河段中枯水位下降，将导致部分沿江引水涵闸及泵站不能正常使用，影响干流河道两岸正常的供水和灌溉。④溪洛渡、向家坝等水库陆续蓄水运用，与三峡水库联合运用后，荆江河段上游来水来沙条件将进一步发生变化，其对坝下游河道的冲淤演变及再造过程影响也将进一步加强。⑤溪洛渡、向家坝等水库与三峡水库联合运用后坝下游河道再造过程对防洪、取水工程的正常运用等可能带来不利影响。

　　三峡工程运用已十余年，不断积累的水文、泥沙、地形等原型观测资料有助于对实体模型和数学模型进行进一步率定和验证，完善模拟技术，提高模拟与预测精度。

　　因此，积极应对新形势下荆江河段面临的新问题，利用原型观测资料分析、进一步验证和率定后的实体模型试验和数学模型开展溪洛渡、向家坝等水库与三峡水库联合运用后荆江河道冲淤演变及影响研究，既是长江中游防洪及治理的需要，也是保障中游地区取水工程正常运用的需要，对保护坝下游沿江经济社会的可持续发展、推进生态文明建设具有重要意义。

1.2　荆江河道基本情况

1.2.1　河道概况

　　荆江位于长江中游，上起枝城，下迄洞庭湖出口处的城陵矶，全长约 347.2km，以藕池口为界,分为上、下荆江(图 1.2.1)。荆江北岸有支流沮漳河入汇,南岸沿程有松滋口、太平口、藕池口和调弦口(已于 1958 年建闸控制)分流入洞庭湖,洞庭湖又集湘、资、沅、澧四水于城陵矶处汇入长江,构成非常复杂的江湖关系[1]。

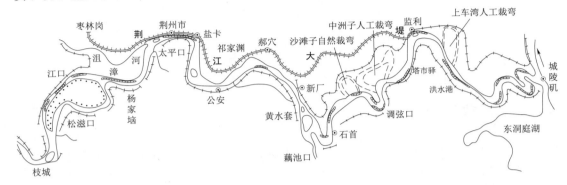

图 1.2.1　荆江河段示意图

上荆江为微弯分汊型河段,长约 171.5km。由江口、沙市、郝穴三个北向河弯和洋溪、涴市、公安三个南向河弯以及弯道间的顺直过渡段组成。河弯处多有江心洲,自上而下有关洲、董市洲、柳条洲、江口洲、火箭洲、马羊洲、三八滩、金城洲、突起洲等江心洲滩,河弯曲折率平均为 1.72,最小河弯半径为 3040m,最大为 10300m。河道最宽处位于突起洲头部,约为 3000m,最窄处位于郝穴铁牛矶处,仅为 740m。水面比降为 0.04‰~0.06‰,汛期较大,枯水期较小。

下荆江上起藕池口,下迄洞庭湖出口处的城陵矶,全长约 175.7km。自然条件下,下荆江蜿蜒曲折,易发生自然裁弯,河道摆动幅度大,为典型的蜿蜒型河道。20 世纪 60 年代末至 70 年代初,下荆江经历了中洲子(1967 年)、上车湾(1969 年)两处人工裁弯以及沙滩子(1972 年)自然裁弯,使其河长缩短了约 78km。裁弯工程实施后,因下荆江不断实施河势控制工程与护岸工程,河道摆动幅度明显减小,岸线稳定性也明显得到了增强。目前下荆江已成为限制性弯曲河道,由石首、沙滩子、调关、中洲子、监利、上车湾、荆江门、熊家洲、七弓岭、观音洲共 10 个弯曲段组成。

1.2.2　河道边界条件

枝城至城陵矶的荆江河段,流经江汉盆地的西南部。江汉盆地属我国东部新华夏系第二沉降带的江汉沉降区。

上荆江枝城至江口段为低山丘陵区向冲积平原区过渡的河段,两岸多为低山丘陵控制,河岸较为稳定,河床覆盖层主要由沙、砾石、卵石组成,平均厚度为 20~25m,其下为基岩;洲滩多为砾石、卵石覆盖,其间也有粗中沙落淤;江口至藕池口段两岸大部分为冲积平原,还有湖泊阶地、剥蚀丘陵和河流阶地,以及河漫滩;河岸由卵石、沙和黏性土壤组成,下部卵石层顶板约以 0.2‰的坡降向下游倾斜,中部沙层顶板高程较低,一般在枯水位以下,上部黏性土层较厚,一般为 8~16m,以粉质壤土为主,夹黏土和沙壤土;河床组成为中细沙,卵石仅在个别地方及护岸工程的局部冲刷坑处出露,近年来沙市河段床面上出现卵石；床沙中值粒径平均为 0.20mm，沿程有所细化，1999 年床沙取样成果表明：沙市、公安河段床沙中值粒径分别为 0.228mm 和 0.197mm。

下荆江河段右岸部分地段为丘陵阶地，抗冲能力较强；左岸为冲积平原，河岸由下部沙层与上部黏性土层组成，抗冲能力差。河岸大部分为现代河流沉积物组成的二元结构，下部沙层顶板高程较高，一般位于枯水位以上，以中细沙为主，厚度一般在 30m 以上；上部为河漫滩相的黏土层，厚度较上荆江为薄，一般为 3～14m，以粉质黏土和粉质壤土为主，河岸抗冲性较上荆江弱。下荆江河床组成为中细沙，中值粒径约 0.165mm，卵石层深埋床面以下。监利以上河段床沙中值粒径明显粗于其以下河段。

自 20 世纪 50 年代以来，荆江河道治理工程建设以堤防工程为重点，先后实施了荆江大堤，监利、岳阳、荆南长江干堤新建与加固工程。与此同时，为有利于荆江河道的安全行洪实施了系统裁弯工程和河势控制工程，为有利于荆江河道的安全通航先后实施了一系列的航道整治工程。经过 70 多年的荆江河道治理工程建设，尤其是 1998 年大洪水后，国家加大了对荆江堤防及护岸工程建设的投资力度。到 2003 年 6 月三峡工程运用前，已形成了由荆江大堤（1 级堤防），监利、岳阳、荆南长江干堤（2 级堤防）以及众多护岸工程组成的荆江河道防洪工程体系。2003 年三峡工程运用后，为保障防洪安全，维护河势稳定，又在荆江实施了部分河段河势控制应急工程和崩岸治理工程。

1. 堤防工程

荆江左岸有荆江大堤和监利长江干堤，右岸有松滋江堤、荆南长江干堤以及岳阳长江干堤。荆江大堤上起荆州区枣林岗，下至监利县城南，全长 182.35km，属 1 级堤防；监利长江干堤长 92.336km，属 2 级堤防；松滋江堤位于上荆江河段南岸松滋市境内，西起松滋老城，东至涴市隔堤，全长 51.2km，属 2 级堤防；荆南长江干堤上起涴市隔堤，下至石首五马口，全长 189.32km，属 2 级堤防；岳阳长江干堤（荆江段），上起岳阳市华容县塔市驿，下至城陵矶，全长 95km。

荆江两岸的堤防工程基本按以下技术要求实施：① 按 1998 年的最高水位线超高 1.0～2.0m 进行加高培厚；② 堤内坡比 1∶3，预制混凝土块或草皮护坡；③ 堤外坡比 1∶3～1∶5，基本为草皮护坡，背水坡脚铺垫 20～30m 宽的压浸平台，对有散浸和管涌险情地段的堤身采用防渗墙处理措施；④ 堤顶修建 6～10m 宽、厚 20cm 的混凝土路面。目前，荆江两岸的堤防工程已建设形象达标。

2. 荆江裁弯与河势控制工程

20 世纪 60 年代以前，下荆江为典型的蜿蜒性河道，受弯道横向环流的影响，弯道凹岸近岸河床冲刷、岸线崩塌，凸岸边滩不断淤长，弯道曲率不断增大，最终以"撇弯切滩"或裁弯实现一个时间阶段的演变循环[2]。20 世纪 60 年代末至 70 年代初，下荆江先后实施了中洲子（1967 年）、上车湾（1969 年）两处人工裁弯，以及发生了沙滩子（1972 年）自然裁弯，下荆江河长缩短了约 78km。此外，1994 年 6 月下荆江石首河段发生了向家洲"撇弯切滩"。河道裁弯或"撇弯切滩"一定程度上改变了荆江的水沙运动特性，引起了相应的河道调整变化。荆江裁弯有利于其河道的行洪，但同时进一步加剧了荆江河道的不稳定性，危及堤防安全与岸线稳定；为了维护堤防安全和维持裁弯工程的有利成果，须对荆江河势进行控制。荆江河势控制工程的基本形式是护岸工程，其主体工程的材料结构型式在当时主要是水下抛石。自1949年以来，国家投入大量的人力物力对荆江的崩岸段和重点险工段多次实施新护和加固工程，目前荆江的总体河势得到初步控制，已护岸线基本稳定。

根据资料统计，60年来（1950—2009年），荆江河段完成护岸长度366.42km（统计资料截至2015年12月），其中上荆江河段完成护岸长度约193.3km，下荆江河段完成护岸长度173.12km（表1.2.1～表1.2.4）。

表1.2.1　　　　　　荆江大堤上荆江河段完成护岸工程量统计表

序号	地名	桩　号	施护长度/m	石方量/m³	断面方量/(m³/m)	施工时段
1	柳口	697+100—699+200	2100	91634	43.6	1950—1996年
2	熊刘	700+500—708+000	7500	284807	38	1950—1996年
3	郝穴—龙二渊	708+000—713+000	5000	1049962	210	1950—1999年
4	灵官庙—黄林垱	713+000—718+000	5000	570580	114.1	1950—1996年
5	祁家渊—冲和观	718+000—722+200	4200	1309816	311.9	1950—1999年
6	文村夹	732+800—735+500	2700	193295	71.6	1950—2008年
7	观音寺	738+700—745+000	6300	1051577	166.9	1950—1996年
8	沙市	745+000—760+690	15690	1295436	82.6	1950—2009年
9	学堂洲	0+000—5+170	5170	153086	29.6	1950—2009年
合　计			53660	6000193		

表1.2.2　　　　　　荆南干堤上荆江河段完成护岸工程量统计表

序号	地名	桩　号	施护长度/m	石方量/m³	断面方量/(m³/m)	施工时段
1	郑家河头	615+460—616+400	940	50577	53.8	1974—2002年
2	黄水套	616+400—620+775	3575	485683	135.9	1960—2002年
3	朱家湾	646+200—652+000	5800	389840	67.2	1969—2001年
4	南五洲	29+960—29+340	640	58979	91.2	2008年汛前
5	陡湖堤	652+000—660+920	8920	566224	63.5	1957—2001年
6	青龙庙	660+920—664+200	3280	389616	118.8	1953—2000年
7	唐家湾	664+200—665+650	1450	81114	55.9	1950—1985年
8	新四弓—陈家台	675+050—681+500	6450	426035	66.1	1961—2002年
9	杨家尖	703+800—704+900	1100	52800	48	2001—2002年
10	查家月堤	710+450—712+500	1860	134372	72.2	1960—2002年
合　计			34015	2635240		

表1.2.3　　　　　　下荆江河段完成护岸工程量统计表

序号	地名	起止桩号	施护长度/m	石方量/m³	断面方量/(m³/m)	施工时段
1	茅林口—古丈堤	37+280—28+000	7750	661893	85	1975—2001年
2	向家洲	26+000—22+000	3900	213162	54.6	1994—2001年

续表

序号	地名	起止桩号	施护长度 /m	石方量 /m³	断面方量 /(m³/m)	施工时段
3	送江码头	0+000—3+600	3600	286938	79.7	2000年
4	北门口	S6+000—S9+000	3000	377837	126	1994—2001年
5	鱼尾洲	10+380—3+780	6600	1005891	165	1971—2001年
6	北碾子湾	0+000—7+300	7300	717592	98.3	2001—2008年
7	寡妇夹	0+000—3+000	3000	230935	77	2001—2002年
8	金鱼沟	15+700—20+820	5120	392160	76.59	1977—1994年
9	连心垸	2+250—0+000	2500	443685	177.5	1974—2001年
10	调关	529+600—527+900	1700	339943	200	1952—2001年
11	沙湾	527+900—527+120	780	105831	135.7	1969—2001年
12	芦家湾	527+120—524+630	2490	177243	71.2	1962—2001年
13	八十丈	524+630—521+880	2750	201920	73.4	1961—2001年
14	中洲子	5+420—0+210	5210	646018	123.9	1968—2000年
15	鹅公凸	513+140—511+590	1550	231040	149	1969—2001年
16	茅草岭	511+590—510+280	1310	285188	217.7	1975—2001年
17	章华港	510+280—498+000	4200	319181	76	1971—2001年
18	新沙洲	0+000—14+600	14600	1443954	98.8	1969—2009年
19	铺子湾	23+226—11+820	10591	859144	81.1	1977—2008年
20	天字一号	21+050—27+150	6100	704124	115.4	1969—2009年
21	集成垸	2+960—6+350	3390	330130	97.4	1983—2001年
22	天星阁	44+470—40+060	4410	417600	94.7	1982—1986年
23	洪水港	0+000—8+700	8700	1097900	126.2	1965—2009年
24	团结闸	24+500—22+280	2220	144679	65.2	1978—2010年
25	熊家洲河段	20+220—6+730	12990	1111541	85.6	1970—2010年
26	荆江门	1+000—5+500	6500	1169633	179.5	1969—2009年
27	七弓岭	1+000—14+000	13000	2169000	166.8	1985—2002年
28	观音洲	4+250—564+400	5460	600426	109.9	1969—1991年
合计			150721	16684588		

表1.2.4   荆江河段河势控制应急工程2006年度实施项目工程量统计表

序号	地名	起止桩号	施工长度 /m	石方量 /m³	断面方量 /(m³/m)	施工时段
1	林家垴	19+000—18+000	880	15862	18	2008—2009年
2	学堂洲	5+170—4+600	570	52036	91.3	2008—2009年
3	沙市	759+812—759+332	570	377	0.7	2008—2009年
		749+200—750+000	800	41530	51.9	2008—2009年

续表

序号	地名	起止桩号	施工长度/m	石方量/m³	断面方量/(m³/m)	施工时段
4	文村甲	735+600—733+400	2200	118650	53.9	2006—2007年
		13+350—12+400	950			2006—2007年
5	南五洲	29+340—29+960	640	58729	91.8	2007—2008年
6	茅林口	36+300—35+000	1300	6989	5.4	2009—2010年
			铰链排 m²	113923	87.6	2009—2010年
7	北碾子下段	6+000—6+730	1300	114000	87.7	2007—2008年
8	铺子湾	16+220—15+720	500	46800	93.6	2007—2008年
合计			9710	568896		

3. 航道整治工程

2000年以前，荆江河段的航道整治工程主要是枝江芦家河和监利姚祁垴段的航道疏浚；2000年以来荆江河段的航道整治工程主要是护滩带、潜丁坝以及护岸工程。

（1）枝江水道。

1）枝江—江口河段航道整治一期工程包括：

a. 董市洲头低滩采用4条护滩带（一横三纵）进行洲头守护工程；董市洲窜沟锁坝工程；对董市洲右缘头部至尾部进行护岸，并在董市洲右缘边滩布置3条护滩带。

b. 张家桃园边滩上布置4道护滩带。

c. 柳条洲右缘头部至尾部进行护岸。

d. 吴家渡5道边滩护滩带工程。

e. 七星台一带护岸填槽工程。

2）长江中游荆江河段航道整治工程（昌门溪—熊家洲段工程）2013—2015年实施项目包括：

a. 张家桃园边滩下段守护工程：在一期工程张家桃园已建4道护滩带下游增加2道勾头护滩带，长度分别为487m、437m（含75m勾头），守护宽度为150m。

b. 吴家渡边滩潜丁坝工程：将一期工程吴家渡边滩已建5道护滩带加高至设计水位，使之成为潜丁坝，其中将3～5号潜丁坝适当延长，1～5号坝体长度分别为269m、318m、357m、426m、417m（含80m勾头）。在吴家渡边滩下段增加1道勾头护滩带，长度727m，守护宽度180m。

c. 陈家渡一带水下乱石堆整平工程：整平范围面积为12.5万m²。

d. 柳条洲尾护滩带工程：在柳条洲尾低滩建设1道护滩带，长度为727m，守护宽度为180m，其中480m长轴线抛石按基面下3m控制，247m长轴线抛石压载1.5m。

e. 七星台一带护底带工程：七星台一带深槽实施3道护底带，长分别为464m、417m、396m，宽均为200m。水下采用D型排护底＋抛石压载，护底边缘采用联锁块软体排衔接。

f. 七星台护岸加固工程：对七星台一带长1791m的岸线守护工程进行水下加固，采用水上抛石。

（2）沙市河段。沙市河段的航道整治工程包括：腊林洲守护工程，三八滩应急守护一期、二期工程及沙市河段航道整治一期工程，瓦口子—马家咀航道整治工程等。

1）腊林洲守护工程。对腊林洲边滩中上段进行守护，守护长度3303m，在下游端部布置一条130m长的护滩带；对左岸杨林矶一带4500m长已护岸线的重点部位共1900m进行水下加固，防止因其继续崩退使得河道进一步展宽而导致沙市河段洲滩形态、水流结构等发生不利变化。该工程施工工期为2010年10月至2012年5月，工程的实施起到抑制腊林洲左缘岸线的崩塌后退作用，有利于杨林矶（学堂洲）段岸线的稳定，并使得该段达到3.0m×80m×750m（水深×航宽×弯曲半径）、保证率为95%的通航建设标准。

2）三八滩应急守护一期、二期工程及沙市河段航道整治一期工程。三八滩应急守护一期工程于2004年3—5月实施完成，该方案包括：对新三八滩上段滩面进行守护，纵、横结合，横向为主，布置8条护滩带。三八滩应急守护二期工程于2005年3—5月实施完成，主要是对一期应急守护工程受损较严重的部位进行修复加固；随后2005年及2008年又进一步对已建护滩带进行了加固完善，保持了三八滩中上段滩脊的稳定，维持沙市河段三八滩分汊段枯水双分汊基本稳定的河势格局，达到2.9m×150m×1000m（航深×航宽×转弯半径）、保证率为95%的通航建设标准。

3）瓦口子—马家咀航道整治工程。

a. 在金城洲中下段新建两道护滩带，左岸护岸加固，长度2015m。

b. 雷家洲中下护岸2300m，西湖庙护岸加固2520m，突起洲右缘布置一道护滩带，突起洲左汊中下段布置1道护底带，并对已建护底带进行加固。

通过以上工程进一步完善有利于滩槽格局的控制，使良好的航道条件得以长期保持。

4）金城洲分汊段航道整治工程。金城洲分汊段航道整治工程（瓦口子水道航道整治控导工程）包括2007年12月开始在右岸野鸭洲（金城洲头部）边滩上建3道护滩带、金城洲中部建2道护滩带以及对左岸荆45～荆48断面间约5.3km范围内护岸的部分水下坡脚进行加固。金城洲分汊段航道整治工程实施后，基本抑制了金城洲头和右汊（串沟）的冲刷发展，对该河段的稳定起到积极作用。

5）长江中游荆江河段航道整治工程（昌门溪至熊家洲段工程）2013—2015年实施项目包括：

a. 腊林洲中部守护工程。在腊林洲低滩布置1～3号三道带勾头的护滩建筑物。其中1号护滩带布置在腊林洲守护工程的护底排之上，直段长度为260m，勾头长100m；2号护滩带的直段与勾头分别长442m和200m，3号护滩带的直段与勾头长度分别为593m和120m。护滩建筑物守护宽度均为180m。在护滩建筑物根部进行高滩守护，采用平顺式的守护方式，上端与腊林洲守护工程的尾部平顺衔接，主体工程守护长度为1320m。

b. 三八滩中下段守护工程。在沙市一期工程对三八滩上段滩脊守护的基础上，对三八滩滩体下段滩脊进行守护，守护长度为1230m，守护宽度为200m。

c. 三八滩左汊左岸已护岸线加固工程。对北汊左岸已护岸线的重点部位进行加固，长度为2976m。

（3）公安河段。2006年开始实施了马家咀水道航道整治一期工程，建设标准：航道尺度为3.5m×150m×1000m（水深×航宽×弯曲半径），水深保证率为98%；主要是在左汉口门附近建 2 道护滩带及 1 道护底带,以维持突起洲头前沿低滩的完整,防止左汉进一步冲刷发展,尽量减小三峡工程对该河段的不利影响,防止航道条件恶化。

2010 年 10 月对雷家洲中下护岸 2300m,西湖庙护岸加固 2520m,突起洲右缘布置 1 道护滩带,突起洲左汉中下段布置 1 道护底带,并对已建护底带进行加固。通过以上工程进一步完善有利于滩槽格局的控制,使良好的航道条件得以长期保持。

(4) 郝穴河段。

1) 周天河段航道整治控导工程。2006 年开始实施了周天河段航道整治控导工程,建设标准:维护现行航道尺度,即 3.5m×150m×1000m(水深×航宽×弯曲半径),保证率则由 95% 提高到 98%。整治工程主要包括:

a. 在周公堤水道进口左岸九华寺一带建 5 道潜丁坝,主要作用是限制枯季主流左摆下移,维持周公堤水道的上过渡形式。

b. 适当延长蛟子渊边滩上段的原清淤应急工程中的头两道建筑物,再在其上游建 2 道潜丁坝,主要作用是巩固蛟子渊边滩,促进滩头的完整和稳定。

c. 在右岸张家榨已有干砌块石护岸下游 840m 范围进行抛石护脚,以与水利工程相结合,有利于张家榨一带岸线的稳定。

2) 长江中游荆江河段航道整治工程(昌门溪至熊家洲段工程)2013—2015 年实施项目包括:

a. 在张家湾附近布置一道潜丁坝工程,坝长 450m,其中,直段长 290m(坝根长 97m 为透水段,其余 193m 长为实体段),勾头长 160m,坝高 25.96m(黄海高程)。

b. 张家榨护岸新建及加固工程:对右岸张家榨一带未护岸段进行新护,长度为 2780m,对长 1344m 的已护岸段进行加固。

c. 高滩守护工程:对左岸新厂边滩进行 5626m 高滩守护,对天星洲左缘进行长 2850m 的高滩守护。

(5) 石首河段。

1) 藕池口水道航道整治一期工程。左岸陀阳树边滩建 4 条护滩带,天星洲洲尾左缘下段护岸 1284m、护滩 991m,藕池口心滩左缘中段护岸 765m,沙埠矶护岸 1050m。工程旨在通过实施一定的工程措施,形成稳定良好的滩槽格局,消除航道向不利方向转化的因素。

2) 长江中游荆江河段航道整治工程(昌门溪—熊家洲段工程)2013—2015 年实施项目包括:

a. 倒口窑心滩守护工程。在倒口窑心滩上建设梳齿形护滩带,一纵二横共 3 道,纵向护滩带上段为半椭圆形,下段为"刀"形,其中上段长度为 400m、底宽为 660m,下段长度为 1810m、宽度为 300m;横向护滩带轴长分别为 500m、640m,宽度均为 180m。工程结构型式主要采用软体排+排上铺石,边缘抛透水框架或抛石压载防护。

b. 陀阳树边滩护滩带工程。在陀阳树边滩已建护滩带群的上游和下游各增加 1 道护滩带(TH0 号、TH5 号),长度分别为 362m、581m,宽度均为 180m,工程结构型式主要是软体排+排上抛石,边缘抛透水框架或抛石压载防护;对一期 TH3 号、TH4 号护滩带头部进行加固,加固长度分别为 306m、197m,采用抛石结构。

c. 天星洲左缘下段守护工程。对天星洲左缘下段进行守护,长度为 2640m,采用平顺护岸结构,枯水平台以上为钢丝网格护坡,枯水平台以下为软体排护底、抛石镇脚和防冲石边缘处理。

d. 焦家码头护岸加固工程。焦家码头一带已护岸线实施加固工程,长度为 1406m,采用抛石结构。

（6）碾子湾河段。

1）碾子湾水道清淤应急工程及航道整治工程。左岸建 7 道丁坝及 2 道护滩带、右岸建 5 道护滩带,以稳定过渡航槽平面位置、防止上下深槽交错;在右岸南堤拐一带布置 2.0km 护岸,在左岸柴码头一带布置 500m 护岸,防止崩岸引起过渡段线形向不利方向发展。

2）长江中游荆江河段航道整治工程（昌门溪—熊家洲段工程）2013—2015 年实施项目包括:

a. 桃花洲边滩守护工程。在莱家铺弯道凸岸侧上段桃花洲边滩修建三道护滩带,对此处滩面进行守护,头部至右整治边线,根部与高滩岸坡相接。护滩带长分别为 439m（含 150m 勾头）、556m（含 150m 勾头）、439m,守护宽度均为 180m。对护滩根部进行守护,守护长为 1958m。

b. 莱家铺边滩守护工程。在莱家铺边滩中下段修建 2 道护滩带,护滩带长分别为 270m、167m,守护宽度均为 180m。对护滩建筑物根部进行守护,守护带长为 1758m。

c. 中洲子高滩守护工程。对莱家铺水道左岸下段中洲子高滩的右缘进行守护,守护工程全长为 2658m。

d. 南河口下护岸加固工程。为增强莱家铺弯道凹岸侧上段的稳定,对左岸南河口下一带已建护岸进行水下抛石加固,加固段长为 3111m。

（7）窑监河段。

1）窑监河段航道整治一期工程。洲头心滩上建鱼骨坝,对乌龟洲洲头、右缘上段进行守护,护岸长为 2310m,适当清除右汊出口太和岭附近江中的乱石堆,改善船舶航行条件,消除安全隐患。

2）乌龟洲守护工程。对乌龟洲右缘中下段至洲尾长 3880m 岸线进行护岸守护。乌龟洲中下段至尾部护岸工程于 2010 年 11 月开工建设,2011 年 5 月完工。

窑监河段航道整治工程实施后基本稳定了该河段的河势格局,主汊稳定在右汊道,乌龟洲右缘岸线崩塌得到有效控制,监利河弯弯道顶冲点的变动范围基本稳定在一定的区段范围内。

（8）铁铺—熊家洲河段。长江中游荆江河段航道整治工程（昌门溪—熊家洲段工程）2013—2014 年实施项目包括:

1）广兴洲边滩守护工程。在广兴洲边滩上修建 4 道护滩带,长度分别为 380m（含 150m 勾头）、294m、348m、503m（含 150m 勾头）,守护宽度均为 180m,并对长 1960m 的护滩带根部岸线进行守护。

2）盐船套新护岸工程。对左岸盐船套长 1984m 的岸线进行守护。

3）熊家洲右岸守护工程。在熊家洲右边滩上修建 4 道护滩带,长度分别为 318m（含

150m 勾头）、311m、426m、516m，守护宽度均为 180m，并对长 1870m 的护滩带根部岸线进行守护。

4）中沙堤护岸加固工程。对左岸中沙堤一带长 2398m 的已护岸线进行加固。

1.2.3　水文特性

荆江径流及泥沙主要来自宜昌以上的长江干流，其间有清江入汇，河段内有沮漳河等支流入汇，其中沮漳河的来水来沙量较小，多年（1953—1987 年）平均径流量 16.3 亿 m³，输沙量 0.021 亿 t，约为宜昌站的 0.4%。支流清江的年径流量约占宜昌站 2.9%，输沙量约为干流的 2.1%。

三峡工程运用前后荆江主要测站水沙特征值见表 1.2.5。由表 1.2.5 可以看出，三峡工程运用以来（2003—2015 年），荆江各控制站年均径流量较蓄水前多年平均值均有所偏枯，变化幅度为 5%~8%，仅监利站年均径流量较蓄水前多年平均值稍有增加，主要是由荆江三口分流继续减小而导致下荆江泄流增加所致；三峡工程运用以来（2003—2015年），荆江的泥沙输移已发生较大变化，主要表现为，各站年输沙量大幅度减少，减小幅度为 77%~91%，沿程变化与以往相比呈现不同的特点，年输沙量总体上表现为沿程增加，主要是因为三峡工程运用以来下泄的沙量大幅度减少，坝下游河道发生沿程冲刷而逐步恢复[3]。

表 1.2.5　　　　三峡工程运用前后荆江主要测站水沙特征值统计表

项目	时段	宜昌	枝城	沙市	监利	螺山
多年平均径流量 /亿 m³	2002 年前	4370	4450	3940	3580	6460
	2003—2015 年	4005	4099	3760	3643	5953
	变化率/%	−8	−8	−5	2	−8
多年平均悬移质 输沙量/万 t	2002 年前	49200	50000	43400	35800	40900
	2003—2015 年	4350	5240	6340	7880	9350
	变化率/%	−91	−90	−85	−78	−77

注　变化率为 2003—2015 年均值与 2002 年前均值的相对变化。

1.3　主要水利水电工程建设运行概况

1.3.1　三峡工程

三峡工程是长江流域防洪系统中的关键性控制工程。工程位于湖北省宜昌三斗坪、长江三峡的西陵峡中，距下游宜昌站约 44km。坝址以上流域面积约 100 万 km²，坝址代表水文站为宜昌站，入库站为干流寸滩站、乌江武隆站。宜昌站多年平均流量为 14300m³/s，多年平均径流量为 4510 亿 m³，多年平均含沙量为 1.19kg/m³，多年平均输沙量 5.3 亿 t。

三峡工程正常蓄水位 175.00m，相应库容 393 亿 m³，枯季消落低水位 155.00m，相应库容 228 亿 m³；水库调节库容 165 亿 m³；防洪限制水位 145.00m，相应库容 171.5 亿 m³，水库防洪库容 221.5 亿 m³。电站装机容量 22500MW，布置 32 台单机容量为 700MW 的混流式水轮发电机和 2 台单机容量为 50MW 的混流式水轮发电机。

　　三峡工程 2003 年 6 月 1 日正式下闸蓄水，6 月 10 日坝前水位蓄至 135.00m，至此汛期按 135.00m 运行，枯季按 139.00m 运行，工程开始进入围堰蓄水发电运行期；2006 年 9 月 20 日 22 时三峡工程开始二期蓄水，至 10 月 27 日 8 时蓄水至 155.36m，至此汛期按 144.00~145.00m 运行，枯季按 156.00m 运行，工程进入初期运行期。

　　经国务院批准，三峡工程 2008 年汛末进行试验性蓄水。2008 年 9 月 28 日 0 时（坝前水位为 145.27m）三峡工程进行试验性蓄水，至 11 月 4 日 22 时蓄水结束时坝前水位达到 172.29m。2009 年 9 月 15 日三峡工程开始试验性蓄水（8 时坝前水位为 146.25m），至 11 月 24 日 8 时水库坝前水位达到 171.41m。

　　2010 年汛期三峡水库进行了 7 次防洪运用，汛期平均库水位为 151.54m，较汛限水位抬高了 6.54m，汛期最高库水位 161.02m，2010 年 9 月 10 日 0 时三峡工程开始汛末蓄水，起蓄水位承接前期防洪运用水位 160.20m，9 月底蓄水至 162.84m，10 月 26 日 9 时，三峡工程首次蓄水至 175.00m。此后三峡工程连续 11 年成功蓄水至 175.00m，实现防洪、发电、航运及补水等综合目标。

　　根据 2015 年 9 月水利部批准的《三峡（正常运行期）—葛洲坝水利枢纽梯级调度规程》，三峡水库运用方式为：水库按照初步设计确定的特征水位运行，即正常蓄水位 175.00m，防洪限制水位 145.00m，枯期消落低水位 155.00m；汛期按防洪限制水位 145.00m 控制运行，实时调度时可在防洪限制水位以下 0.1m 和以上 1.5m 范围内变动；兴利蓄水时间不早于 9 月 10 日，9 月 10 日坝前水位一般不超过 150.00m，一般情况下，9 月底控制坝前水位 162.00m，并视来水情况可调整至 165.00m，10 月底可蓄至 175.00m；1—5 月，三峡工程坝前水位在综合考虑航运、发电和水资源、水生态需求的条件下逐步消落，一般情况下，4 月末坝前水位不低于枯水期消落低水位 155.00m，5 月 25 日不高于 155.00m，6 月 10 日消落到防洪限制水位。

　　2020 年 7 月水利部批准的《三峡（正常运行期）—葛洲坝水利枢纽梯级调度规程（2019 年修订版）》，三峡工程运用方式在以前的基础上有所优化，主要为：6 月 11 日至 8 月 20 日期间，当实时三峡水库入库流量小于 28000m³/s，预报未来 3 天三峡水库入库流量均不大于 30000m³/s，且沙市站、城陵矶（莲花塘）站水位分别在 41.00m、30.50m 以下，预报洞庭湖水系未来 3 天无中等强度以上降雨过程时，库水位的变动上限可在 146.50~148.00m 浮动。8 月 21 日至 9 月 10 日，当预报三峡水库入库流量不超过 55000m³/s，且沙市站、城陵矶（莲花塘）站水位分别低于 40.30m、30.40m，三峡水库水位可适当上浮，一般情况下不超过 150.00m；结合防洪抗旱形势需要，经水利部和长江委同意，9 月 1 日后可逐渐抬升水位，9 月 10 日可控制在 150.00~155.00m。

1.3.2　溪洛渡水电站

　　溪洛渡水电站为金沙江下游四个梯级电站中的第三个梯级，工程位于云南省永善县和四川省雷波县交界的金沙江下游干流上。坝址距离宜宾市河道里程为 184km，距三峡直线距离为 770km。溪洛渡水电站控制流域面积 45.44 万 km²，占金沙江流域面积的 96％。多年平均流量为 4570m³/s，多年平均悬移质输沙量为 2.47 亿 t，多年平均推移质输沙量为 182 万 t。

水库正常蓄水位 600.00m，总库容 115.7 亿 m³；死水位 540.00m，死库容 51.1 亿 m³；水库调节库容 64.6 亿 m³，防洪库容 46.5 亿 m³，汛期限制水位 560.00m。水库调度方式为：水位正常运行范围为 540.00～600.00m，汛期（7 月至 9 月 10 日）水库水位按防洪调度方式运行，一般按汛期限制水位 560.00m 运行。9 月中旬开始蓄水，一般情况下 9 月底前蓄至正常蓄水位 600.00m，12 月下旬至 5 月底为供水期，5 月底水库水位降至死水位 540.00m。

溪洛渡水电站从 2013 年 5 月 4 日开始下闸蓄水，水位从 440.00m 起涨，至 6 月 23 日水位涨至 540.00m，第一阶段完成 540.00m 蓄水目标，水位已满足首批机组发电的要求，金沙江上第一大水库正式形成。第二阶段 560.00m 蓄水从 11 月 1 日开始，12 月 8 日水库成功蓄水至 560.00m，圆满完成第二阶段蓄水任务，2014 年汛后首次蓄至正常蓄水位 600.00m，工程具备正常运行条件。

1.3.3 向家坝水电站

向家坝水电站是金沙江干流梯级开发的最下游一个梯级电站，位于四川省宜宾县和云南省水富县境内的金沙江下游干流上，上距溪洛渡水电站 156.6km，下距宜宾市 33km，距下游干流朱沱站约 280km。向家坝水电站控制流域面积 45.88 万 km²，占金沙江流域面积的 97％。

水库正常蓄水位 380.00m，相应库容 49.77 亿 m³，死水位 370.00m，相应库容 40.74 亿 m³，水库调节库容 9.03 亿 m³。水库调度方式为：在汛期 7 月 1 日至 9 月 10 日按防洪限制水位 370.00m 控制运行，一般情况下，水库自 9 月 11 日开始蓄水，9 月底前可蓄至正常蓄水位 380.00m，12 月下旬至 6 月上旬为供水期，5 月底库水位消落至汛期限制水位 370.00m。

向家坝水电站于 2012 年 10 月 10 日正式下闸蓄水，10 月 16 日水库顺利蓄水至高程 354.00m，成功实现电站初期蓄水目标，电站正式开始运用并发挥效益，2013 年 6 月 26 日开始 370.00m 蓄水，7 月 5 日成功蓄至 370.00m；9 月 7 日水库开始首次汛末蓄水，9 月 12 日，水库 380.00m 蓄水目标顺利实现，此次蓄水的成功实现，标志着工程建设全面达到设计要求，其防洪、发电、航运、灌溉等综合效益将充分发挥。

1.3.4 亭子口水电站

亭子口水电站位于嘉陵江干流中游上段的四川省广元市苍溪县境内，下距苍溪县城约 15km，坝址以上集水面积为 6.1 万 km²，是嘉陵江干流开发中唯一的控制性工程，以防洪、灌溉及城乡供水、发电为主，兼顾航运，并具有拦沙减淤等效益。水库正常蓄水位 458.00m，相应库容 34.68 亿 m³；防洪限制水位 447.00m，防洪库容 10.6 亿～14.4 亿 m³；死水位 438.00m，相应库容 17.36 亿 m³；设计洪水位 461.30m，校核洪水位 463.07m，总库容 40.67 亿 m³；水库调节库容 17.32 亿 m³，库容系数 9.2％，具有年调节性能。可灌溉农田 292.14 万亩，电站装机 1100MW，通航建筑物为 2×500t 级，工程等级为 I 等，工程规模为大（1）型，工程坝型为混凝土重力坝。水库调度方式为：汛期 6 月下旬至 8 月底控制兴利水位不超过防洪限制水位 447.00m；9 月初水库开始蓄水，一般情况下，9 月中至下旬可蓄至正常蓄水位 458.00m；10—12 月维持正常蓄水位运行；1—4 月为供水期，水电站一般按保证出力发电，正常情况下控制供水期末库水位不低于死水位 438.00m；当遭遇较丰来水年份，5—6 月运行水位较高，要求 6 月中旬迫降库水位，中旬末库水位降至防洪限制水位 447.00m。

亭子口水电站于 2013 年 6 月 18 日正式下闸蓄水，8 月 9 日首台机组 72h 试运行成功，正式并网发电，2014 年 5 月 1 日成功实现全部机组并网发电，初期蓄水运用的第一年，亭子口水电站即经受了 2013 年的洪水考验，成功调蓄了多场洪水，并有效进行了错峰，显现出巨大的防洪效益。目前亭子口水电站大坝已具备初步设计报告提出的挡水、泄水正常运用条件。

第 2 章

三峡工程运用以来荆江河段河床变形及再造规律

2.1 坝下游水文泥沙情势变化特征

2.1.1 三峡工程蓄水前后坝下游径流量变化

1. 年际变化

根据三峡工程蓄水前后实测资料，分析坝下游河道主要水文站年均径流量变化规律。由图 2.1.1 可知，与蓄水前相比，2003—2018 年三峡工程运用后坝下游各主要控制站除监利站径流量偏多 3％外，其他站点表现为不同程度减少，减少幅度为 2.8％～6.3％；在 2003—2012 年间年均径流量减小幅度较大，减少 4.9％～9％；而在 2013—2018 年间年均径流量减少 0～2.4％。

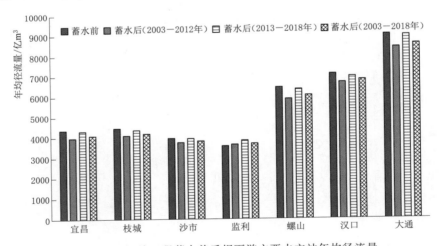

图 2.1.1　三峡工程蓄水前后坝下游主要水文站年均径流量

根据三峡工程蓄水前后实测资料，进一步分析洞庭湖、鄱阳湖及汉江入汇长江的年均径流量变化规律。由图 2.1.2 可知，与蓄水前相比，2003—2018 年洞庭湖、鄱阳湖及汉江入汇长江年均径流量表现为不同程度偏少，偏少幅度为 2.6％～19％；在 2003—2012 年间洞庭湖、鄱阳湖入汇长江年均径流量分别偏少约 22.7％、7.7％，汉江入汇长江年均径流量则偏多约 3.7％；在 2013—2018 年间洞庭湖与汉江入汇长江年均径流量分别偏少约 13％、25.3％，而鄱阳湖入汇长江年均径流量偏多约 5.9％。

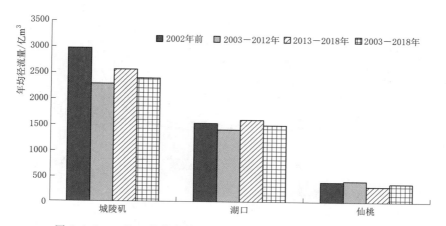

图 2.1.2　三峡工程蓄水前后洞庭湖、鄱阳湖及汉江年均径流量

2. 年内分配变化

　　受三峡水库及其上游梯级水库群联合调度的影响，三峡工程下游来流过程发生了较大变化。以长江中下游沿程宜昌、枝城、沙市、螺山、汉口和大通 6 个水文站为代表，分析 1992 年以来枯水期（12 月至次年 4 月）、消落期（5—6 月）、汛期（7—8 月）和蓄水期（9—11 月）共 4 个不同阶段径流量的变化过程。1992—2017 年各站径流量变化过程见图 2.1.3。

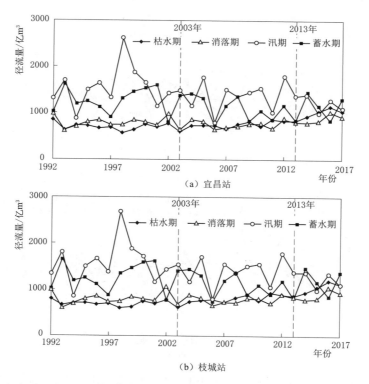

（a）宜昌站

（b）枝城站

图 2.1.3（一）　1992—2017 年长江中下游不同测站年内不同时期径流量变化过程

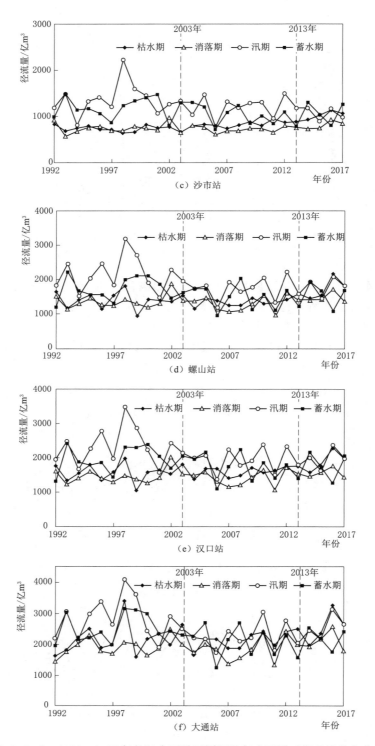

图 2.1.3（二）　1992—2017 年长江中下游不同测站年内不同时期径流量变化过程

　　图 2.1.4 和表 2.1.1 进一步给出了三峡工程运用前 1992—2002 年、蓄水运用后 2003—2012 年和 2013—2017 年，长江中下游沿程 6 个水文站枯水期、消落期、汛期和蓄水期多年平均径流量的变化。可以看出，蓄水后 2003—2012 年与蓄水前 1992—2002 年相比，枯水期径流量螺山站和大通站略有下降，与在该期间径流量偏枯有关，其他 4 站均有

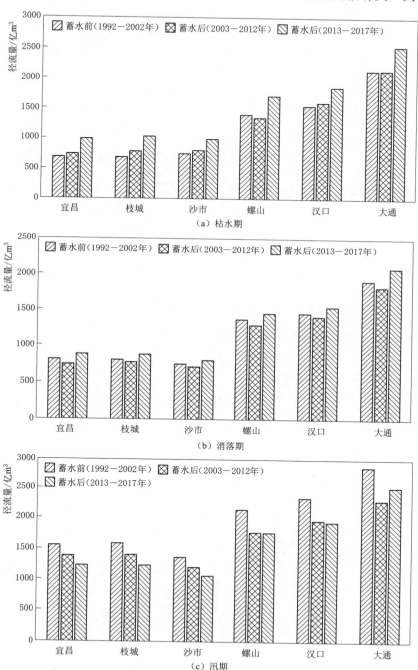

图 2.1.4（一）　长江中下游不同测站蓄水前后年内不同时期多年平均径流量对比

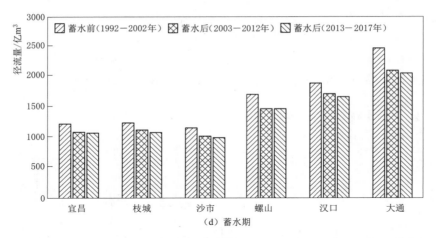

图 2.1.4（二）　长江中下游不同测站蓄水前后年内不同时期多年平均径流量对比

所增加，其中枝城站增幅最大为 14%；消落期、汛期和蓄水期径流量 6 站均有所下降，降幅分别约为 5%、15% 和 10%。蓄水后 2013—2017 年与蓄水前 1992—2002 年相比，枯水期和消落期径流量增加，其中枯水期宜昌、枝城和沙市站增幅达 40% 以上，螺山、汉口和大通站增幅约为 20%，消落期增幅在 10% 以内；而汛期和蓄水期径流量减小，减幅分别约为 20% 和 13%。蓄水后 2013—2017 年与 2003—2012 年相比，枯水期和消落期径流量明显增加，增幅最大达 35% 和 17%；汛期宜昌、枝城和沙市三站径流量减小约 11%，大通站增加 9%；蓄水期基本不变。

表 2.1.1　　　　　长江中下游不同测站蓄水前后不同时期径流量变化幅度　　　　　%

测站	T1 较 T0	T2 较 T0	T2 较 T1	T1 较 T0	T2 较 T0	T2 较 T1
	枯水期变化幅度			消落期变化幅度		
宜昌	7.0	44.1	34.6	−6.8	9.1	17.1
枝城	14.2	49.0	30.5	−4.8	8.5	13.9
沙市	9.7	37.0	24.9	−5.3	6.4	12.3
螺山	−3.9	21.5	26.4	−5.3	7.1	13.1
汉口	2.3	19.0	16.4	−3.4	6.1	9.8
大通	−0.8	16.6	17.5	−3.9	9.3	13.7
测站	T1 较 T0	T2 较 T0	T2 较 T1	T1 较 T0	T2 较 T0	T2 较 T1
	汛期变化幅度			蓄水期变化幅度		
宜昌	−11.1	−21.1	−11.3	−10.4	−12.0	−1.9
枝城	−11.6	−22.2	−12.0	−8.8	−10.5	−1.9
沙市	−11.4	−21.4	−11.3	−9.7	−12.3	−2.8
螺山	−18.2	−17.8	0.5	−13.4	−13.2	0.2
汉口	−15.7	−16.5	−0.9	−9.3	−11.3	−2.2
大通	−19.2	−12.1	8.9	−15.4	−17.2	−2.2

注　T0：1992—2002 年；T1：2003—2012 年；T2：2013—2017 年。

2.1.2　三峡工程蓄水前后坝下游输沙量变化

1. 年际变化

根据三峡工程蓄水前后实测资料，分析坝下游河道主要水文站年均输沙量变化规律。由图 2.1.5 可知，与三峡工程蓄水前相比，蓄水后 2003—2018 年各站年均输沙量大幅减少 67%～93%；其中 2003—2012 年各站年均输沙量减少约 66%～90%，而 2013—2018 年期间年均输沙量减少约 73%～97%，减少幅度更大。各个站点年均输沙量减少的主要原因：一是三峡及上游梯级水库群、长江中下游众多支流上修建大量水库后的拦沙作用；二是长江流域已实施了大量水土保持工程，进入长江河道泥沙大幅减少；三是人工采砂和近些年长江中下游河道实施的航道疏浚工程等影响。但受河床冲刷补给与江湖入汇的影响，坝下游河道主要站点输沙量沿程递增。

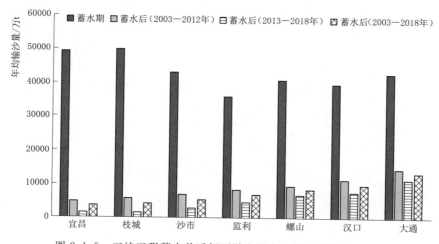

图 2.1.5　三峡工程蓄水前后坝下游主要水文站年均输沙量变化

根据三峡工程蓄水前后实测资料，进一步分析了洞庭湖、鄱阳湖及汉江入汇长江的年均输沙量变化规律。由图 2.1.6 可知，与三峡工程蓄水前相比，蓄水后 2003—2018 年洞庭湖、汉江入汇长江的年均输沙量分别减少约 53% 与 46%，而鄱阳湖入汇长江的年均输沙量则增加了 19%；其中 2003—2012 年间洞庭湖、汉江入汇长江的年均输沙量分别减少约 56%、26%，而鄱阳湖入汇长江的年均输沙量则增加了 31%；2013—2018 年间洞庭湖、汉江入汇长江的年均输沙量减少约 48%、81%，汉江入汇长江沙量减少幅度进一步增大，鄱阳湖入汇长江的年均输沙量则减少了约 1.7%。

2. 年内分配变化

同样因受三峡水库及其上游梯级水库群联合调度的影响，三峡工程下游来沙过程发生了较大变化，长江中下游沿程宜昌、枝城、沙市、螺山、汉口和大通 6 个水文站 1992—2017 年枯水期、消落期、汛期和蓄水期不同阶段输沙量的变化过程，见图 2.1.7。

图 2.1.8 和表 2.1.2 进一步给出了蓄水前 1992—2002 年、蓄水后 2003—2012 年和 2013—2017 年长江中下游沿程 6 个水文站枯水期、消落期、汛期和蓄水期多年平均输沙量

变化。可以看出，蓄水后 2003—2012 年、2013—2017 年与蓄水前 1992—2002 年相比，枯水期、消落期、汛期和蓄水期输沙量均显著下降，随河道冲刷泥沙补给，输沙量降幅沿程减小，其中枯水期降幅由宜昌站的 90% 左右减小为大通站的 10% 左右、消落期降幅由宜昌站的 97% 左右减小为大通站的 35% 左右，汛期和蓄水期降幅由宜昌站的 90% 左右减

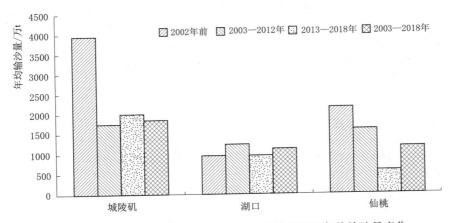

图 2.1.6　三峡工程蓄水前后洞庭湖、鄱阳湖及汉江年均输沙量变化

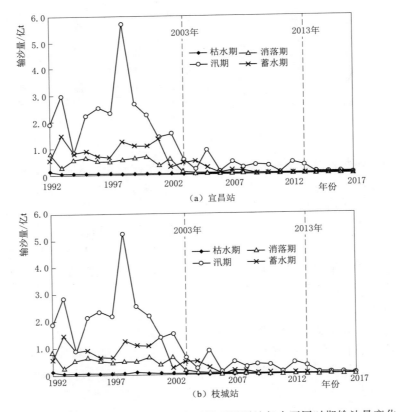

图 2.1.7（一）　1992—2017 年长江中下游不同测站年内不同时期输沙量变化

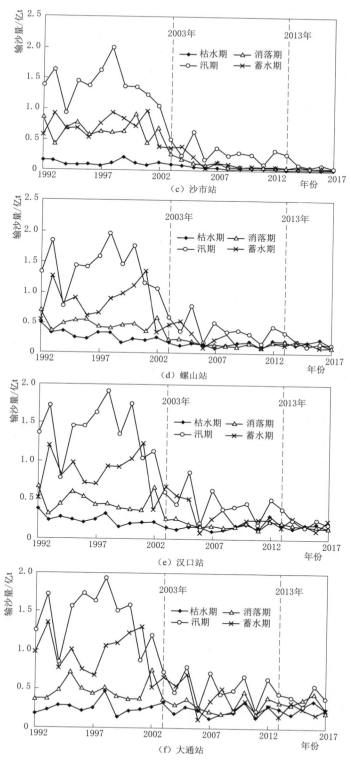

图 2.1.7（二） 1992—2017 年长江中下游不同测站年内不同时期输沙量变化

小为大通站的 65% 左右。蓄水后 2013—2017 年与 2003—2012 年相比，除枯水期螺山、汉口和大通三站输沙量增幅在 20% 以内和消落期大通站增幅为 10% 外，其他阶段各站输沙量均减小，枯水期、消落期、汛期和蓄水期减小幅度分别为 14%～51%、8%～69%、25%～75% 和 41%～90%。

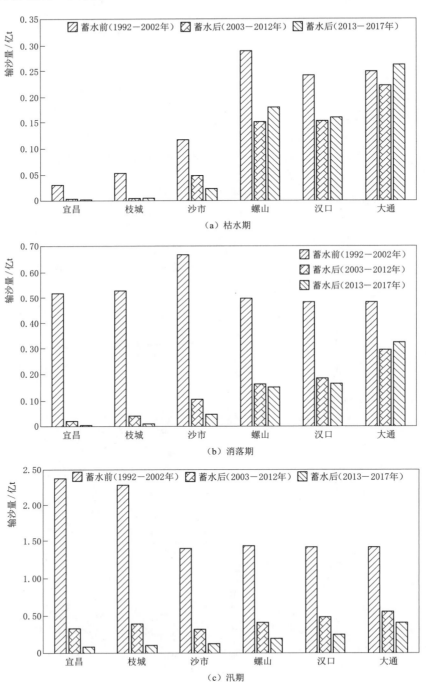

（a）枯水期

（b）消落期

（c）汛期

图 2.1.8（一）　长江中下游不同测站蓄水前后年内不同时期多年平均输沙量对比

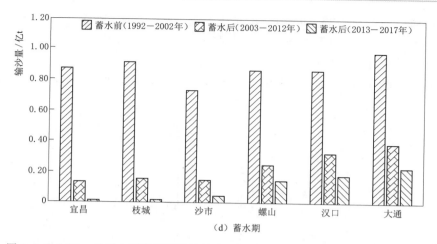

（d）蓄水期

图 2.1.8（二） 长江中下游不同测站蓄水前后年内不同时期多年平均输沙量对比

表 2.1.2　　　　　长江中下游不同测站蓄水前后不同时期输沙量变化幅度　　　　　　　　　%

测站	T1 较 T0	T2 较 T0	T2 较 T1	T1 较 T0	T2 较 T0	T2 较 T1
	枯水期变化幅度			消落期变化幅度		
宜昌	−88.2	−92.0	−32.4	−96.2	−98.3	−55.3
枝城	−88.1	−89.8	−14.4	−92.1	−97.5	−68.9
沙市	−60.2	−80.6	−51.2	−83.9	−92.2	−55.9
螺山	−47.3	−37.6	18.4	−67.2	−69.9	−8.3
汉口	−36.0	−33.7	3.6	−61.3	−66.0	−12.0
大通	−10.5	5.2	17.5	−38.8	−32.8	9.9
测站	T1 较 T0	T2 较 T0	T2 较 T1	T1 较 T0	T2 较 T0	T2 较 T1
	汛期变化幅度			蓄水期变化幅度		
宜昌	−86.1	−96.4	−74.1	−85.0	−98.4	−89.6
枝城	−83.4	−95.9	−75.1	−82.6	−97.8	−87.1
沙市	−77.4	−91.8	−63.6	−79.9	−94.1	−70.5
螺山	−71.9	−86.4	−51.7	−71.7	−83.4	−41.5
汉口	−66.6	−82.9	−48.4	−61.8	−79.0	−45.1
大通	−62.5	−71.8	−24.7	−60.3	−76.9	−41.8

注　T0：1992—2002 年；T1：2003—2012 年；T2：2013—2017 年。

2.1.3　三峡工程蓄水前后坝下游含沙量变化

进一步分析三峡工程蓄水前 1992—2002 年、蓄水后 2003—2012 年和 2013—2017 年长江中下游沿程 6 个水文站枯水期、消落期、汛期和蓄水期多年平均含沙量变化，见图 2.1.9 和表 2.1.3。因与蓄水前相比，蓄水后输沙量减小幅度显著大于径流量，所以含沙量的变化规律与输沙量基本保持一致。可以看出，蓄水后 2003—2012 年、2013—2017 年与蓄水前 1992—2002 年相比，蓄水后 2013—2017 年与 2003—2012 年相比，枯水期、消落期、汛期和蓄水期各站含沙量均减小；除蓄水后 2013—2017 年与 2003—2012 年相比时的枯水期和消落期外，含沙量减小幅度均沿程减小。蓄水后和蓄水前相比，枯水期、消落期、汛期和蓄水期含沙量减小幅度分别为 10%～95%、38%～98%、54%～95% 和 53%～98%。蓄水后 2013—2017 年与 2003—2012 年相比，枯水期、消落期、汛期和蓄水

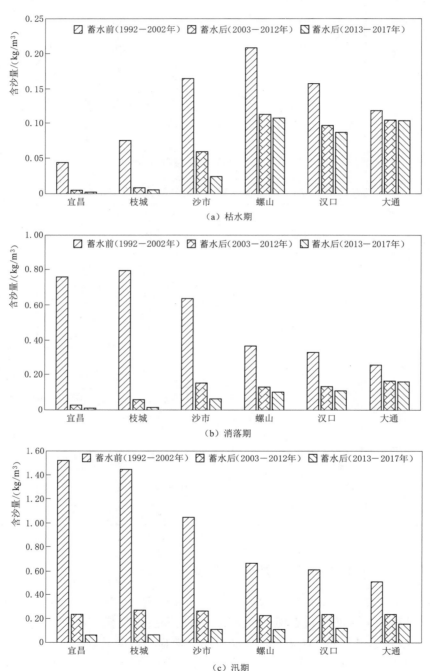

图 2.1.9（一）　长江中下游不同测站蓄水前后多年平均含沙量对比

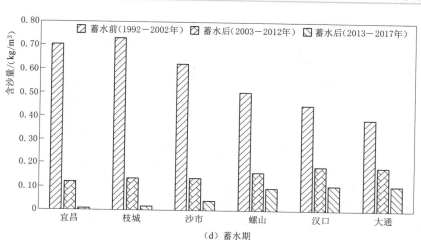

图 2.1.9（二） 长江中下游不同测站蓄水前后多年平均含沙量对比

期含沙量减小幅度分别在 0%～61%（沙市站最大）、3%～73%（枝城站最大）、31%～72% 和 49%～90%。

表 2.1.3　　　　长江中下游不同测站蓄水前后不同时期含沙量变化幅度　　　　　%

测站	T1 较 T0	T2 较 T0	T2 较 T1	T1 较 T0	T2 较 T0	T2 较 T1
	枯水期变化幅度			消落期变化幅度		
宜昌	−89.0	−94.5	−49.8	−95.9	−98.4	−61.8
枝城	−89.6	−93.2	−34.4	−91.7	−97.7	−72.7
沙市	−63.8	−85.8	−60.9	−83.0	−93.3	−60.8
螺山	−45.2	−48.6	−6.3	−65.4	−71.9	−18.9
汉口	−37.4	−44.3	−11.0	−60.0	−67.9	−19.9
大通	−9.8	−9.7	1.0	−36.4	−38.5	−3.3
测站	T1 较 T0	T2 较 T0	T2 较 T1	T1 较 T0	T2 较 T0	T2 较 T1
	汛期变化幅度			蓄水期变化幅度		
宜昌	−84.3	−95.4	−70.8	−83.2	−98.2	−89.4
枝城	−81.2	−94.7	−71.7	−80.9	−97.5	−86.9
沙市	−74.5	−89.5	−59.0	−77.7	−93.2	−69.6
螺山	−65.7	−83.5	−51.9	−67.3	−80.9	−41.6
汉口	−60.6	−79.5	−47.9	−57.9	−76.3	−43.8
大通	−53.6	−67.9	−30.8	−53.1	−72.1	−40.5

注 T0：1992—2002 年；T1：2003—2012 年；T2：2013—2017 年。

2.2　荆江三口分流分沙变化规律

2.2.1　不同时期荆江三口分流分沙变化

20 世纪 50 年代以来，荆江河段先后经历了下荆江裁弯、上游河段兴建葛洲坝水利枢纽、三峡工程等重大水利事件，对荆江三口（松滋口、太平口、藕池口，简称三口，调弦口已建闸控制）分流分沙的变化产生了不同程度的影响。为便于分析三口分流分沙变化的规律，将 1955 年以来 60 多年的时间按人类重大水利活动划分为六个阶段。

第一阶段：1955—1966 年（下荆江裁弯以前）；第二阶段：1967—1972 年（下荆江中洲子、上车湾、沙滩子裁弯期）；第三阶段：1973—1980 年（下荆江裁弯后至葛洲坝截流前）；第四阶段：1981—1989 年（葛洲坝截流后）；第五阶段：1990—2002 年（三峡工程运用前）；第六阶段：2003 年之后（三峡工程运用后）。

根据 1955—2018 年资料统计荆江三口各时段分流量、分流比变化（表 2.2.1），统计结果表明：1955—2002 年，荆江三口分时段年平均分流量由第一阶段的 1351.6 亿 m^3 减少到第五阶段的 639.8 亿 m^3，分流比由 29.8% 减小到 14.8%。1955 年以来，三口分流衰减速度最快发生在下荆江系统裁弯期及裁弯后期，其中藕池口分流衰减幅度最大（藕池口第三阶段分流比仅为第一阶段的 38.9%），而松滋口、太平口分流则处于持续慢速萎缩中。三峡工程蓄水以来，第六阶段较之第五阶段，荆江三口总分流量与分流比均有所减小。

根据 1955—2018 年资料统计荆江三口各时段分沙量、分沙比变化（表 2.2.2），统计结果表明：1955—2018 年，长江干流枝城站第六阶段年均来沙量相比第一阶段大幅度萎缩，减小幅度达到 92.1%，而同期三口分沙量由第一阶段的 20020 万 t 减少到第六阶段的 866 万 t，减小幅度达到 95.7%。

表 2.2.1　　　　　　　荆江三口各时段分流量、分流比变化统计表　　　　　　　单位：亿 m^3

时段	枝城	松滋口				太平口		藕池口				三口合计	
		新江口	沙道观	小计	分流比/%	弥陀寺	分流比/%	藕池(康)	藕池(管)	小计	分流比/%	分流量	分流比/%
1955—1966 年	4530	323.3	166.7	490	10.8	210.1	4.6	52.8	598.7	651.5	14.4	1351.6	29.8
1967—1972 年	4302	321.5	123.9	445.4	10.4	185.8	4.3	21.4	368.8	390.2	9.1	1021	23.7
1973—1980 年	4441	322.7	104.8	427.5	9.6	159.9	3.6	11.3	235.6	246.9	5.6	834.3	18.8
1981—1989 年	4569	320.5	83.0	403.5	8.8	145.0	3.2	12.1	203.3	215.4	4.7	764.0	16.7
1990—2002 年	4320	271.9	80.5	352.4	8.2	123.0	2.8	8.7	155.8	164.5	3.8	639.8	14.8
2003—2018 年	4188	240.8	52.9	293.7	7.0	82.3	2.0	3.6	101.8	105.4	2.5	481.5	11.5

注　枝城站 1955—1991 年无实测流量、输沙量资料，来水来沙量由宜昌站＋长阳站同期叠加所得，下同。

表 2.2.2　　　　　　　荆江三口各时段分沙量、分沙比变化统计表　　　　　　　单位：万 t

时段	枝城	松滋口				太平口		藕池口				三口合计	
		新江口	沙道观	小计	分沙比/%	弥陀寺	分沙比/%	藕池(管)	藕池(康)	小计	分沙比/%	分沙量	分沙比/%
1955—1966 年	55100	3490	1940	5430	9.8	2420	4.4	1140	11030	12170	22.1	20020	36.3
1967—1972 年	50400	3330	1510	4840	9.6	2130	4.2	460	6760	7220	14.3	14190	28.2
1973—1980 年	51300	3420	1290	4710	9.2	1940	3.8	220	4220	4440	8.7	11090	21.6
1981—1989 年	57879	3972	1169	5141	8.9	1933	3.3	244	3724	3967	6.9	11041	19.1
1990—2002 年	41199	2828	943	3771	9.2	1377	3.3	123	2463	2585	6.3	7733	18.8
2003—2018 年	4329	360	107	466	10.8	119	2.8	11	269	280	6.5	866	20.0

三峡工程蓄水运行以前的五个阶段，松滋口、太平口、藕池口分沙比基本均表现为沿时程减小，其中以藕池口减小幅度较大，特别是下荆江裁弯前至葛洲坝截流前，藕池口分沙量、分沙比减小速度较快。自 2003 年三峡工程运行以来，除太平口分沙比继续减小以外，松滋口、藕池口分沙比相比第五阶段则有所增大，其中松滋口分沙比增幅较大。

根据实测资料进一步统计分析近 60 多年来荆江三口年均分流量、分沙量与年均分流比、分沙比的变化，统计结果见图 2.2.1～图 2.2.4。

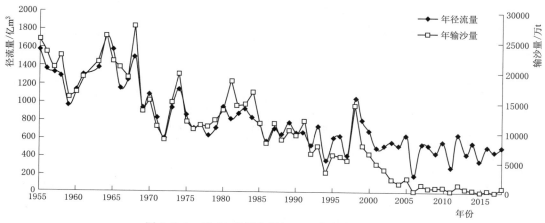

图 2.2.1　近 60 多年来荆江三口分流分沙量变化

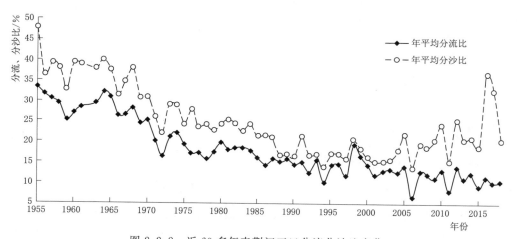

图 2.2.2　近 60 多年来荆江三口分流分沙比变化

图 2.2.1 显示，在 1955—1989 年期间荆江三口分流分沙量呈递减趋势；受长江上游干支流水库建设和水土保持工程的陆续实施等影响，在 1990—2002 年期间进入荆江河段的沙量呈递减趋势，相应的荆江三口分沙量也呈递减趋势，但荆江三口分流量无明显变化趋势；2003 年三峡工程蓄水后荆江三口分流量除 2006 年、2011 年特枯年减小幅度较大之外，其他年份有所减小；而荆江三口分沙量进一步大幅度地减少，进入荆江三口的水流基本接近于"清水"，2013—2018 年期间荆江三口年均分沙量仅为 434 万 t，仅为 1999—2002 期间荆江三口年均分沙量的 7.6%。

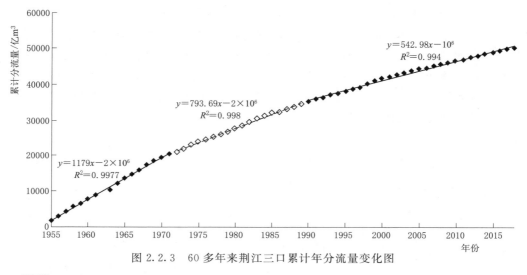

图 2.2.3　60 多年来荆江三口累计年分流量变化图

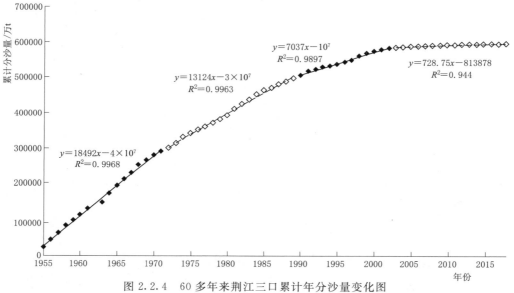

图 2.2.4　60 多年来荆江三口累计年分沙量变化图

实测资料分析表明（图 2.2.2），受下荆江裁弯和洞庭湖区淤积等影响，在 1955—1989 年期间荆江三口分流分沙比均呈递减趋势，而在 1990—2002 年期间荆江三口分流分沙比变化不大，三峡工程运用后除 2006 年、2011 年为特殊的枯水年，荆江三口分流比减小幅度较大外，其他年份荆江三口分流比略有减小。由于受干流自身来沙减少和河道沿程泥沙冲刷补给的影响，三峡工程运用后荆江三口分沙比呈增加趋势。

进一步统计荆江三口累计年分流量、年分沙量曲线变化，并对出现明显偏转的时间序列进行阶段性划分，见图 2.2.3 和图 2.2.4，荆江三口累计年分流量分别在 1972 年、1990 年后向右发生偏转，年分流量呈递减趋势，但 1990 年以来未见明显偏转趋势；图 2.2.4 表明，荆江三口累计年分沙量分别在 1972 年、1990 年和 2003 年后向右发生偏转，年分沙量均呈递减趋势，前两次偏转的主要原因与荆江三口分流有关，而 2003 年三峡工程运用后向右显著偏转的主要原因与长江干流输沙量大幅减小有关。

2.2.2　同流量下三口分流量变化

　　荆江三口五站分流量与长江干流流量密切相关，统计长江干流枝城站流量分别为 $10000\mathrm{m^3/s}$、$20000\mathrm{m^3/s}$、$30000\mathrm{m^3/s}$ 及 $40000\mathrm{m^3/s}$ 时荆江三口五站分流量的变化，见图 2.2.5，由图可知，枝城站流量为 $10000\mathrm{m^3/s}$ 时，在 1955—1989 年间新江口站分流量有一定程度的减少，在 1990—2018 年期间该站分流量无明显变化趋势；在 1955—1979 年期间沙道观站分流量呈递减趋势，在 1980—2017 年期间该站分流量很小，基本接近于断流；在 1955—1989 年期间弥陀寺站分流量呈递减趋势，在 1990—2018 年期间分流量略有减

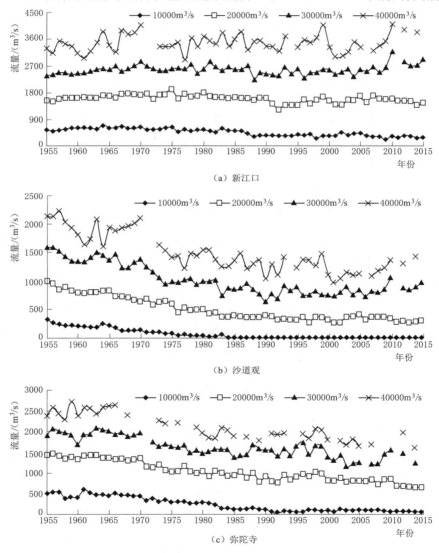

(a) 新江口

(b) 沙道观

(c) 弥陀寺

图 2.2.5（一）　长江干流同流量下荆江三口五站分流量变化统计（1955—2018 年）

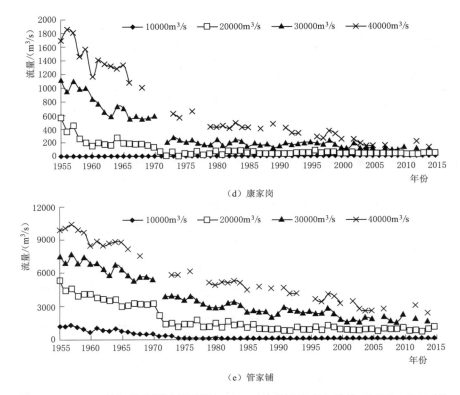

（d）康家岗

（e）管家铺

图 2.2.5（二）　长江干流同流量下荆江三口五站分流量变化统计（1955—2018 年）

小；在 1955—2018 年期间康家岗站基本处于断流状态；在 1955—1972 年期间管家铺站分流量不断减小，1973 年以后基本接近于断流。

枝城站流量为 20000m³/s 时，在 1955—2018 年期间新江口站分流量变化不大；在 1955—1989 年期间沙道观站分流量呈递减趋势，在 1990—2018 年期间该站分流量变化不大；在 1955—1989 年期间弥陀寺站分流量呈递减趋势，在 1990—2018 年期间分流量有所减小；在 1955—1960 年期间康家岗站分流量不断减少，在 1961—1966 年期间该站分流量基本变化不大，在 1967—1972 年期间康家岗站分流量进一步持续减小，1973 年以后该站分流量变化不大；在 1955—1970 年期间管家铺站分流量呈减小趋势，在 1971 年、1972 年该站分流量呈阶梯式下降，在 1973—1989 年期间该站分流量略有减少，在 1990—2018 年期间该站分流量变化不大。

枝城站流量为 30000m³/s 时，在 1955—2002 年期间新江口站分流量基本变化不大，三峡工程蓄水后 2003—2018 年期间该站分流量略有增加；在 1955—1989 年期间沙道观站分流量呈递减趋势，在 1990—2002 年期间该站分流量无明显变化趋势，三峡工程蓄水后 2003—2018 年期间分流量略有增加；在 1955—1979 年期间弥陀寺站分流量呈递减趋势，在 1980—2002 年期间该站分流量无明显变化趋势，2003—2008 年期间较 1980—2002 年期间有一定幅度的减小，2008 年以后分流量有一定增加；在 1955—1972 年期间康家岗站分流量持续减小，1973—2002 年期间康家岗站分流量略有减少，在 2003—2018 年期间该站分流量无明显变化趋势；在 1955—1980 年期间管家铺站分流量持续减少，在 1981—2000 年期间该站分流量略有减少，2001 年以后管家铺站分流量无明显变化趋势。

枝城站流量为 40000m³/s 时，在 1955—2002 年期间新江口站分流量变化不大，三峡工程蓄水后 2003—2018 年期间该站分流量略有增加；在 1955—1989 年期间沙道观站分流量呈递减趋势，在 1990—2002 年期间该站分流量无明显变化趋势，三峡工程蓄水后 2003—2018 年期间分流量略有增加；在 1955—1966 年期间弥陀寺站无明显变化，在 1967—1979 年期间该站分流量持续减小，1980—2018 年期间该站分流量呈减小趋势；在 1955—2002 年康家岗站分流量呈递减趋势，2003—2018 年期间该站分流量有所减小；在 1955—2002 年期间管家铺站分流量呈减少趋势，2003 年以后该站分流量变化不大。

2.2.3　径流过程变化对荆江三口分流的影响

因受三峡及其上游梯级水库群联合调度的影响，三峡工程下游径流过程发生了较大变化，根据前述分析可知，1990 年以来荆江三口分流量略有减小，未出现明显趋势性的变化。分析 1990 年以来松滋口、太平口和藕池口枯水期（12 月至次年 4 月）、消落期（5—6 月）、汛期（7—8 月）和蓄水期（9—11 月）4 个不同阶段分流量的变化过程，各口门分流量变化过程见图 2.2.6。

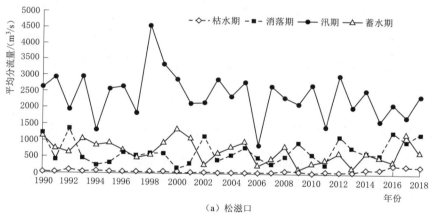

（a）松滋口

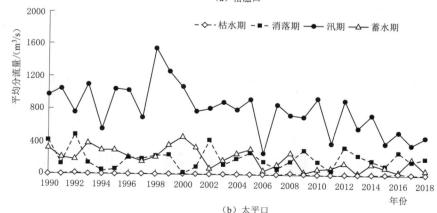

（b）太平口

图 2.2.6（一）　1990 年以来荆江三口各口门年内不同时期分流量变化过程

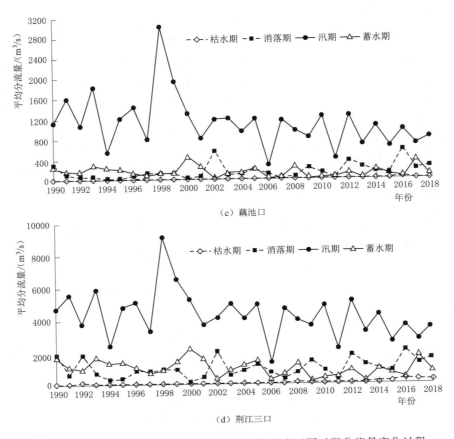

（c）藕池口

（d）荆江三口

图 2.2.6（二）　1990 年以来荆江三口各口门年内不同时期分流量变化过程

图 2.2.7 和表 2.2.3 进一步给出了三峡工程运用前 1990—2002 年、蓄水运用后 2003—2012 年和 2013—2018 年，荆江三口各个口门枯水期、消落期、汛期和蓄水期多年

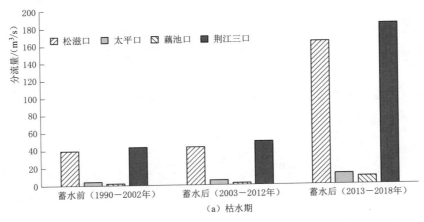

（a）枯水期

图 2.2.7（一）　荆江三口各口门蓄水前后不同时段多年平均分流量对比

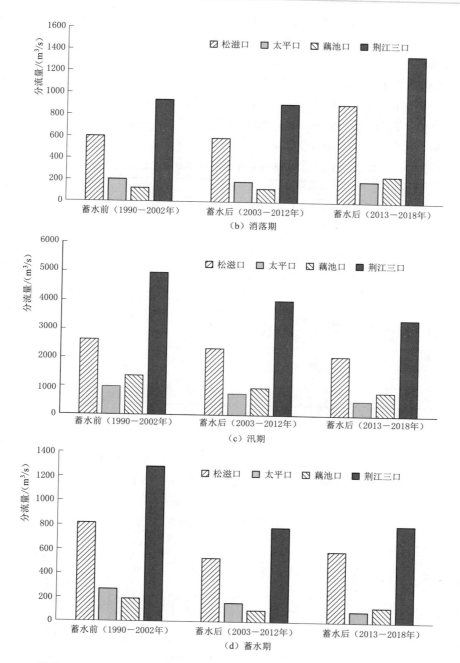

图 2.2.7（二）　荆江三口各口门蓄水前后不同时段多年平均分流量对比

平均分流量的变化。可以看出，蓄水后 2003—2012 年与蓄水前 1990—2002 年相比，枯水期三口各口门分流量均明显增加，其中太平口增幅最大为 50.7%，荆江三口分流量增幅为 14.0%；消落期、汛期和蓄水期各口门分流量均有所下降，荆江三口分流量降幅分别约为 3.9%、19.2% 和 38.9%。蓄水后 2013—2018 年与蓄水前 1990—2002 年相比，枯水期和消落期荆江三口分流量均增加，其中枯水期松滋口、太平口和藕池口分流量增幅分别为 320.5%、248.7% 和 1061.1%，荆江三口总分流量增幅为 327.9%；消落期除太平口分流量减少外，其他两个口门分流量均增加，荆江三口分流量增幅为 44.5%；而汛期和蓄水期三口各个口门分流量均明显减少，荆江三口分流量减幅分别为 31.6% 和 38.9%。蓄水后 2013—2018 年与 2003—2012 年相比，枯水期和消落期分流量明显增加，荆江三口分流量增幅分别为 276.2% 和 50.3%；蓄水期三口各个口门分流量均减少，荆江三口分流量减幅为 15.4%。

表 2.2.3　　　　　　　荆江三口各口门蓄水前后年内不同时期分流量变化幅度　　　　　　　%

口门	T1 较 T0	T2 较 T0	T2 较 T1	T1 较 T0	T2 较 T0	T2 较 T1
	枯水期变化幅度			消落期变化幅度		
松滋口	10.0	320.5	282.1	−2.8	49.4	53.6
太平口	50.7	248.7	131.2	−9.8	−2.6	8.0
藕池口	28.1	1061.1	802.3	0.3	98.1	97.5
荆江三口	14.0	327.9	276.2	−3.9	44.5	50.3
口门	T1 较 T0	T2 较 T0	T2 较 T1	T1 较 T0	T2 较 T0	T2 较 T1
	汛期变化幅度			蓄水期变化幅度		
松滋口	−11.1	−20.6	−10.7	−35.2	−28.6	10.2
太平口	−23.9	−47.5	−30.9	−43.7	−66.4	−40.3
藕池口	−31.1	−41.2	−14.7	−48.3	−33.4	28.8
荆江三口	−19.2	−31.6	−15.4	−38.9	−37.3	2.7

注　T0：1990—2002 年；T1：2003—2012 年；T2：2013—2018 年。

进一步统计不同阶段各口门分流比变化过程见图 2.2.8 与表 2.2.4。由图和表可以看出，蓄水后 2003—2012 年与蓄水前 1990—2002 年相比，枯水期太平口、藕池口分流比明显增加，但松滋口分流比减幅为 3.3%，荆江三口分流比略有减小；消落期、汛期和蓄水期各口门分流比均有所下降，荆江三口分流比降幅分别约为 4.9%、10.9% 和 26.9%。蓄水后 2013—2018 年与蓄水前 1990—2002 年相比，枯水期荆江三口分流比明显增加，三口

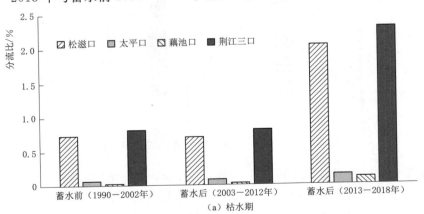

图 2.2.8（一）　荆江三口各口门蓄水前后不同时段多年平均分流比对比

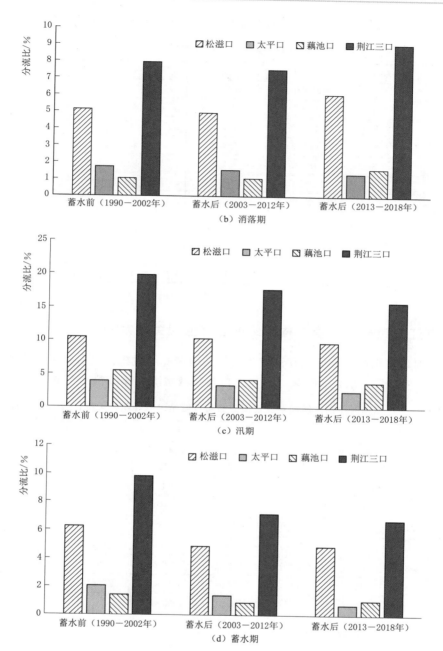

图 2.2.8（二） 荆江三口各口门蓄水前后不同时段多年平均分流比对比

分流比增幅为 184.2%，消落期除太平口分流比减少外，其他两个口门分流比均增加，但荆江三口分流比有一定程度减小；而汛期和蓄水期三口各个口门分流比均明显减少，荆江三口分流比减幅分别为 20.2% 和 30.3%。蓄水后 2013—2018 年与 2003—2012 年相比，枯水期和消落期分流比明显增加，荆江三口分流比增幅分别为 184.7% 和 14.3%；汛期和蓄水期三口各个口门分流比均减少，荆江三口分流比减幅分别为 10.4％和 6.1％。

表 2.2.4　　　　荆江三口各口门蓄水前后年内不同时期分流比变化幅度　　　　　　　　　　％

口门	T1 较 T0	T2 较 T0	T2 较 T1	T1 较 T0	T2 较 T0	T2 较 T1
	枯水期变化幅度			消落期变化幅度		
松滋口	−3.3	179.7	189.2	−3.8	18.2	22.8
太平口	32.5	131.9	75.0	−10.8	−23.0	−13.6
藕池口	12.6	669.1	582.9	−0.8	56.7	57.9
荆江三口	−0.2	184.2	184.7	−4.9	14.3	20.2
口门	T1 较 T0	T2 较 T0	T2 较 T1	T1 较 T0	T2 较 T0	T2 较 T1
	汛期变化幅度			蓄水期变化幅度		
松滋口	−2.0	−7.3	−5.5	−22.4	−21.8	0.8
太平口	−16.2	−38.7	−26.9	−32.5	−63.2	−45.4
藕池口	−24.1	−31.4	−9.6	−38.1	−27.1	17.8
荆江三口	−10.9	−20.2	−10.4	−26.9	−31.3	−6.1

注　T0：1990—2002 年；T1：2003—2012 年；T2：2013—2018 年。

2.2.4　荆江三口分流洪峰与枝城站洪峰峰值相关关系

统计各时段典型高洪期间荆江三口与枝城站的洪峰峰值相关关系变化，见表 2.2.5 及图 2.2.9。分析结果显示，多年来，荆江三口与枝城站洪峰峰值相关关系基本稳定。

表 2.2.5　　　不同时段高洪期间荆江三口五站与枝城站洪峰峰值相关统计表　　　单位：m³/s

洪次	枝城 Q_m	松滋口		太平口	藕池口		三口合计	
		新江口 Q_m	沙道观 Q_m	弥陀寺 Q_m	藕池（管） Q_m	藕池（康） Q_m	洪峰 Q_m	分流比 /％
19580825	56500	5440	3310	2800	11400	2240	25190	44.6
19680707	57700	6330	3150	2900	9660	1490	23530	40.8
19740813	62100	6040	3050	2730	7730	874	20424	32.9
19810817	71600	7910	3120	2880	7760	757	22427	31.3
19980817	68800	6540	2670	3040	6170	590	19010	27.6
20020819	49800	4120	1480	1810	3500	254	11164	22.4
20040909	58700	5230	1870	2060	3890	297	13347	22.7
20070731	50200	4560	1520	1920	3260	211	11471	22.9
20120730	47500	4960	1710	1970	3050	208	11898	25.0
20140919	47800	4850	1780	1610	2390	125	10755	22.5

图 2.2.9 为 1992 年以来荆江三口分流洪峰与枝城站洪峰峰值相关关系的变化。可见松滋口分流洪峰与枝城站洪峰相关关系良好，三峡工程运用后，不同量级洪峰条件下，松滋口洪峰（新江口＋沙道观）较蓄水运用前同比增大。太平口分流洪峰与枝城站洪峰相关关系良好，三峡工程运用后，中小洪峰时，太平口分流洪峰较蓄水运用前有所减小；高洪洪峰时，太平口分流洪峰基本接近三峡工程运用前。藕池口分流洪峰与枝城站洪峰之间相

关关系亦保持良好,但相较三峡工程运用前,蓄水运用后高洪期藕池口分流洪峰有较大幅度衰减,枝城站中小洪峰时藕池口分流洪峰衰减幅度较小。

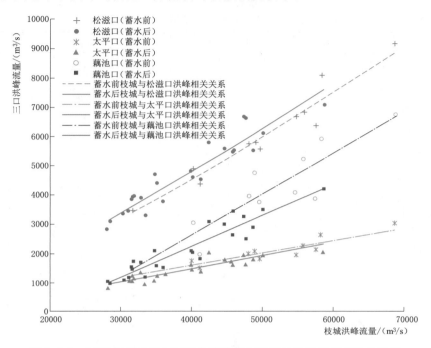

图 2.2.9   1992 年以来荆江三口分流洪峰与枝城站洪峰峰值相关关系图

2.2.5   荆江三口断流统计分析

受荆江三口洪道淤积、长江来水丰枯波动变化等因素影响,1956 年以来,荆江三口洪道各分流河道先后出现断流现象。其中除藕池河西支每年均有断流之外,藕池河东支从1960 年开始出现间歇性断流,虎渡河自 1970 年代中期开始每年出现断流,松滋口东支自1974 年出现断流,且此后每年均有断流,荆江三口通流条件变差,断流对应干流枝城站流量增大。考虑水文观测资料的统一性和观测成果的同步性,采用荆江三口各口门段通流同日上游干流枝城站日均流量作为评价指标来分析三口洪道通流条件的变化。

根据历年观测资料统计,荆江三口各站年断流天数变化情况见表 2.2.6 与图 2.2.10,统计结果表明,松滋河东支、虎渡河、藕池河东支与西支在荆江系统裁弯后年断流天数迅速增加。葛洲坝截流后至三峡工程运用前,除藕池河西支断流天数减少外,其他各站均增加。三峡工程运用后,虎渡河和藕池河东支年断流天数有所减少,而藕池河西支断流天数有所增加。

图 2.2.11 显示,1970 年以来,松滋河东支(沙道观站)及虎渡河(弥陀寺站)通流条件变差(通流所需干流流量增大),而松滋河东支自 2010 年后通流条件有所好转,虎渡河弥陀寺站通流流量自 1990 年开始逐渐降低,2010 年以来略有抬升。藕池河东支自 1973年到 1986 年期间通流流量略有减小,此后通流流量逐渐增大,直至 2003 年三峡工程运用后,通流流量有所减小,2013 年后通流流量又迅速增大;藕池河西支自下荆江裁弯到葛

洲坝截流通流流量一度迅速增大，此后逐渐降低，2013年后，通流流量与藕池河东支一样再次增大。

表 2.2.6 三口控制站年断流天数及断流时枝城站相应流量统计表

时段	三口各站分时段多年平均年断流天数/d				断流日枝城站相应日均流量/(m³/s)			
	沙道观	弥陀寺	藕池（管）	藕池（康）	沙道观	弥陀寺	藕池（管）	藕池（康）
1956—1966 年	0	35	17	213		4290	3920	13000
1967—1972 年	0	3	80	241		3470	4960	15900
1973—1980 年	71	69	145	258	5330	4840	7790	18300
1981—1989 年	165	147	152	250	8410	7500	7840	17700
1990—1998 年	187	165	170	258	10200	7620	10300	17100
1999—2002 年	188	170	192	235	10300	7650	10600	16500
2003—2018 年	188	137	180	272	9883	7218	9132	15913

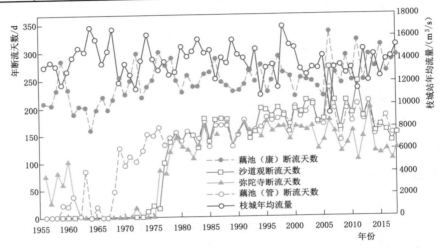

图 2.2.10　1956年以来三口洪道年断流天数变化过程图

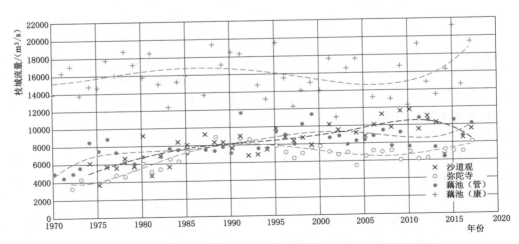

图 2.2.11　1970年以来荆江三口断流枝城站对应流量变化过程图

2.3 荆江河段河床冲淤特征

2.3.1 冲淤量时空变化特征

1. 整体冲淤情况

三峡工程建成前，荆江河床冲淤变化频繁。1966—1981 年在下荆江裁弯期及裁弯后，荆江河床一直呈持续冲刷状态，累计冲刷 3.46 亿 m^3，年均冲刷量为 0.231 亿 m^3；1981 年葛洲坝水利枢纽建成后，荆江河床继续冲刷，1981—1986 年冲刷 1.72 亿 m^3，年均冲刷量为 0.344 亿 m^3；1986—1996 年则以淤积为主，其淤积量为 1.19 亿 m^3，年均淤积泥沙 0.119 亿 m^3；1998 年大水期间，长江中下游高水位持续时间长，荆江河床"冲槽淤滩"现象明显，1996—1998 年枯水河槽冲刷泥沙 0.541 亿 m^3，但枯水位以上河床则淤积泥沙 1.39 亿 m^3，主要集中在下荆江；1998 年大水后，荆江河床冲刷较为剧烈，1998—2002 年冲刷量为 1.02 亿 m^3，年均冲刷量 0.255 亿 m^3。

三峡工程运用后，2002 年 10 月至 2018 年 10 月，荆江河段平滩河槽累计冲刷 11.38 亿 m^3，年均冲刷量为 0.71 亿 m^3[4]。其中：上、下荆江冲刷量分别占总冲刷量的 60%、40%。从冲淤量沿程分布来看，枝江、沙市、公安、石首、监利河段冲刷量分别占荆江河段冲刷量的 20%、25%、15%、22%、18%，年均河床冲刷强度则仍以沙市河段的 34.0 万 $m^3/(km \cdot a)$ 为最大，其次为枝江河段的 24.4 万 $m^3/(km \cdot a)$。

从冲淤量沿时分布来看，三峡工程运用后的前三年冲刷强度较大，2002 年 10 月至 2005 年 10 月，荆江平滩河槽冲刷量为 3.02 亿 m^3，占蓄水以来平滩河槽总冲刷量的 27%，其年均冲刷强度为 29.0 万 $m^3/(km \cdot a)$。随后，荆江河段河床冲刷强度有所减弱，2006 年 10 月至 2008 年 10 月河床冲刷强度则下降至 5.1 万 $m^3/(km \cdot a)$；三峡水库进入 175.00m 试验性蓄水阶段以来（2008 年 10 月至 2018 年 10 月），河床冲刷又有所加剧，10 年来荆江河段平滩河槽冲刷量为 7.74 亿 m^3，占蓄水以来平滩河槽总冲刷量的 68%，冲刷强度为 22.3 万 $m^3/(km \cdot a)$，其中，位于起始段的枝江河段和沙市河段的冲刷强度分别达到 31.5 万 $m^3/(km \cdot a)$、43.0 万 $m^3/(km \cdot a)$，均超过水库蓄水之初 2002 年 10 月至 2005 年 10 月的时段均值。荆江各河段分时段冲淤变化见图 2.3.1 和图 2.3.2。

2. 滩槽冲淤量变化特征

三峡工程运用后，上游来沙量显著减少使得荆江河段剧烈冲刷，且冲刷主要集中在中、枯水河槽，河段基本、枯水河槽冲刷量占平滩河槽冲刷量的比例分别为 93.9%、90%。

上、下荆江在这一特征上存在较大差异，其枯水河槽冲刷量占平滩河槽的比例分别为 94% 和 84.2%，两段的滩、槽冲淤量分布比例差别较大。产生这一现象的原因主要有两方面：一方面从自然属性来看，上荆江微弯多汊，下荆江蜿蜒多滩，滩体发育程度后者相对较大，滩、槽分布的原始特征存在差异；另一方面三峡工程蓄水后坝下游水沙过程发生

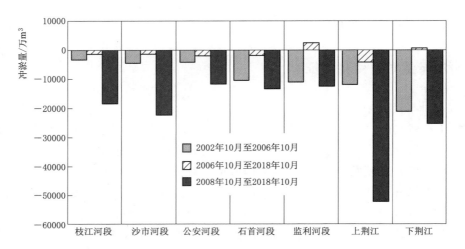

图 2.3.1   荆江各河段不同时段冲淤量沿程分布（平滩河槽）

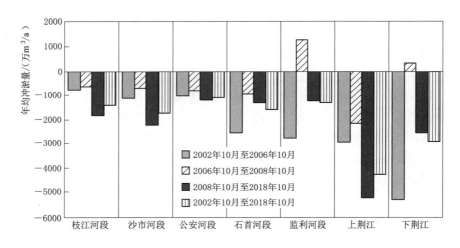

图 2.3.2   荆江各河段不同时段年均冲淤量变化（平滩河槽）

较大改变，主要体现在水流含沙量大幅减少，且径流过程明显坦化，上荆江枯水河槽冲刷展宽，分汊口门段水流分散，为此长江航道部门在多个分汊河道实施了以江心洲（滩）、边滩等守护为主的整治工程，以控制枯水河槽的宽度，保证浅滩水深条件，守护区域内的滩体，冲刷变形幅度得到控制，如沙市河弯的三八滩和金城洲，部分滩体小幅度回淤，如突起洲，枝江河段的董市洲、柳条洲、芦家河河心碛坝及关洲上段等均实施了守护工程，限制了滩体冲刷；下荆江河道大多数蜿蜒型河道发生"撇弯切滩，凸岸冲刷凹岸淤积"等现象，在一定程度导致凸岸滩体冲刷，凹岸枯水河槽淤积，因此上荆江冲刷高度集中在枯水河槽内，2002—2018 年滩体累积冲刷量仅占 6%，而下荆江滩体冲刷量占比则相对较大，约为 15.8%（图 2.3.3）。

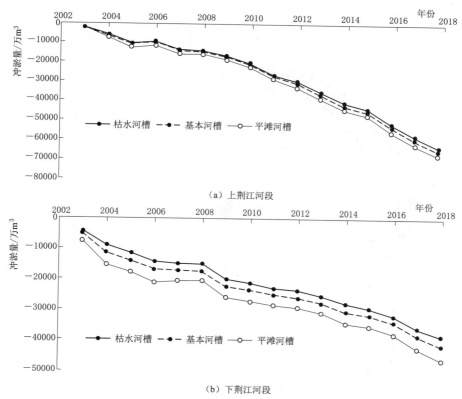

（a）上荆江河段

（b）下荆江河段

图 2.3.3　三峡工程运用后上、下荆江河段累计冲淤量变化

2.3.2　冲淤厚度平面分布特征

1. 枝城至杨家垴段

枝城至杨家垴河段为荆江河段的起始段，也是三峡工程坝下游砂卵石河道向沙质河道的过渡段，该段由关洲弯道段、芦家河微弯段、枝江顺直分汊段和江口微弯段组成，河道内分布有关洲、芦家河江心碛坝、董市洲和柳条洲四处江心洲，放宽段和过渡段还存在一定规模的边滩。

三峡工程运用前，1986—2002 年，关洲汊道左汊、洲体右缘下段呈淤积状态，其余区域冲淤变化幅度较小，下游过渡段直至芦家河石泓呈冲刷状态，最大冲刷深度在 10m 以上，松滋口口门干流段冲刷，口门内有所淤积，芦家河段内沙泓呈淤积状态，最大淤积厚度接近 10m；昌门溪以下河段呈滩体淤积，河槽冲刷的特征，且以柳条洲的淤积强度最大，滩体整体淤积厚度在 9m 以上，右岸侧的吴家渡边滩对岸的过渡段深槽也有所淤积，淤积厚度在 6m 左右，柳条洲左汊冲刷强度较大，该段总体呈"左冲右淤"的特征，下游七星台对岸深槽冲刷，至杨家垴段呈略有冲刷的状态［图 2.3.4（a）］。

三峡工程运用后，2002—2013 年董市镇以上河段整体表现为冲刷，尤其是关洲左汊和松滋口口门附近，河床下切幅度均在 10m 以上，关洲右缘下段有所冲刷，该段冲淤特征与蓄水前 1986—2002 年基本相反［图 2.3.4（b）］；芦家河段沙泓冲刷强度大于石泓，

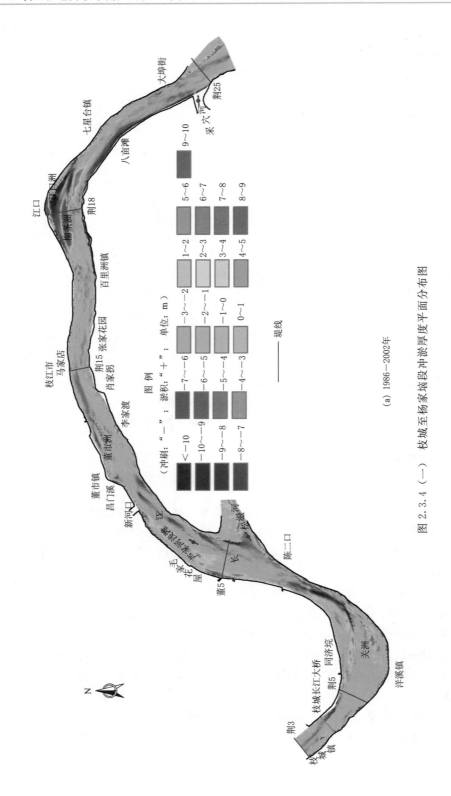

（a）1986—2002年

图 2.3.4（一）　枝城至杨家垴段冲淤厚度平面分布图

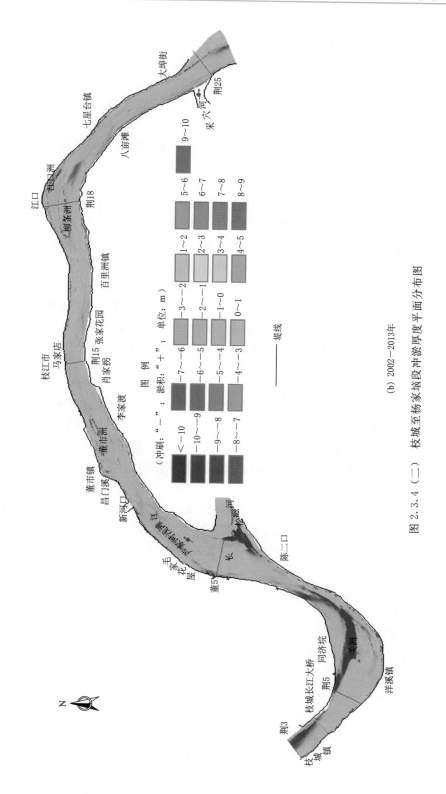

图例

淤积 "+"；　单位：m）

图2.3.4 （二） 枝城至杨家脑段冲淤厚度平面分布图

(b) 2002—2013年

河道中部的碛坝呈略有淤积的状态；董市洲以下河段的冲刷幅度较上游河段偏小，其中张家桃园边滩、柳条洲洲头低滩略有淤积，其他区域以冲刷为主，且以柳条洲右汊出口段深槽的冲刷强度最大，该段恰好是蓄水前的淤积区，七星台以下呈微冲状态，冲刷强度略小于蓄水前。

综上来看，枝城至杨家垴河段三峡工程运用前沿程冲淤交替，且滩体整体表现为淤积，河槽以冲刷为主，汊道段一汊冲刷，另一汊则淤积；三峡工程运用后，整体冲刷的特征较为明显，局部剧烈冲刷下切的区域集中在松滋口以上河段，与局部采砂活动有一定关系，除此之外，蓄水前淤积的区域也出现冲刷。

2. 杨家垴至郝穴段

杨家垴至郝穴段由两个大"S"形弯道组成，包括涴市河弯、沙市河弯和公安河弯三个部分，河道内分布有多处洲滩，其中火箭洲、马羊洲、太平口心滩、三八滩、金城洲、突起洲为江心洲（滩），腊林洲、柳林洲、雷家洲、白渭洲等分布在左右岸侧的边滩，沿程洲滩规模不一。

三峡工程运用前 1987—2002 年，该河段整体表现为淤积，而冲刷淤积厚度变化较大处主要集中弯道及分汊段，尤其是荆州市左岸近岸处（三八滩北汊内）不断淤积，最大淤积厚度约 19m，最大冲刷深度约 16m，同时，在金城洲、突起洲弯道处，也有较明显的冲刷与淤积，金城洲汊道段左冲右淤，突起洲汊道左右侧河槽均有所冲刷，突起洲头部低滩右缘淤积明显［图 2.3.5（a）］。

三峡工程运用后 2002—2013 年，受来水来沙影响，河段表现为滩地冲刷、深槽淤积，主要以冲刷为主，冲刷厚度变化较大处依然位于分汊段，荆州市城区附近河段（三八滩右汊内）冲淤变幅较大[5]，使得左岸、三八滩岸线不断崩退，其最大冲刷厚度约 14m，而右岸侧河槽则不断淤积，其最大淤积厚度约 11m。同时，在该河段的金城洲、突起洲弯道处，也有较明显的冲刷与淤积，突起洲头部低滩有小幅的淤积，与该段实施航道整治工程有一定关系［图 2.3.5（b）］。

可见，三峡工程运用前后，该段冲淤变幅较大的区域基本一致，三峡工程运用前淤积的区域大多数转为冲刷，冲刷的区域仍基本保持冲刷的趋势。其中，三峡工程运用前，分汊段除三八滩段以外，其他河段基本表现为"滩淤槽冲"；三峡工程运用后，滩体淤积强度下降或出现冲刷，河槽仍以冲刷为主。

3. 周公堤至碾子湾段

周公堤至碾子湾段主要由两部分组成，上游为周公堤顺直段，下游为石首弯道段。其中，周公堤顺直段中段近左岸分布有蛟子渊边滩，石首弯道进口放宽段右岸有藕池口分流，藕池口附近淤积形成天星洲，石首弯道放宽段分布有倒口窑心滩、五虎朝阳心滩，弯顶左岸侧为向家洲边滩。

三峡工程运用前 1987—2002 年，该河段整体表现为淤积，冲刷淤积厚度变化较大处主要集中在弯道段，受人类活动影响以及上游来水来沙变化等影响，石首市近岸处不断淤积，最大淤积厚度约 30m，最大冲刷深度也达约 25m，同时，在该河段的黄水套、天星洲、向家洲、北碾子湾附近也有较明显的冲刷与淤积，在北碾子湾附近，左岸岸线不断地崩退，最大冲刷深度约为 22m，右岸岸线不断地淤长，最大淤积厚度约为 17m［图 2.3.6(a)］。

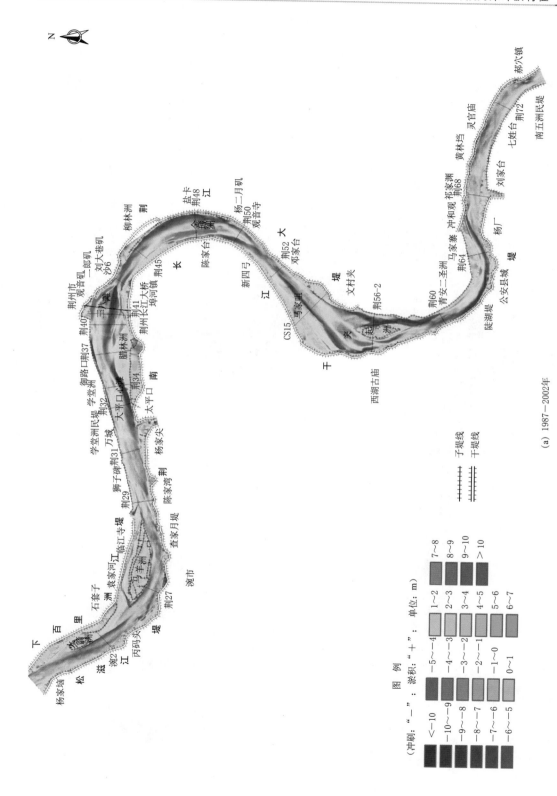

图 2.3.5（一）　杨家垴至郝穴段冲淤厚度平面分布图

（a）1987—2002年

图　例

（冲刷："—"；淤积："＋"；单位：m）

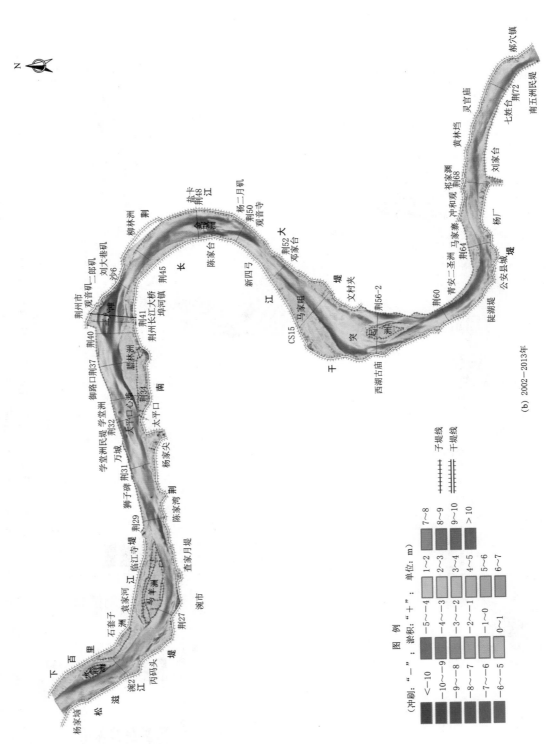

图 例

(冲刷 "−"；淤积 "+"；单位：m)

<−10	1~2
−10~−9	2~3
−9~−8	3~4
−8~−7	4~5
−7~−6	5~6
−6~−5	6~7
−5~−4	7~8
−4~−3	8~9
−3~−2	9~10
−2~−1	>10
−1~0	
0~1	

子堤线
干堤线

(b) 2002—2013年

图2.3.5（二）　杨家垴至郝穴段冲淤厚度平面分布图

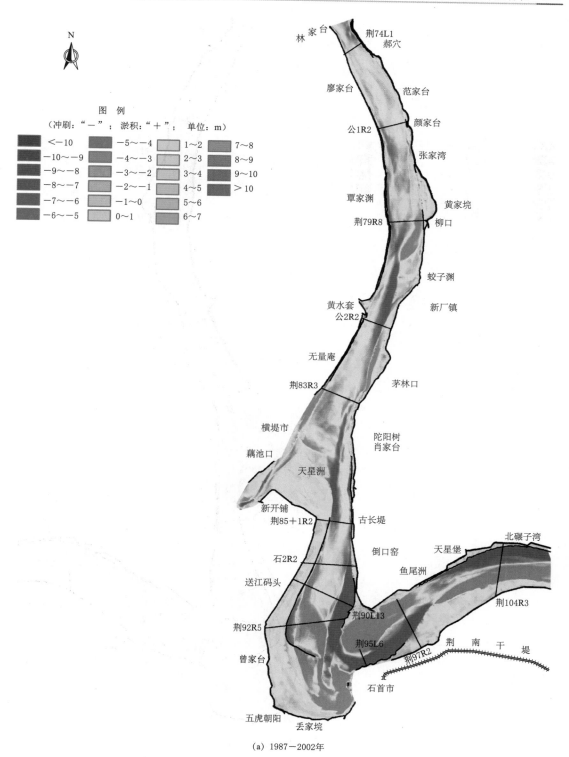

(a) 1987—2002年

图 2.3.6（一） 周公堤至碾子湾河段河床冲淤厚度平面分布图

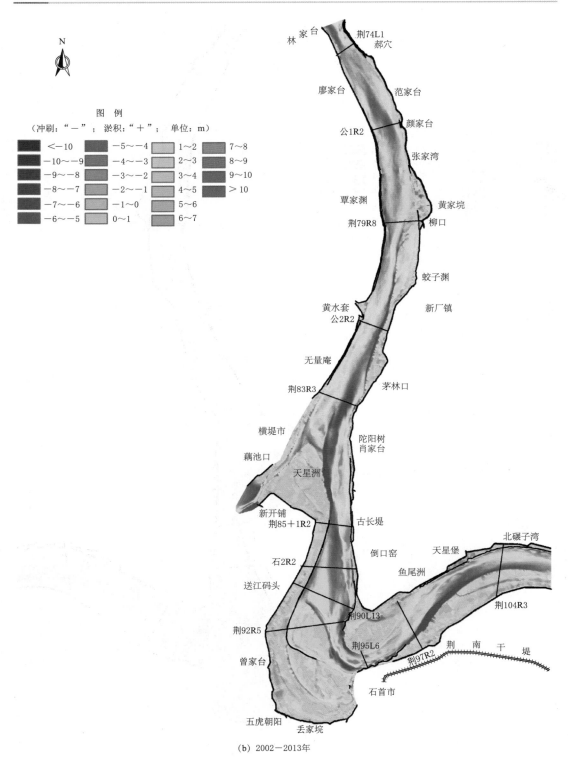

（b）2002—2013年

图 2.3.6（二）　周公堤至碾子湾河段河床冲淤厚度平面分布图

三峡工程运用后 2002—2013 年，受来水来沙影响，河段表现为滩地冲刷、深槽淤积，主要以冲刷为主，冲刷深度变化较大处仍主要位于石首附近河段，在荆 92R5 断面附近最大冲刷深度约 22m，而在荆 95 断面附近最大淤积厚度约为 12m，同时，在该河段的黄水套、天星洲、鱼尾洲、北碾子湾附近有较明显的冲刷与淤积，在天星洲附近最大冲刷深度约为 21m，左岸岸线有一定的淤长，最大淤积厚度约为 10m[6] ［图 2.3.6（b）］。

可见，三峡工程运用前，该段除石首近岸深槽外，其他区域冲淤表现为明显的"冲槽淤滩"；三峡工程运用后，河槽冲刷强度进一步加大，弯道凸岸侧滩体也进入冲刷状态。

4. 调关河段

现今的调关弯道段是沙滩子自然裁弯和中洲子人工裁弯后形成的新河道，河道平面呈"S"形，按河道形态可分为两段，第一个弯道为调关弯道，第二个弯道为莱家铺弯道。

三峡工程运用前，该段河床冲淤交替。1987—1998 年，该河段冲淤交替变化较为显著，整体表现为弯道处凸岸冲刷，凹岸淤积，两弯道之间的过渡段主要以淤积为主。冲淤厚度变化较大处主要集中在弯道过渡段，如寡妇夹至金鱼沟段、中洲子至鹅公凸段，在中洲子附近最大冲刷深度约 28m，而在鹅公凸附近最大淤积厚度约 16m ［图 2.3.7（a）］。受 1998 年大洪水影响，1998—2002 年，河段主要以淤积为主，具体呈现为滩地淤积幅度大、深槽淤积幅度相对较小的特征，调关至莱家铺两弯道之间的过渡段也有所淤积。冲淤幅度变化较大处主要集中在半头岭至沙湾段，表现为弯道处凸岸淤积，凹岸上段冲刷，下段淤积，与 1998 年前的特征恰好相反，最大冲刷幅度为 20m，最大淤积厚度约 14m ［图 2.3.7（b）］。

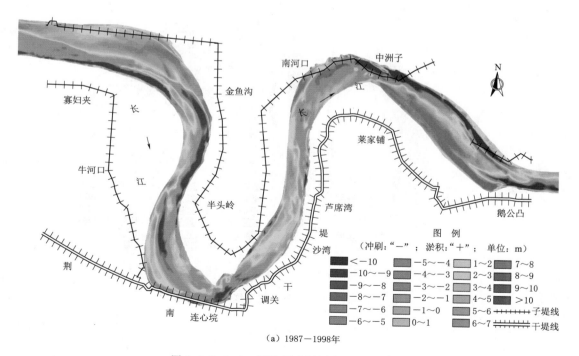

（a）1987—1998年

图 2.3.7（一） 调关河冲淤厚度平面分布图

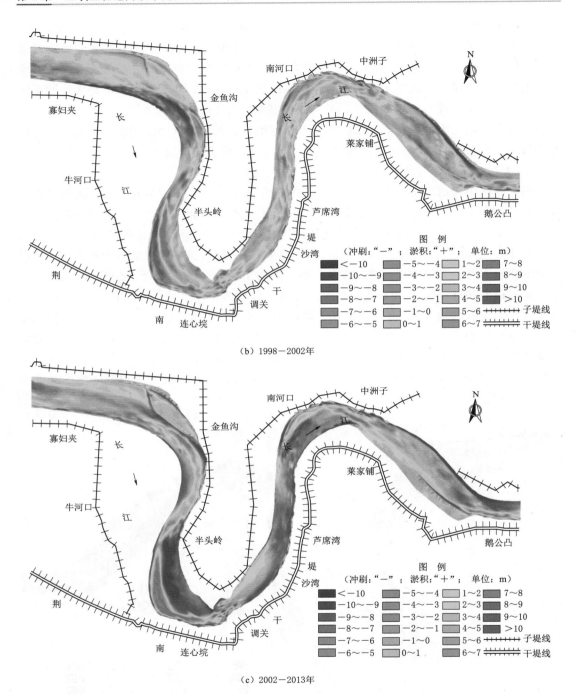

（b）1998—2002年

（c）2002—2013年

图 2.3.7（二） 调关河冲淤厚度平面分布图

三峡工程运用后，2002—2013 年，受来水来沙变化影响，该河段主要以冲刷为主，具体表现为滩地冲刷、深槽淤积，弯道过渡段以冲刷为主。冲淤幅度变化较大处仍主要集中在半头领至沙湾段，最大冲刷深度约 13m，最大淤积厚度约 18m〔图

2.3.7（c）]。尤其是调关及莱家铺两处弯道段，凸岸冲刷、凹岸淤积的现象十分明显，主要区别在于调关弯道"凸冲凹淤"的现象在上半段较为明显，而莱家铺弯道在下半段较为明显。

可见，对于连续弯道段，三峡工程运用前后冲淤特征存在明显的差异，尤其是在弯顶段，三峡工程运用前"凸淤凹冲"的现象较为明显，三峡工程运用后，弯顶段冲淤分布调整为"凸冲凹淤"，这一变化不仅与水库拦沙作用有关，还与弯道水流基本特征以及三峡工程运用后坝下游中低水出现频率加大有关。

5. 塔市驿至盐船套段

塔市驿至盐船套河段主要由监利弯曲分汊段和下游连续的顺直过渡段组成，监利河段内分布有乌龟洲，下游为上车湾裁弯后的新河道，河宽较窄。

三峡工程运用前，1987—2002年，洪水港弯道以上段冲淤变化幅度较大，以下段整体表现为淤积，但幅度相对较小。其中，又以监利分汊段的冲淤变幅最大，1987—2002年乌龟洲整体左移，同时左汊大幅度淤积萎缩，1986年9月19日（流量为24590m³/s）左汊分流比为75.6%，至2002年9月1日（流量为17120m³/s）左汊分流及减小至14.1%，左汊沿程淤积厚度基本在8m以上，右汊贴乌龟洲洲体深槽直至下游沙夹边及徐家长岭一带河槽冲刷明显，最大冲刷深度在10m以上；往下游直至洪水港弯道段深槽均表现为冲刷，最大冲刷深度在10m左右[图2.3.8（a）]。

三峡工程运用后，2002—2013年，乌龟洲段深槽，尤其是贴乌龟洲洲体的深槽仍表现为冲刷，出乌龟洲汊道后往下游，河道的冲淤平面分布特征几乎与蓄水前相反，如蓄水前整体淤积的夏家合子以下段整体表现为冲刷，沙夹边至夏家合子段蓄水前淤积的区域蓄水后出现冲刷，蓄水前冲刷的区域蓄水后出现淤积，徐家长岭及左家滩一带较为明显[图2.3.8（b）]。

可见，三峡工程运用前后，该段冲淤分布特征也存在较大的差异，汊道段蓄水前"左淤右冲"，蓄水后"低滩淤积、河槽冲刷"，单一段蓄水前过渡段冲刷，顺直段淤积，蓄水后过渡段淤积，顺直段冲刷。

6. 盐船套至城陵矶河段

盐船套至城陵矶河段由4个连续弯道组成，依次为反咀弯道段、熊家洲弯道段、七弓岭弯道段和观音洲弯道段，其中，伴随着弯顶凹岸侧的不断冲刷崩退，熊家洲弯顶段和观音洲弯顶段最小距离仅剩500m左右。

三峡工程运用前，1987—1998年，该河段上下两段冲刷特征存在一定差异，其中七弓岭弯道以上主要表现为"凸淤凹冲"，尤其是弯顶下游侧凹岸处，冲刷强度较大；七弓岭以下，也即观音洲弯道段整体表现为凹岸淤积，凸岸大幅冲刷；弯道之间的过渡段主要以淤积为主。整体冲淤变化较大的弯道集中在荆江门、八姓洲弯道，最大冲刷深度约29m，最大淤积厚度约23m，均出现在七姓洲附近，使得凸岸侧岸线淤积，凹岸侧岸线崩退[图2.3.9（a）]。1998年大水过后，1998—2002年该河段以淤积为主，具体表现为滩地冲刷、深槽淤积，总体与1998年前呈现相反的冲淤特征。冲淤变化较大弯道在荆江门处，最大淤积厚度约17m，最大冲刷深度约19m[图2.3.9（b）]。

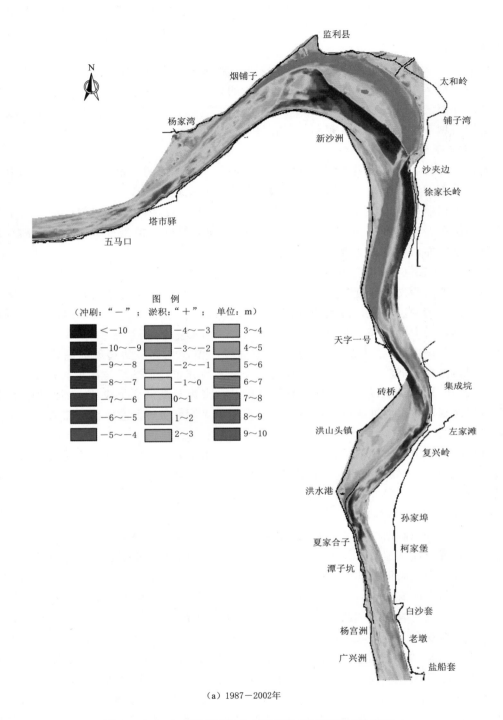

图 例

（冲刷：" - "；　淤积：" + "；　单位：m）

< -10	-4~-3	3~4
-10~-9	-3~-2	4~5
-9~-8	-2~-1	5~6
-8~-7	-1~0	6~7
-7~-6	0~1	7~8
-6~-5	1~2	8~9
-5~-4	2~3	9~10

（a）1987—2002年

图 2.3.8（一）　塔市驿至盐船套段冲淤厚度平面分布图

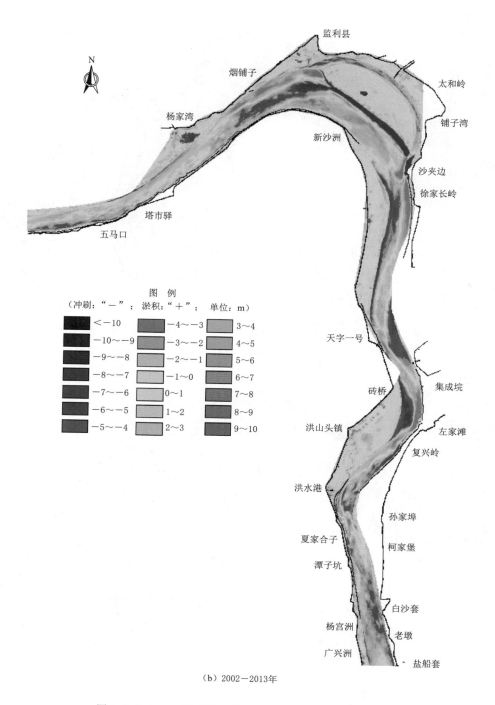

（b）2002—2013年

图 2.3.8（二）　塔市驿至盐船套段冲淤厚度平面分布图

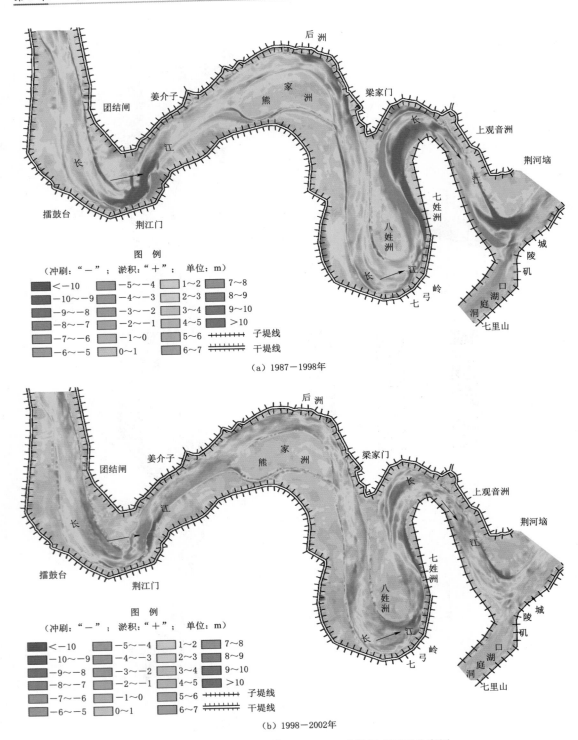

图 2.3.9（一）　盐船套至城陵矶河段冲淤厚度平面分布图

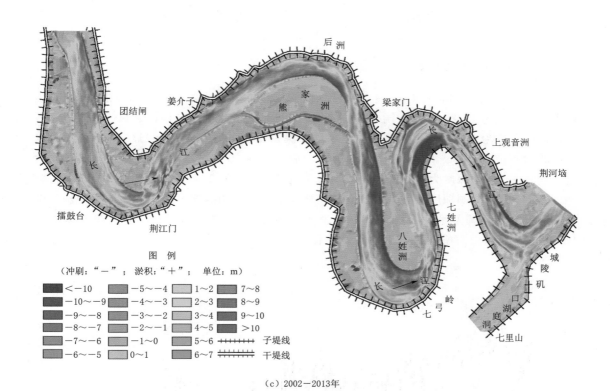

（c）2002—2013年

图 2.3.9（二）　盐船套至城陵矶河段冲淤厚度平面分布图

三峡工程运用后，2002—2013 年，该河段整体呈现为冲刷，主要表现为凸岸冲刷，凹岸淤积，冲淤变化较大处位于熊家洲至洞庭湖口段，其中熊家洲至七弓岭段，凹岸显著淤积，凸岸侧则大幅度冲刷，出现"撇弯切滩"，至 2013 年弯道段凹岸侧淤积形成水下潜洲，断面形态由"V"形转变为"W"形；七弓岭至上观音洲段，也表现为凸岸冲刷，凹岸淤积，凹岸淤积幅度大于上游七弓岭弯道段；洞庭湖口处则表现为淤积。该河段最大冲刷深度约 29m，最大淤积厚度约 18m〔图 2.3.9（c）〕。

可见，三峡工程运用前，该河段冲淤可分为两个阶段，即 1998 年前和 1998 年后，两个时段冲淤特征总体呈现相反的现象，使得三峡工程运用前，河槽累计冲淤变化幅度相对较小；三峡工程运用后，除熊家洲弯道外，其他三处弯道均表现出明显的"凸冲凹淤"的变化特征，即出现不同程度"撇弯切滩"。

综上可见，从冲淤厚度的平面分布来看，三峡工程运用前后荆江河段的主要特征表现为以下几个方面：

（1）三峡工程运用前后上荆江整体均表现为冲刷，滩体总体以淤积为主；下荆江三峡工程运用前整体表现为"滩淤槽冲"，三峡工程运用后则整体表现为"滩槽均冲"。

（2）上荆江冲淤变幅较大的区域主要集中在分汊段，三峡工程运用后，分汊段并未出现"支汊萎缩、主汊扩大"的现象，相反，部分蓄水前为支汊的汊道（特别是短汊）冲刷强度大于主汊，而在航道整治工程作用下，部分低滩出现淤积。

（3）下荆江弯道段由蓄水前的"凸淤凹冲"转化为"凸冲凹淤"，部分弯道段出现"撇弯切滩"的趋势，并使得弯道间的过渡段冲淤性质也出现反向的调整。

2.3.3　冲淤形态响应特征

2002 年 10 月至 2018 年 10 月，荆江纵向深泓以冲刷为主，平均冲刷深度为 2.96m，最大冲刷深度为 17.8m，位于调关河段的荆 120 断面，其次为石首河段北碛子湾附近（石 4），冲刷深度为 15.3m。枝江河段深泓平均冲深 3.86m，最大冲深为 11.50m，位于马家店下游附近（荆 17）；沙市河段深泓平均冲刷深度为 4.24m，最大冲深位于陈家湾附近（荆 29），冲刷深度为 14.0m；公安河段平均冲刷深度为 1.79m，最大冲深位于文村夹附近（荆 56），冲刷深度为 14.7m；石首河段深泓平均冲刷深度为 4.24m，最大冲刷深度为 17.8m，位于调关河段（荆 120）；监利河段深泓平均冲深 1.35m，最大冲刷深度为 12.7m，位于洪山头段（荆 166），具体见表 2.3.1 及图 2.3.10。

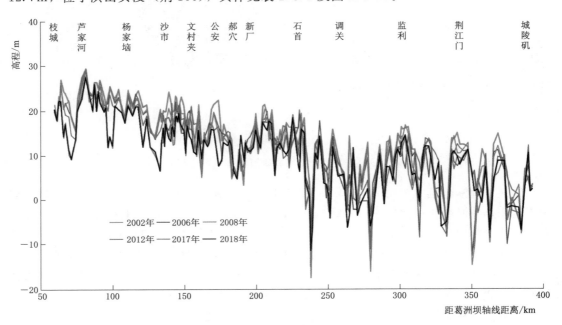

图 2.3.10　三峡工程运用后荆江河段深泓纵剖面冲淤变化

表 2.3.1　　　　　　　三峡工程运用后荆江河段河床纵剖面冲淤变化统计

河段名称	时　段	深泓冲刷深度/m	
		平均	冲刷坑（冲刷深度，断面）
枝江河段	2017 年 10 月至 2018 年 10 月	−0.04	芦家河浅滩（−1.4，董 5）
	2002 年 10 月至 2018 年 10 月	−3.86	马家店下游（−11.5，荆 17）
沙市河段	2017 年 10 月至 2018 年 10 月	−0.33	金城洲附近（−6.6，荆 48）
	2002 年 10 月至 2018 年 10 月	−4.24	陈家湾水位站（−14.0，荆 29）
公安河段	2017 年 10 月至 2018 年 10 月	−0.18	蛟子渊（−5.7，荆 79）
	2002 年 10 月至 2018 年 10 月	−1.79	文村夹上游（−14.7，荆 56）

续表

河段名称	时　段	深泓冲刷深度/m	
		平均	冲刷坑（冲刷深度，断面）
石首河段	2017 年 10 月至 2018 年 10 月	−0.13	北碾子湾下游（−8.7，石 4）
	2002 年 10 月至 2018 年 10 月	−4.24	调关弯道（−17.8，荆 120）
监利河段	2017 年 10 月至 2018 年 10 月	0.16	七弓岭（−6.9，利 7）
	2002 年 10 月至 2018 年 10 月	−1.35	洪山头（−12.7，荆 166）

图 2.3.11 为三峡工程运用前后各典型断面冲淤变化。断面的总体变化表现为：枝江河段断面形态基本稳定，冲淤变化较小；从河型的角度看，顺直段断面变化小，分汊段及弯道段断面变化较大，如三八滩、金城洲、石首弯道、乌龟洲等段滩槽交替冲淤变化较

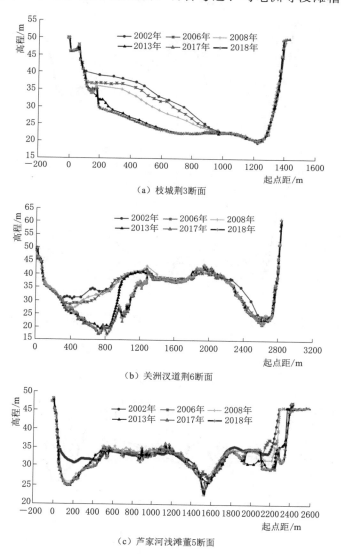

（a）枝城荆3断面

（b）关洲汊道荆6断面

（c）芦家河浅滩董5断面

图 2.3.11（一）　荆江河段断面冲淤变化图

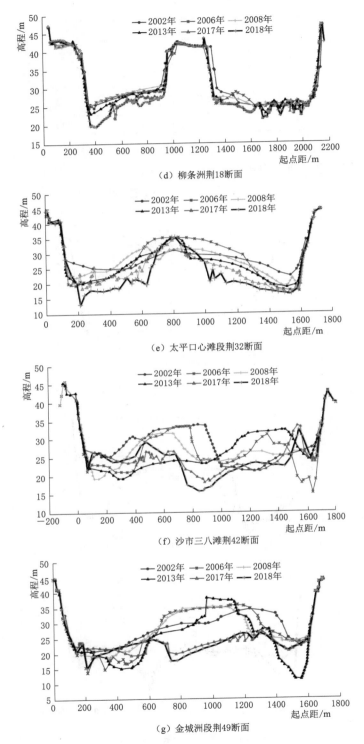

（d）柳条洲荆18断面

（e）太平口心滩段荆32断面

（f）沙市三八滩荆42断面

（g）金城洲段荆49断面

图 2.3.11（二）　荆江河段断面冲淤变化图

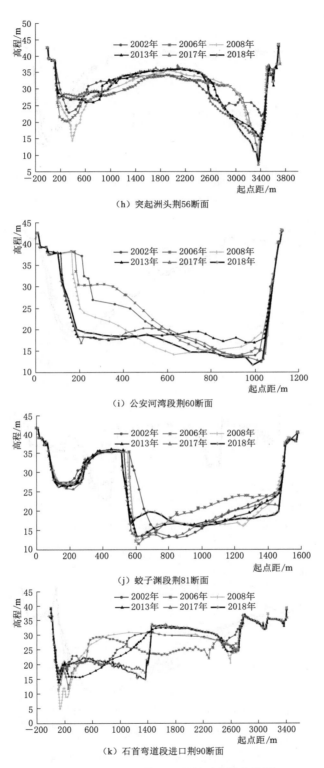

（h）突起洲头荆56断面

（i）公安河湾段荆60断面

（j）蛟子渊段荆81断面

（k）石首弯道段进口荆90断面

图2.3.11（三） 荆江河段断面冲淤变化图

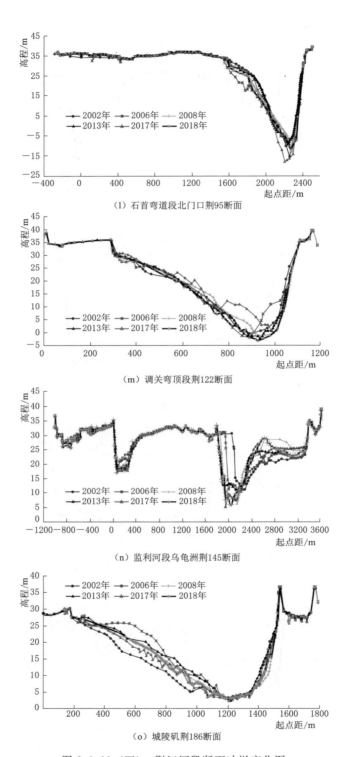

（1）石首弯道段北门口荆95断面

（m）调关弯顶段荆122断面

（n）监利河段乌龟洲荆145断面

（o）城陵矶荆186断面

图 2.3.11（四）　荆江河段断面冲淤变化图

大。2017—2018 年，断面深槽总体表现为冲刷，如马羊洲上段、太平口上游、突起洲上游、郝穴河湾、石首河湾进出口段、调关弯顶、来家铺弯顶、天字一号河段等。

2.4 荆江河段河床再造规律及产生机制

三峡工程运用后，荆江河段河床冲刷剧烈，上荆江分汊段普遍出现支汊冲刷发展的现象，不同于丹江口水库下游汉江分汊河段支汊萎缩、主汊扩大的经验；下荆江急弯段则明显地"凸冲凹淤"，发生不同程度的"撇弯切滩"，显著区别于弯道一般性的冲淤规律[7]。上、下荆江不同于一般性规律的河道演变现象产生的连锁效应不可忽视，上荆江汊道段不得不实施多个分汊段的航道整治工程，限制支汊的过度冲刷发展，维持主汊内通航条件的稳定，下荆江"撇弯切滩"带来弯道顶冲点的下移，既有的崩岸范围下延，影响防洪安全，同时原主河槽的淤积也会对通航造成不利影响，开展急弯段河势控制工程的相关研究非常急迫。

2.4.1 上荆江分汊河道河床再造特征

荆江河段分布有 12 处分汊河道，其中上荆江分布有 10 处，下荆江仅有监利分汊段和熊家洲分汊段。三峡工程运用以来，除太平口河段主支汊发生易位以外，其他河段主支地位保持相对稳定，但局部主支汊分流比及滩槽格局均有一定幅度的调整。具体而言，三峡工程运用后荆江河段分汊河道演变的主要特征有两个方面：一是中枯水分流比较小的汊道多数冲刷发展，以至于其分流比增大，河床大幅度冲刷下切；二是江心洲（滩）大幅度冲刷萎缩，包括中低滩的整体冲刷以及高滩的滩缘崩退等。造成这两种现象的原因与特定的水沙输移条件和特殊的河床边界条件有关。三峡工程运用后，来水来沙的改变，以及由此带来的局部河床边界条件的变化，是促成分汊河道上述演变特征的关键因素[8]。本节在深入揭示分汊河道这两种演变特征的基础上，进一步研究水沙及河床边界条件变化作用于分汊河道演变的内在机理。

1. 中枯水以下支汊河槽冲刷发展

三峡工程运用后，长江荆江河段内的分汊河段，无论是顺直型还是弯曲型，都出现了较为明显的中枯水以下支汊河槽冲刷发展的现象[9-10]，不同于汉江丹江口水库下游分汊河段支汊萎缩、主汊扩大的经验。图 2.4.1 为三峡工程运用以来，荆江典型分汊河段支汊枯期分流比变化的统计情况，分流比统计起始时段为三峡工程运用前，考虑到三峡工程运用后，部分重点分汊浅滩河段已实施了支汊限制工程，因此所统计分流比的末时段均为整治工程实施前。统计结果表明，在所统计的 8 个分汊河段中（汊道基本特征见表 2.4.1），支汊分流比均有不同幅度的增大，其中顺直分汊段以太平口河段支汊分流比增幅最大，与蓄水前相比，支汊分流比增加 18%；微弯分汊河段以芦家河河段支汊分流比增幅最大，支汊分流比增加约 12.1%；弯曲分汊河段以关洲汊道段支汊分流比增幅最大，支汊分流比增加 14.9%，这三个分汊河段都分布在上荆江，也即目前受三峡工程运用影响最大、河床冲刷发展最为剧烈的河段。

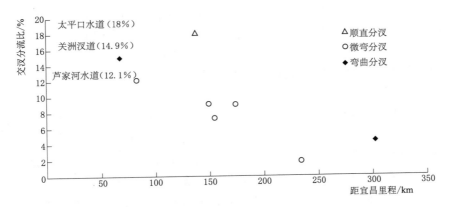

图 2.4.1　三峡工程运用后荆江分汊段中枯水支汊分流比变化

表 2.4.1　　　　　　　　　荆江典型分汊河段基本特征统计表

汊道名称	汊道类型	所在河段	施测日期	全断面流量 /(m³/s)	主汊分流比 /%
关洲	弯曲分汊	上荆江河段	2003 年 3 月	4230	80.9
			2012 年 11 月	6070	66.0
芦家河	微弯分汊		2003 年 3 月	4070	71.9
			2008 年 3 月	4550	59.8
太平口	顺直分汊		2003 年 3 月	3730	55.0
			2012 年 2 月	6230	37.0
三八滩	微弯分汊		2003 年 12 月	5470	66.0
			2009 年 2 月	6950	57.0
金城洲	微弯分汊		2001 年 2 月	4150	96.9
			2009 年 2 月	6530	89.6
突起洲	微弯分汊		2003 年 10 月	14900	67.0
			2005 年 11 月	10300	58.0
倒口窑	微弯分汊	下荆江河段	2006 年 9 月	8580	98.4
			2009 年 3 月	6010	96.5
监利	弯曲分汊		2002 年 10 月	9330	92.0
			2005 年 11 月	8040	87.7

　　从中枯水支汊分流比增幅的沿程变化规律来看，同类型分汊河道中支汊的发展程度存在沿程递减的趋势[11]，这与三峡工程运用后长江中游河床冲刷沿程分布规律相对应，支汊发展迅速的河段基本集中在冲刷剧烈的荆江河段；按分汊河道类型来看，支汊发展的程度：顺直分汊段＞微弯分汊段＞弯曲分汊段。其主要原因在于，一般而言，顺直分汊河段左右汊分流比的差距跟弯曲分汊河段相比要小，也即年内两汊冲刷发展的历时长短相差不大，加上支汊一般是高水主流所在汊道，三峡工程运用后输沙量减少又以汛期幅度为大，所以支汊发展的可能性较大。弯曲分汊河段则有所不同，仅在高水流量很大的时候支汊才

可能位于主流带，其年内冲刷发展的机会小得多，加之三峡工程运用以来的 10 多年中，上游来水总体偏少，水库汛期又实施了削峰调度，高水出现的概率大大减小，纵使沙量大幅减小，冲刷历时得不到保证，其支汊发展空间仍然有限[12]。

中枯水支汊不仅分流比有所增加，河床冲刷强度也明显较大。就整个长江中游而言，尤其是荆江河段，早在三峡工程运用前，河床已经处于冲刷状态，三峡工程运用进一步加大了河床冲刷强度，冲刷分布特征也逐渐由蓄水前的"冲槽淤滩"转变为"滩槽均冲"[13]。但由于自然状态下水沙沿断面并不是均匀分布的，断面总会分布有主流区和缓流区，并且这种不均匀性会随着来流变化而变化，这种效应累积下来，河床断面形态就会出现滩槽。

就分汊河段而言，主支汊河槽的冲刷强度一般存在差异，三峡工程运用后这种差异主要表现为大多数支汊河床冲刷下切的幅度更大[14-15]。具体而言，主支汊冲刷发展的差异主要有两种表现形式：一是主汊基本稳定，而支汊大幅度冲刷下切，如关洲汊道段和金城洲汊道段，尤其是关洲汊道，至 2012 年支汊河床高程下切至低于主汊（含采砂影响），通过平滩水位下槽蓄量变化情况可以看出，关洲左汊（支汊）近几年冲刷下切使得其平滩水位下的槽蓄量增幅达主汊的 4 倍（表 2.4.2），其下游芦家河汊道支汊槽蓄量增幅也超过主汊的 2 倍；二是主支汊均有所冲刷下切，但支汊下切的幅度更大，突起洲汊道就属于此类，其支汊控制工程实施前，冲刷量也较主汊偏大（图 2.4.2、表 2.4.2）。支汊冲刷强度加大与其分流比增加密切相关，一方面分流比增加后，水流强度增大，加之含沙量大幅度减小，支汊冲刷强度相应增加，主汊则相反；另一方面，支汊河床下切幅度增大后，水流更易于流向支汊，进一步促进了其分流比的增加[16]。可见，支汊分流比增加和河床冲刷下切幅度增大不仅是三峡工程运用后荆江河段中枯水支汊发展的两个表征，同时两者还存在互为因果的关系，这也符合水流造床的基本原理。

表 2.4.2　　　　　　　　　　　　典型汊道槽蓄量变化统计

汊道名称	所在河段	计算高程 /m	2001—2008 年槽蓄量/万 m³		2008—2013 年槽蓄量/万 m³	
			左汊	右汊	左汊	右汊
关洲	枝江河段	35	−399（支）	−376	−1399（支）	−99
芦家河	枝江河段	35	−312	−193（支）	9	−439（支）
柳条洲	枝江河段	35	−19（支）	−283	−397（支）	−350
太平口	沙市河段	30	−219	−438（支）	−276（支）	−92
三八滩	沙市河段	30	−75（支）	534	−375（支）	−110
突起洲	公安河段	30	−660（支）	−406	538（支）	−1317
乌龟洲	监利河段	25	−226（支）	3028	−647（支）	−2421

2. 江心洲（滩）冲刷萎缩

河心分布有一定规模的江心洲（滩）是分汊河道区别于其他河型最为显著的特征。一定来流条件下，江心洲（滩）可能淹没，也可能出露。洲滩出露时，河道水流流路不再单一，洲滩左右缘充当汊道边界的角色，并随着水沙条件的变化而发生冲淤变形，这种变形

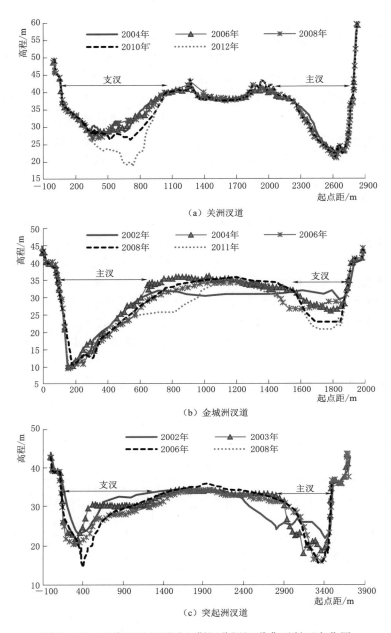

（a）关洲汊道

（b）金城洲汊道

（c）突起洲汊道

图 2.4.2　三峡工程运用后上荆江分汊河道典型断面变化图

以平面形态变化为主；洲滩过流时，作为水下河床，也仍然会随着水沙条件的变化而发生冲淤调整，且这种调整包含平面形态和纵向变化两类。因此，江心洲（滩）冲淤形式与其自身规模和水沙条件有关，年内过流时间长的中低滩冲淤变形幅度更大一些，年内过流时间短的高滩冲淤变形一般主要表现为滩缘的淘刷。三峡工程运用后，荆江分汊河道内的江心洲（滩）以冲刷为主，且中低滩的萎缩尤为明显[17]。表 2.4.3 为三峡工程运用后荆江河段 9 个典型洲滩滩体面积变化情况。从表中可以看出，除藕池口汊道的倒口窑心滩以外，其他滩体均有一定幅度的冲刷萎缩。其中，中低滩以沙市河段的三八滩相对萎缩幅度最大，2011 年滩体 30m 等高线面积较 2002 年减小约 2.02km²，相对萎缩幅度达到92.7%；中低滩绝对萎缩幅度最大的为沙市河段的金城洲，2011 年滩体 30m 等高线面积较 2003 年减小约 3.54km²；高滩的萎缩程度较中低滩偏小，相对萎缩幅度为 3%～17.7%。

表 2.4.3　　　　　　　三峡工程运用后荆江河段典型江心洲（滩）面积变化统计

河段	滩体名称	统计年份	滩体面积/km²	滩体名称	统计年份	滩体面积/km²	滩体名称	统计年份	滩体面积/km²	备注
上荆江	关洲[1]	2002	4.86	芦家河碛坝[1]	2002	0.80	柳条洲[2]	2002	2.65	"1" 为 35.00m 等高线；"2" 为 30.00m 等高线
		2006	4.75		2006	0.70		2006	2.75	
		2008	4.49		2008	0.77		2008	3.29	
		2011	4.09		2011	0.48		2011	2.18	
	三八滩	2002	2.18	金城洲	2003	5.00	突起洲	2003	8.05	所统计为 30.00m 等高线
		2006	0.80		2006	3.31		2006	6.9	
		2008	0.45		2008	2.35		2008	7.2	
		2011	0.16		2011	1.46		2011	7.8	
下荆江	倒口窑心滩[1]	2002	3.14	乌龟洲[2]	2002	8.43				"1" 为 30.00m 等高线；"2" 为 25.00m 等高线
		2006	3.94		2006	7.62				
		2008	3.33		2008	7.90				
		2011	3.61		2011	8.12				

此外，高滩与中低滩的冲刷形式也存在一定的区别，中低滩往往是以滩轴线为中心的整体萎缩，而高滩则以中枯水支汊一侧的滩缘冲刷后退为主。中低滩冲刷变形比较典型的有位于沙市河段的三八滩和金城洲[18]，其滩体 30.00m 等高线呈明显的整体萎缩现象，尽管两处滩体都实施了局部守护工程，但在高强度的次饱和水流作用下，滩体仍大幅度冲刷，三八滩至 2011 年仅剩一狭窄小滩体，金城洲的萎缩程度也较大 [图 2.4.3（a）]；三峡工程运用后，上游来水偏枯，高滩年内过流时间较短，因此，高滩的滩顶高程都无明显变化，但受中枯水以下支汊河槽冲刷发展的影响，水流不断淘刷高滩滩缘，致使高滩滩缘冲刷崩退，如关洲左汊和突起洲左汊均为中枯水支汊，且分流比都有一定幅度的增加，对应汊道内的关洲以及突起洲左缘冲刷后退，相反，中枯水主汊侧滩缘则基本保持稳定 [图 2.4.3（b）]。究其主要原因在于这两个汊道均属于弯曲型，中枯水支汊位于凸岸侧，高滩滩缘自然就成为该汊的凹岸边界，在汊道内部表现出弯道特有的"凹冲凸淤"的特性，滩缘的冲刷在所难免。可见，高滩的萎缩程度不仅与汊道的发展情况密切相关，还取决于汊道的河势格局。

长江中游历来是制约干线航道条件的瓶颈段，而浅滩碍航又以分汊河段最为频繁。目前，长江中游已实施航道整治工程的河段共有 15 处，除 3 处位于长顺直放宽河段外，其他 12 处均位于分汊河段内。结合以上三峡工程运用后荆江汊道演变的典型特征，中枯水支汊的冲刷发展，伴随江心滩体的冲刷萎缩，使得位于中枯水主汊的主航道通航条件不容

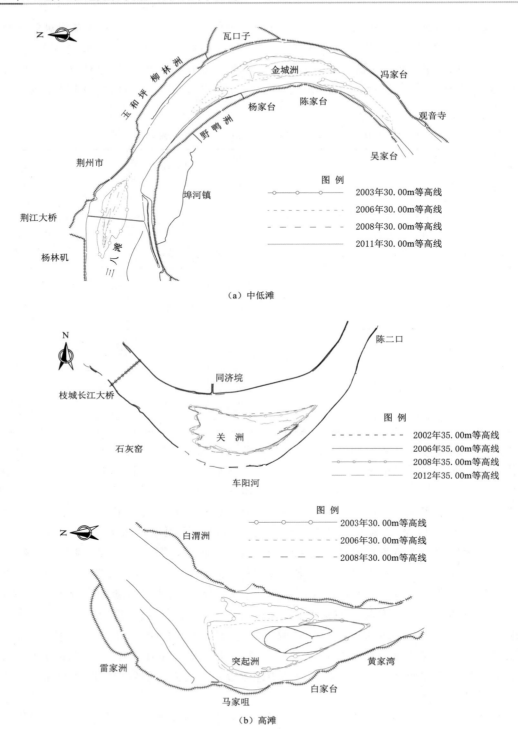

（a）中低滩

（b）高滩

图 2.4.3　三峡工程运用后上荆江典型江心洲（滩）平面变化图

乐观，多个汊道不得不实施一期、乃至多期整治工程来维持航道条件的稳定。

3. 分汊河道演变影响因素作用机理

已有关于分汊河道演变的影响因素的研究成果众多，在分汊河型成因方面存在一定共识，尤其是对于长江中游分汊河道成因，已有认识主要集中在三个方面：一是长江中游周期性变化的水沙条件，一定的流量变幅是分汊河道支汊得以长期存在的前提，适中的含沙量能够维持江心洲（滩）稳定存在，同时又不会使得汊道过分淤积[19]；二是可冲的河岸物质组成，江心洲形成的前提是河道放宽，因此，河岸物质组成须是可冲的，两岸可冲性的差异也是不同分汊河型形成的主要控制因素之一[20]；三是以节点为代表的河床边界条件，节点通过挑流或壅水作用于上下游河道，对促进分汊河道的形成具有十分重要的作用[20]，同时，节点在分布特征上的差异也造就了不同类型的分汊河型。分汊河型形成后，在其特殊的平面及断面形态控制下，局部水沙输移特征会出现区别于其他河型的变化，如高水期水流漫滩，流速减缓，泥沙落淤，枯水期水流归槽，泥沙冲刷，水流流路也不再单一，出现分流分沙的现象[21]。三峡工程运用后，分汊河段之所以出现中枯水以下支汊河槽冲刷发展、洲滩普遍冲刷萎缩的现象，其主要原因仍然在于水沙及局部河床边界条件的变化。

（1）水沙条件的影响。水沙条件是制约冲积河流河床演变的关键因素之一，三峡工程运用前，长江中游水沙条件变化以周期性为最主要特征，相应局部滩、槽格局也呈周期性演变规律[22]。三峡工程运用后，坝下游含沙量锐减，流量过程坦化，水沙过程的周期性遭到破坏，使得长江中游河段滩、槽大多出现了单向冲刷的变化趋势，分汊河段上述两个典型的演变特征也与之密切相关。

首先，长江中游分汊河型得以长期稳定存在，是由其水流分布特征决定的。当来流量发生变化时，主流线在自身动力及不同山体矶头的作用下，在分汊河道的两汊内摆动，保证每个汊道都有发生冲刷的机会。同时，作为大型冲积河流，长江中游河床冲淤整体表现出"洪淤枯冲"的变化规律，因此中枯水主流所在的汊道往往是分汊河段的主汊，洪水主流会偏向支汊，此时支汊分沙比小于分流比，主汊分沙比大于分流比，位于缓流区的主汊常常产生淤积，这是长江中游汊道所具有的一般属性；其次，三峡工程运用后，坝下游含沙量锐减（表2.4.4），且沙量减少主要集中在主汛期（6—8月），是支汊高水期冲刷强度加大的主要因素；同时，水库初期运行期（2003—2007年），对年内流量过程的调节作用并不明显，年内中枯水历时变化不大，相比之下，主汊冲刷强度增加幅度小于支汊，造成了主支汊冲刷动力的差异，在这种差异的累积作用下，支汊出现发展的现象。

表 2.4.4　　　　　三峡工程运用前后年输沙量及主汛期输沙量对比

站名	三峡工程运用之前 10 年/亿 t		三峡工程运用之后 10 年/亿 t		年输沙量减幅/%	汛期输沙量减幅/%
	年输沙量	汛期输沙量	年输沙量	汛期输沙量		
宜昌	3.83	2.81	0.48	0.34	87.5	87.9
沙市	3.46	2.34	0.69	0.46	80.0	80.3
螺山	3.09	1.78	0.96	0.50	68.9	71.9
汉口	3.01	1.73	1.14	0.58	62.1	66.5

（2）河床边界条件的影响。受水动力条件差异的影响，分汊河道主支汊河床组成存在"主粗支细"的分布特征。主汊一般为中枯水主流所在汊道，洪水期，水流能量较大时产生淤积，所淤积的泥沙颗粒组成较粗，支汊则相反，累积下来，支汊的河床组成一般较主汊偏细。从三峡工程运用初期 2005 年实测的河床组成情况来看，所统计的 6 个分汊河道中，主汊床沙中值粒径均较支汊偏大（表 2.4.5）。同时，三峡工程运用初期支汊河床高程尚未明显下切，汊道仍然保持支汊河床高程恒高于主汊的特征。按照泥沙颗粒起动原理，泥沙起动流速（U_c）计算公式，包括长江中游常用的张瑞瑾公式和沙漠夫公式都可以写成如下形式：

$$U_c = kh^m d^n \tag{2.4.1}$$

式中：h 为水深；d 为粒径；k、m、n 均为一定取值的常数。

可见，起动流速一般与水深成正比，与粒径成反比，同样的来流条件下，相较于主汊，支汊水深偏小，加之河床组成更细，泥沙更易于起动。尤其是那些主支汊流速相差较小的分汊河道内，如太平口顺直分汊河道，支汊发展十分迅速。此外，洲滩河床组成一般较河槽偏细，水流漫滩后，中低滩泥沙较河槽更易于起动，也是三峡工程运用后洲滩大幅冲刷的主要原因之一。

表 2.4.5　　　　　2005 年长江中游分汊河段主支汊床沙中值粒径统计　　　　单位：mm

河段	主汊	支汊	河段	主汊	支汊	河段	主汊	支汊
关洲河段	0.326	0.233	枝江河段	0.207	0.152	太平口河段	0.321	0.226
沙市河段	0.202	0.165	藕池口河段	0.194	0.148	监利河段	0.196	0.101

再者，从水流挟沙能力的角度来看，长江中游常用的挟沙力计算公式多选用流速 U、水深 h 和泥沙沉速 ω 作为基本要素，由这几个要素直接组合，或是引申出一些关系而后组合。对于主支汊流速相差较小的分汊段而言，在支汊水深和泥沙沉速均相对主汊偏小的情况下，水流挟沙能力则相对偏大，也使得支汊的冲刷强度加大；而对于主支汊流速相差较大的汊道，三峡工程运用后支汊发展与主流向支汊偏移相伴而生，也会使得支汊的挟沙能力增大，从而加大其冲刷强度。

三峡工程运用后，局部河势发生调整，造成部分节点的挑流作用发生变化，也是一些分汊河道支汊出现发展的主要原因。坝下游节点固然很多，但不是所有的节点都对河势变化有很大的作用，或者说并不是所有的节点从始至终都会对河势产生很大的作用，有些节点因局部河势变化甚至逐步失去挑流作用或挑流作用减弱。三峡工程运用后，河床普遍冲刷使得某些节点的挑流作用开始显现或有所增强，典型的有沙市河段内连接三八滩和金城洲两汊道的节点、罗湖洲鹅头型分汊河道上游的节点群等。

沙市河段三八滩分汊段出口左右岸分别分布有唐家桥矶和埠河矶，控制了出口河宽，同时也将上游河势变化传递到下游。20 世纪末，在 1998 年和 1999 年两场大洪水作用下，沙市河段三八滩段河势显著调整，右汊发展成为主汊，左岸侧唐家桥矶脱流，对应下游金城洲右汊的淤积萎缩，左汊冲刷发展；三峡工程运用后，三八滩左汊冲刷强度增大，中枯水分流比与右汊接近，同时右汊内深泓大幅度左移远离右岸侧节点，左岸唐家桥矶节点作用增强，对应金城洲右汊迅速冲刷发展。

总体看来，三峡工程运用后，坝下游含沙量锐减、主支汊河床组成的差异以及局部节点作用的变化是引起分汊河道出现支汊发展、江心洲（滩）大幅度萎缩的主要原因。其中，含沙量减少是关键因素，它同时作用于支汊发展、江心洲（滩）冲刷以及局部河床边界变形，且伴随沿程沙量减幅及组成变化的差异，分汊河道演变特征沿程也有所区别。因此，把握分汊河道演变趋势仍要着手于水沙及河床边界条件变化情况的判断。

4. 分汊河道演变趋势预估

三峡水库蓄水拦沙将长时期作用于坝下游河道。随着三峡水库 175.00m 试验性蓄水运行，加之水库优化调度的逐步进行，水库汛期削峰调度、汛后蓄水、汛前生态补水等调蓄作用将使得坝下游流量过程进一步发生变化，高水出现的频率受到限制，同时中枯水历时延长，高水减少将使得高水支汊年内冲刷发展的动力条件进一步减弱，而中枯水历时延长则对应中枯水主汊年内主流过流时间延长，两者综合作用下，中枯水支汊进一步发展的可能性将降低。

再者，荆江重点分汊浅滩河段基本实施或拟实施航道整治工程，工程形式多以控制中枯水支汊发展速度、维持关键洲滩稳定为主。在航道整治工程作用下，河床局部边界条件将保持稳定，当前中枯水支汊出现大幅发展的汊道局部河势也将受到一定程度的限制。

综合来看，长江中游城陵矶以上分汊河段中枯水支汊进一步发展的速度将趋于减缓，若及时实施守护工程，中枯水支汊的发展将能够得到较好控制，从而维持中枯水主汊内通航条件的稳定。

总的来说，三峡工程运用后，荆江河段分汊河道普遍出现了支汊冲刷发展、江心洲（滩）萎缩的现象，且沿程支汊发展程度、洲滩萎缩程度存在上荆江大于下荆江的特征，不同类型分汊河道支汊发展程度：顺直分汊段＞微弯分汊段＞弯曲分汊段。输沙量减少、主支汊河床组成的差异以及局部河床边界条件的变化是引起分汊河段发生局部河势调整的主要原因。随着三峡水库调度方式的不断优化，加之大规模的航道整治工程的实施，荆江河段支汊进一步发展将受到限制。

2.4.2 下荆江急弯河道河床再造特征

丹江口水库建成后，汉江下游皇庄至泽口过渡型河段最突出的变化是流量调平以后，原有河道的曲率半径不能适应新水沙条件，主流脱离凹岸，切割凸岸边滩，并向下游移动，全河段 18 个河弯中有 11 个出现"撇弯切滩"现象；而在限制性弯曲河道中，这种现象则不甚明显。三峡工程下游下荆江河段为典型弯曲河道，河弯两岸多有护岸工程，尤其是弯道顶冲段，与丹江口水库下游弯道相比，下荆江弯曲河段多为有一定限制性的弯道，其应对水沙条件变异的冲淤调整具有自身的特征。

1. 弯道滩槽冲淤分布特征

下荆江河段急弯段属于边滩发育型的蜿蜒河道，多具有偏"V"形断面形态，河道的凸岸侧一般分布有大规模的滩体，深槽则贴靠凹岸侧，滩、槽分明。弯道的取直多是通过滩体冲刷、切割，同时深槽向凸岸侧摆动来实现，在滩、槽冲淤分布方面表现为"凸冲凹淤"，显著区别于弯道一般性的"凹冲凸淤"。三峡工程运用前，下荆江弯道段类似这种"撇弯切滩"现象只在特殊的水文条件下出现，如特大水作用，大水驱直切割凸岸侧滩体，不具有普遍性和持续发展性，在河道平面形态稳定的前提下，长期中小水年作用后凸岸侧边滩能够淤积恢复。三峡工程运用后，坝下游除遭遇 2006 年、2011 年极枯水文条件以外，整体水文过程无明显异常，以平水年居多，较大洪峰更因三峡水库拦蓄而被削减，然而，下荆江急弯段普遍地出现不同程度的"凸冲凹淤"现象，局部调整剧烈的河段滩槽格局、断面形态变化明显。

"凸冲凹淤"首先可以在不同流量级下的河道冲淤量变化上得到体现。三峡工程运用前，下荆江急弯段虽然凹岸侧主河槽冲刷的现象不甚明显，但凸岸侧的滩体淤积现象却客观存在，冲淤沿断面的横向分布符合弯道的一般性规律；三峡工程运用后，下荆江急弯段滩、槽冲刷，相较于三峡工程运用前，连续急弯段凸岸侧滩体的冲淤发生了性质上的变化[23]。在三峡工程运用之前的十多年中，下荆江急弯段枯水河槽伴随着水沙过程的周期性变化，河床有冲有淤，滩体则一致表现为淤积。1987—2002 年，调关—莱家铺弯道枯水河槽冲刷泥沙 594 万 m³，基本河槽冲刷泥沙 320 万 m³，而平滩河槽则淤积 495 万 m³，定义基本河槽至平滩河槽之间为滩体部分，则滩体淤积泥沙量约 815 万 m³；类似地，反咀—观音洲滩体淤积泥沙约 1500 万 m³。三峡工程运用后，进入坝下游河道的水沙总量及过程都发生变异，河床需进行冲淤调整来适应新的水沙条件。下荆江急弯段滩槽均出现显著的冲刷现象，尤其是蓄水初期，2003—2006 年，调关—莱家铺弯道滩、槽分别冲刷 438 万 m³、982 万 m³，反咀—观音洲弯道滩、槽分别冲刷 720 万 m³、1960 万 m³（表 2.4.6），相较于三峡工程运用前，凸岸侧滩体由大幅度淤积转变为大幅度冲刷。

表 2.4.6　　　　　　　　　下荆江连续急弯段冲淤量统计表

河段名称	起止断面	河长/km	时段	冲淤量/万 m³		
				平滩河槽	基本河槽	枯水河槽
调关—莱家铺	（荆 119-3—荆 133）石 5—荆 133	（22.2）22.5	1987 年 10 月至 1993 年 10 月	−351	−697	−939
			1993 年 10 月至 1998 年 10 月	1310	286	98
			1998 年 10 月至 2002 年 10 月	−460	91	246
			1987 年 10 月至 2002 年 10 月	495	−320	−594
			2003 年 10 月至 2006 年 10 月	−1420	−982	−793
			2006 年 10 月至 2008 年 10 月	−537	−551	−498
			2008 年 10 月至 2013 年 10 月	−1310	−1240	−1340
			2003 年 10 月至 2013 年 10 月	−3260	−2780	−2630
反咀—观音洲	荆 171—荆 183	45.1	1987 年 10 月至 1993 年 10 月	549	266	−135
			1993 年 10 月至 1998 年 10 月	3650	2720	2360
			1998 年 10 月至 2002 年 10 月	4590	4310	3130
			1987 年 10 月至 2002 年 10 月	8790	7290	5360
			2003 年 10 月至 2006 年 10 月	−2680	−1960	−1750
			2006 年 10 月至 2008 年 10 月	1290	714	490
			2008 年 10 月至 2013 年 10 月	−1560	−1930	−1630
			2003 年 10 月至 2013 年 10 月	−2950	−3180	−2890

依据 2002 年、2013 年实测地形资料，计算了三峡工程运用后下荆江急弯段的河床冲淤厚度分布，见图 2.3.7（c）、图 2.3.9（c）。结合冲淤量的计算结果，进一步证实，三峡工程运用后，下荆江急弯段滩槽整体均处于冲刷状态，急弯段的弯顶附近则明显地出现了凸岸侧冲刷、凹岸侧淤积的现象，弯道附近主泓偏离凹岸侧，向凸岸侧摆动，主流流路取直，发生"撇弯切滩"。

下荆江急弯段经过几十年的自然、人工演替过程后，河道整体平面形态在堤防限制作用下保持基本稳定，但由于弯道段水流素有"大水取直，低水傍岸"的属性，河道内部滩槽格局始终处于冲淤调整状态。在水文泥沙周期性变化的情况下，弯道段河道尚能维持相对平衡的状态，一旦水文泥沙条件出现趋势性的调整，河床为了响应这种变化，不可避免地会出现不同于周期性冲淤的趋势性变化。

2. 急弯段"凸冲凹淤"的形态响应

凡是弯道必然存在凹、凸两岸，"凸冲凹淤"本质上是一种冲淤部位的特定描述，河床冲淤带来的形态响应往往是多方面的。主要有滩、槽平面形态，河道断面形态，深泓纵剖面形态等，其中滩、槽平面形态和河道断面形态都能够反应凹、凸两岸的变化，而深泓纵剖面形态仅局限于主河槽，为此，本节主要针对平面形态和横断面形态响应开展研究，以期进一步深入认识下荆江急弯段近期"撇弯切滩"的具体特征。

（1）平面形态响应。三峡工程运用后，下荆江急弯段"撇弯切滩"平面形态的响应特征突出表现为：凸岸侧边滩的冲退和近凹岸侧河槽内淤积形成（或切割出）水下潜洲，这一现象在下荆江的调关弯道、莱家铺弯道、七弓岭弯道和观音洲弯道都较为明显，其中调关弯道段的凹岸侧水下潜洲是由凸岸侧边滩切割形成，其余弯道的凹岸侧水下潜洲基本都是在原河槽的基础上淤积形成（图 2.4.4）。

1）"凸冲凹淤"发展期间，凸岸侧边滩的变化以滩唇后退和面积萎缩为主。宽大的凸岸侧边滩是下荆江急弯段平面形态的典型特征之一，边滩高大完整是维持急弯段平面形态稳定的重要因素。三峡工程运用前至 2002 年下荆江急弯段凸岸侧边滩规模均较大；三峡工程运用后，在下荆江河道应对水沙条件剧烈变化的冲淤响应调整过程中，急弯段的凸岸侧边滩不断冲刷，滩唇冲刷（切割）后退，滩体面积萎缩明显（表 2.4.7、图 2.4.5）。2002—2013 年，凸岸侧边滩特征等高线对应的滩体面积普遍萎缩，调关弯道和莱家铺弯道凸岸侧边滩的 20.00m 等高线面积萎缩率分别为 28.1% 和 4.6%，25.00m 等高线面积萎缩率分别为 31.7% 和 11.6%；反咀弯道、七弓岭弯道和观音洲弯道 20.00m 等高线面积萎缩率分别为 4.0%、41.1% 和 90.7%。

2）"凸冲凹淤"发展期间，凹岸侧水下潜洲形态上的变化以面积持续增大为主。1987—2002 年期间，下荆江弯道凸岸侧边滩淤积，规模较大，有效地控制了主河槽的宽度，以调关弯道和莱家铺弯道最为典型（图 2.4.5），凹岸侧均未能形成水下潜洲，主河槽呈窄深形态；2002—2008 年期间，上述调关、莱家铺、七弓岭和观音洲等四处弯道附近的凹岸侧水下潜洲均淤积（切割）形成，调关弯道边滩切割为心滩的现象最为明显，七弓岭弯道段的水下潜洲面积最大，2008 年其 20.00m 等高线面积为 0.397km²，滩体顶部高程达 22.70m；2008—2013 年，四处弯道段的水下潜洲均持续淤积，滩体面积不同幅度的增加，滩顶高程以淤积抬高为主，其中 20.00m 等高线面积增幅以调关弯道水下潜洲为

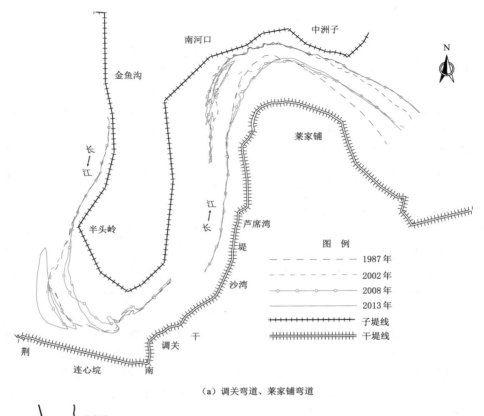

（a）调关弯道、莱家铺弯道

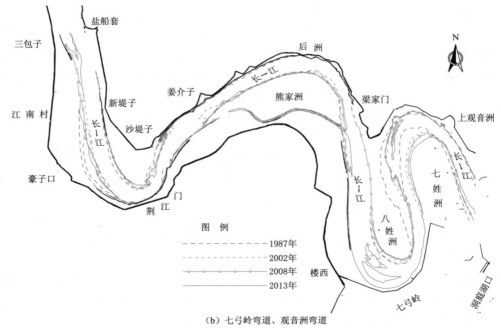

（b）七弓岭弯道、观音洲弯道

图 2.4.4　急弯段 20.00m 等高线年际变化图

最大，达到 249%，观音洲弯道次之，增幅约 118%，七弓岭弯道段的水下潜洲面积增至 0.579km² （表 2.4.7）。

表 2.4.7　　　　　　　　　　　下荆江急弯段滩体形态特征变化统计表

弯道名称	年份	平滩河宽 /m	枯水河宽 /m	滩、槽宽度比 α	凸岸侧边滩（调关—莱家铺 20.00m、25.00m 等高线，反咀—观音洲 20.00m 等高线）		凹岸侧水下潜洲（20.00m 等高线）	
					最大滩宽 /m	面积 /km²	滩顶高程 /m	面积 /km²
调关	2002	1830	864	1.1	1650	4.81	—	0
					1450	3.46		
	2008	1590	1440	0.10	1190	3.50	22.9	0.244
					956	2.50		
	2013	1610	1300	0.24	1360	3.69	27.4	0.851
					985	2.52		
莱家铺	2002	1250	1050	0.19	1240	4.37	—	0
					1120	3.52		
	2008	1250	1180	0.06	1190	4.12	24.4	0.124
					942	3.12		
	2013	1260	1080	0.17	1280	4.17	27.1	0.158
					936	3.11		
反咀	2002	1530	891	0.72	1960	4.45	30.6	—
	2008	1410	1040	0.36	1880	4.31	29.6	—
	2013	1380	1040	0.33	1740	4.27	30.7	—
七弓岭	2002	2000	603	2.3	340	0.90	—	0
	2008	2080	935	1.2	210	0.57	22.7	0.397
	2013	1530	838	0.83	270	0.53	24.3	0.579
观音洲	2002	1430	964	0.48	450	1.18	—	0
	2008	1580	1170	0.35	280	0.63	22.6	0.105
	2013	1640	1410	0.16	30	0.11	22.1	0.229

（2）横断面形态响应。为表征急弯段滩、槽冲淤变化对横断面形态影响的区别，采用常规的宽深比来体现断面形态对"凸冲凹淤"现象沿水深方向的响应特征，同时，提出滩、槽宽度比（α）的概念，旨在表达横断面形态对"凸冲凹淤"现象沿河宽方向的响应特征，其中滩宽采用平滩河槽宽度（B_p）与枯水河槽宽度（B_k）的差值来表示，槽宽直接采用枯水河槽的宽度值，具体计算公式如下：

$$\alpha = (B_p - B_k)/B_k \qquad (2.4.2)$$

1）"凸冲凹淤"发展期间，典型断面滩、槽宽度比明显减小。"凸冲凹淤"在横断面形态方面是二维的，沿河宽方向主要是滩、槽的宽度变化有所区别。三峡工程运用前，弯

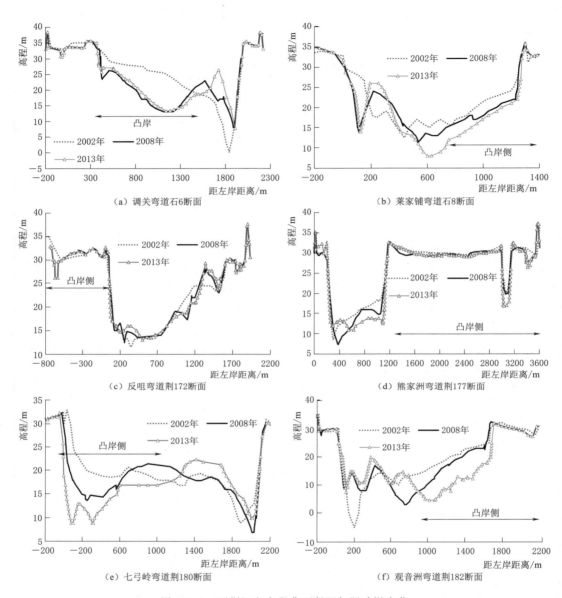

图 2.4.5　下荆江急弯段典型断面年际冲淤变化

道段平滩河宽均较大,枯水河槽河宽则相对较小,至 2002 年调关弯道、莱家铺弯道、反咀弯道、七弓岭弯道和观音洲弯道的滩、槽宽度比分别为 1.1、0.19、0.72、2.3 和 0.48 (表 2.4.7);三峡工程运用后,弯道段滩体冲刷除显著表现为面积减少以外,对主河槽河宽的控制作用也显著减弱,2002—2013 年枯水河槽河宽普遍增大,使得上述五处弯道的滩、槽宽度比均不同幅度地减小,至 2013 年分别减小至 0.24、0.17、0.33、0.83 和 0.16,变幅较大的弯道、七弓岭和观音洲弯道断面形态出现了趋势性的调整,均由 2002 年的偏 "V" 形发展为 2013 年的 "W" 形 (图 2.4.5)。

2）"凸冲凹淤"发展期间，典型断面宽深比平滩河槽减小、枯水河槽增大。沿水深方向"凸冲凹淤"形态响应主要表现滩、槽高程的变化差异，2002—2013 年，弯道段枯水河槽大幅度展宽的同时，河床平均高程抬升或下切幅度相对较小，综合表现为宽深比的增大（图 2.4.6），平滩河槽宽深比变化的规律恰好相反，一方面，其河宽减小（表 2.4.7），另一方面其河床平均高程变化较小，使得宽深比有所减小。可见，"凸冲凹淤"使得下荆江急弯段枯水河槽宽浅化发展与荆江河段河道总体窄深化的规律不一致。

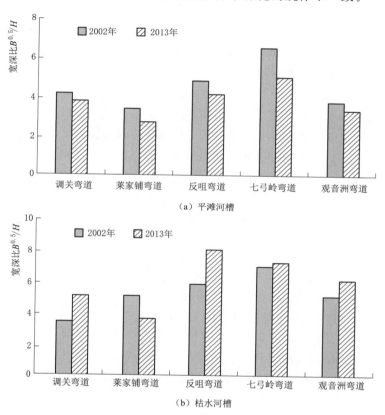

图 2.4.6 下荆江急弯段典型断面宽深比变化

3. 急弯段"撇弯切滩"产生机制

（1）下荆江河曲成因相对明确。下荆江河曲是在特定的河床、河岸边界条件下经历特殊的水沙过程而逐渐形成。下荆江连续弯曲河道"撇弯切滩"现象的机理解释仍要从其基本形成条件出发，相关研究成果较多，且多集中在下荆江裁弯工程前后。林承坤[24]、唐日长[25]和谢鉴衡[26]等著名治江学者就论证过广阔而深厚的二元结构边界条件是基本前提，二元结构的河岸在水流作用下表现为较弱的抗冲性，以至于河曲能够发展，同时河道又不会过度展宽至分汊；其次，下荆江流量变幅小和造床流量作用时间长是有利于河曲形成的关键水动力条件，下荆江河道床质泥沙输移基本平衡，凸岸边滩的淤积与凹岸冲刷后退基本相应，在弯道断面上表现出凹岸冲刷的泥沙量与凸岸淤积的泥沙量基本相等，保持河宽不增大，水流与河床均不产生分汊，河宽也不缩窄，河型不向河漫滩蜿蜒型方向转化；最后，下荆江位于江湖汇流段，城陵矶附近洞庭湖出口的顶托作用，下荆江洪水期比降小于枯水期比降，有利于汛期淤滩、枯水期水流归槽。

（2）水沙条件突变是下荆江急弯段"撇弯切滩"的决定性因素。三峡工程运用后，水库调蓄作用影响下，对应于下荆江急弯段的形成条件，某些方面发生了突变，某些方面基本稳定或延续了三峡工程运用前的变化。其中水动力条件、泥沙来源的变化具有突变性：一方面天然状态下的流量年内分配规律发生了变化，在三峡水库汛期削峰调度、汛后蓄水和枯水期补偿调度综合作用下，流量过程坦化现象更为明显，年内主流线在凸岸侧、凹岸侧的作用历时分配不均匀化现象明显；另一方面，来沙量大幅度减少，尤其是细颗粒泥沙上游河床的补给作用弱，凸岸侧边滩年内淤积期的沙量来源远远不足，边滩恢复程度极低，同时，床沙质的补给效应强，相对恢复情况较好，主河槽内的淤积物来源在量上的满足程度相对较好。在两方面综合作用下，下荆江急弯段的"撇弯切滩"普遍出现。其他因素，诸如边界条件基本无大的变化，集中体现江湖关系的荆江三口分流分沙量总体仍呈小幅减小趋势，但同流量下的分流关系基本无变化，城陵矶与监利站流量比减小导致长江对洞庭湖的顶托加剧，抬高了城陵矶同流量相应水位，但另一方面荆江三口分流减少导致城陵矶流量减小，降低了水位，两者可以部分抵消，对下荆江急弯段"撇弯切滩"的促发作用相对较弱。

（3）流量年内过程重分配使得水动力轴线作用历时在凸岸、凹岸不均匀性增强。"大水趋直，小水走弯"是弯道水流动力轴线随来流变化而发生平面摆动的基本属性。下荆江急弯段典型断面流速分布规律表现为，随着来流量的增大，主流区向凸岸侧边滩移动，2009 年 9 月调关—莱家铺、反咀弯道流量超 15000m³/s 左右时，主流区向凸岸侧边滩靠近的现象明显，当流量降至 6000m³/s 左右时，水流开始归槽，主流区向凹岸侧深槽摆动（图 2.4.7）。采用将平滩流量作为造床流量的方法，在宜昌站平滩流量为 30000m³/s 的情况下，经荆江三口分流后至下荆江平滩流量减小为 24000m³/s，综合定义监利站 6000～25000m³/s 流量区间内下荆江急弯段凸岸侧边滩冲刷，6000m³/s 以下流量归槽冲刷。三峡工程运用前 1991—2002 年，这两级流量累计持续时间的比例为 2.1，三峡工程运用后 2003—2014 年（与蓄水前 1991—2002 年历时相同）这两级流量累计持续时间的比例增大至 4.7，流量过程重分配使得水动力轴线作用历时在凸岸、凹岸不均匀性增强，具体表现为凸岸侧边滩位于主流区的持续时间相对于凹岸侧深槽大大延长，从而加大边滩冲刷动力条件。

（4）沙量来源及组成的差异改变了凸岸、凹岸恢复程度。弯道段高水主河槽落淤、低水滩体落淤，累积作用下，边滩的泥沙组成比主河槽细，据长江航道规划设计研究院 2009 年在调关弯道凸岸侧边滩的钻孔取样成果，凸岸侧边滩局部淤泥质粉质黏土的厚度达到 4m，而主河槽主要为粒径较粗的细沙；2012 年长江委水文局在该弯道的断面床沙取样结果显示凸岸侧低滩<0.125mm 颗粒泥沙占比为 25.7%，而右岸侧主河槽内不足 3%。三峡工程运用后，水库平均排沙比不足 25%，也即入库超 75% 的泥沙被拦截，宜昌站、监利站 2003—2014 年输沙量相较于 1986—2002 年分别偏少 88.9%、75.0%，宜昌至监利区间河床冲刷补给作用使得其输沙量减少幅度沿程减小，受床沙组成的限制，粗、细颗粒泥沙的补给程度差异较大，其中 $d<0.125$mm 减幅达 81.6%，而 $d>0.125$mm 输移量

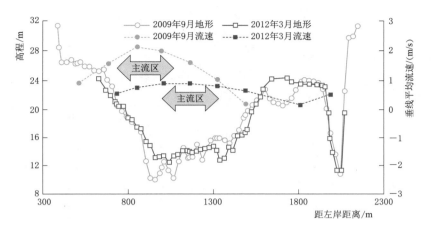

（a）调关弯道3号断面，左岸为凸岸侧

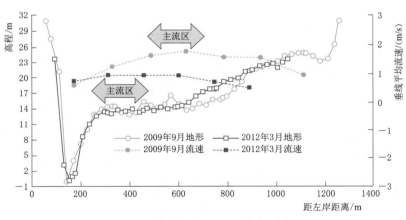

（b）莱家铺弯道6号断面，右岸为凸岸侧

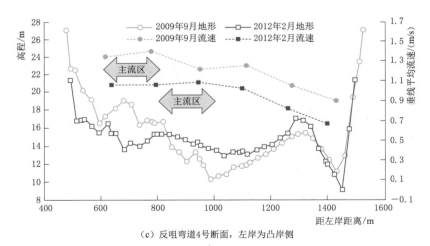

（c）反咀弯道4号断面，左岸为凸岸侧

图 2.4.7 下荆江急弯段典型断面流速分布图

年均值为 0.264 亿 t，与蓄水前的 0.299 亿 t 基本相当（表 2.4.8）。细颗粒泥沙的大幅度减少，直接影响到凸岸侧滩体恢复性淤积的泥沙来源，粗颗粒泥沙的恢复则给凹岸侧淤积，乃至淤积形成水下潜洲提供了物质基础。

表 2.4.8　　　　　　　　　不同粒径组泥沙输移量统计表

时段	宜昌站				
	沙重百分数/%		输沙量/亿 t		
	$d<0.125mm$	$d>0.125mm$	$d<0.125mm$	$d>0.125mm$	合计
1986—2002 年	91.0	9.0	3.56	0.352	3.91
2003—2014 年	94.3	5.7	0.409	0.025	0.434

时段	监利站				
	沙重百分数/%		输沙量/亿 t		
	$d<0.125mm$	$d>0.125mm$	$d<0.125mm$	$d>0.125mm$	合计
1986—2002 年	90.5	9.5	2.85	0.299	3.15
2003—2014 年	66.5	33.5	0.523	0.264	0.787

4. 主要研究结论

（1）三峡工程运用前，下荆江急弯段虽然凹岸侧主河槽冲刷的现象不甚明显，但凸岸侧的滩体淤积现象却客观存在，1987—2002 年间调关—莱家铺弯道滩体淤积泥沙量约 815 万 m^3，反咀—观音洲滩体淤积泥沙约 1500 万 m^3；三峡工程运用后，连续急弯段凸岸侧滩体普遍冲刷，2003—2006 年调关—莱家铺弯道滩体冲刷 438 万 m^3，反咀—观音洲弯道滩体冲刷 720 万 m^3。尤其是弯顶段，普遍发生了"凸冲凹淤"的现象，部分弯道附近主泓偏离凹岸侧，向凸岸侧摆动，主流流路取直，发生"撇弯切滩"。

（2）三峡工程运用后，下荆江急弯段"撇弯切滩"平面形态的响应特征突出地表现为凸岸侧边滩的冲退和近凹岸侧河槽内淤积形成（或切割出）水下潜洲；"撇弯切滩"在横断面形态方面的响应是二维的，沿河宽方向主要表现为滩、槽的宽度比明显减小；沿水深方向主要表现滩、槽高程的变化差异，断面宽深比平滩河槽减小、枯水河槽增大。"撇弯切滩"使得下荆江急弯段枯水河槽宽浅化发展与荆江河段河道总体窄深化变化的规律不一致。

（3）三峡工程运用后，水动力条件、泥沙来源的突变是下荆江急弯段"撇弯切滩"现象出现的决定性因素。一方面流量分配规律发生变化，中水（6000～25000m^3/s）、枯水（<6000m^3/s）两级流量持续时间的比例由 2.1 增大至 4.7，使得凸岸、凹岸位于主流区的历时不均匀性增强，凸岸侧边滩冲刷动力条件显著增大；另一方面凸、凹岸侧恢复性淤积物来源发生变化，细颗粒泥沙大幅减少，凸岸侧边滩淤积期沙量来源远远不足，边滩恢复程度低，而粗颗粒基本恢复，主河槽内淤积物来源满足。其他因素诸如边界条件、江湖关系等基本无变化或呈延续性变化，对下荆江急弯段"撇弯切滩"现象的促发作用相对较弱。

2.5　小结

（1）三峡工程运用以来长江中下游水文情势的变化。与蓄水前相比，2003—2018 年三峡工程运用后坝下游各主要控制站除监利站径流量偏多 3% 外，其他站点表现为不同程度偏少，偏少幅度约为 2.8%～6.3%。与蓄水前相比，2003—2018 年洞庭湖、鄱阳湖及汉江入汇长江年均径流量表现为不同程度偏少，偏少幅度约为 2.6%～19%。与三峡工程运用前 1992—2002 年相比，蓄水后长江中下游主要水文站的枯水期和消落期径流量增加，而汛期和蓄水期径流量减小。

与三峡工程运用前相比，蓄水后 2003—2018 年坝下游各主要控制站年均输沙量大幅减少，减少幅度为 67%～93%，受河道冲刷泥沙补给与江湖入汇等影响，减小幅度表现为沿程递减。与蓄水前相比，蓄水后 2003—2018 年洞庭湖、汉江入汇长江的年均输沙量分别减少约 53% 与 46%，而鄱阳湖入汇长江的年均输沙量则增加了 19%。受三峡及其上游梯级水库群联合调度的影响，枯水期、消落期、汛期和蓄水期长江中下游主要水文站输沙量均显著下降，降幅沿程减小，其中：枯水期降幅由宜昌站的 90% 左右减小为大通站的 10% 左右，消落期降幅由宜昌站的 97% 左右减小为大通站的 35% 左右，汛期和蓄水期降幅由宜昌站的 90% 左右减小为大通站的 65% 左右。与三峡工程运用前相比，输沙量减小幅度显著大于径流量，含沙量的变化规律与输沙量基本保持一致。

（2）荆江三口分流分沙变化规律。1990 年以前松滋口、太平口、藕池口分流分沙比均沿时段减小，以藕池口减小幅度较大；三峡工程运用后荆江三口分流量有所减小，但分流比减小幅度不大；而荆江三口分沙量大幅度的减少，2013—2018 年期间荆江三口分沙量为 434 万 t，仅为 1999—2002 年期间三口年均分沙量的 7.6%。在同一长江干流流量条件下，1990 年以前荆江三口分流能力以衰减为主，三峡工程运用后荆江三口分流能力无明显变化趋势；除松东沙道观站断流时对应干流枝城站的流量减少外，太平口弥陀寺站、藕东管家铺站、藕西康家岗站断流时对应枝城站的流量均增加；三峡水库调蓄引起径流量过程改变导致枯水期荆江三口分流量大幅增加。

（3）三峡工程运用以来荆江河段河床变形及再造规律。三峡工程运用后，荆江河段来沙量的锐减和流量过程的改变，使得河段进入强烈的再造床过程。河道冲刷强度显著加大，2002 年 10 月至 2018 年 10 月，河段平滩河槽冲刷泥沙 11.38 亿 m^3，年均冲刷 0.71 亿 m^3，远大于三峡工程运用前 1975—2002 年年均冲刷量 0.137 亿 m^3。河床冲刷以纵向冲刷为主，深泓平均冲刷深度为 2.96m，最大冲刷深度为 17.8m，位于调关河段的荆 120 断面；其次为北碾子湾附近（石 4 断面），冲刷深度为 15.3m。河道局部断面形态调整幅度较大，河床冲刷主要集中在枯水河槽，使得河段基本、枯水河槽河宽、断面过水面积增大，断面宽深比总体呈减小的趋势。河床再造过程中，水沙条件持续发生改变，同时河床边界条件不断调整，使得荆江河段出现了一些不同于一般性规律的现象：上荆江分汊段普遍出现短支汊冲刷发展、江心洲滩冲刷萎缩；下荆江急弯段则明显地"凸冲凹淤"，部分弯道附近主泓偏离凹岸侧，向凸岸侧摆动，主流流路取直，即发生"撇弯切滩"。

第 3 章

上游梯级水库联合运用后荆江河道再造过程及变化趋势数值模拟研究

3.1 江湖河网一维水沙数学模型模拟预测

采用长江中下游江湖河网一维水沙数学模型，基于溪洛渡、向家坝、亭子口等水库与三峡水库联合运用后坝下游水沙过程变化情况，研究新水沙条件下荆江河段冲淤变化过程、冲淤数量、冲淤分布的变化趋势等。

3.1.1 模型方程及求解

1. 基本方程

流域江湖河网都是由单一河道和水库（或湖泊）组合而成，因此，要研究江湖河网的水沙数学模型，首先要研究单一河道的数值模拟方法。一维水沙模型的基本方程有水流连续方程、水流运动方程、悬移质不平衡输沙方程和河床变形方程[27-28]。

水流连续方程：

$$\frac{\partial Q}{\partial x} + B\frac{\partial Z}{\partial t} = q_l \tag{3.1.1}$$

水流运动方程：

$$\frac{\partial Q}{\partial t} + \frac{\partial}{\partial x}\left(\alpha'\frac{Q^2}{A}\right) + gA\frac{\partial Z}{\partial x} + gAJ_f = 0 \tag{3.1.2}$$

悬移质不平衡输沙方程：

$$\frac{\partial(QS)}{\partial x} + \frac{\partial(AS)}{\partial t} = -\alpha B\omega(S - S_*) \tag{3.1.3}$$

河床变形方程：

$$\gamma'\frac{\partial A_s}{\partial t} + \frac{\partial(AS)}{\partial t} + \frac{\partial(QS)}{\partial x} = 0 \tag{3.1.4}$$

式中：Z 为水位；Q 为流量；A 为过水面积；B 为水面宽度；A_s 为断面变形面积；q_l 为单位流程上的侧向入流量，m^2/s；J_f 水力坡度，$J_f = \frac{Q|Q|}{K^2}$，K 为流量模数；S 和 S_* 分别为断面含沙量和水流挟沙力，kg/m^3；A_s 为河床冲淤变形面积；α 为恢复饱和系数；ω 为沉速。

上述方程中，水位、流速是断面平均值，当水流漫滩时，平均流速与实际有差异，为了使水流漫滩后，计算断面过流能力逼近实际的过水能力，需引进动量修正系数 α'，其数值由下式给定，$\alpha' = \dfrac{A}{K^2} \sum\limits_i \dfrac{K_i^2}{A_i}$，其中 A_i 和 K_i 分别为断面第 i 部分的面积和流量模数。

2. 节点连接方程

河网中的节点不再满足 N-S 方程组，应该单独提水力连接条件，对于交汇节点而言，应满足以下两个条件。

（1）流量守恒条件。即进、出节点的水量相等，可用下式表示：

$$\sum_{i=1}^{l(m)} Q_i^{n+1} - Q_{cx}^{n+1} = Q_m^{n+1} \tag{3.1.5}$$

式中：$l(m)$ 为某节点连接的河段数目；Q_i^{n+1} 为 $n+1$ 时刻各河段进（或出）节点的流量，其中流入该节点为正，流出该节点为负；Q_m^{n+1} 为 $n+1$ 时刻连接河段以外的流量（如源汇流等）；Q_{cx}^{n+1} 为 $n+1$ 时刻节点槽蓄流量。

（2）能量守恒条件。汊点的各汊道断面上水位与汊点平均水位之间，必须符合实际的动力衔接要求。可采用动量守恒条件，即认为各时刻连接节点的各汊道断面的水位及增量与节点的平均水位及增量相同，即

$$Z_{i,1}^{n+1} = Z_{i,2}^{n+1} = \cdots = Z_{i,l(m)}^{n+1} = Z_i^{n+1} \tag{3.1.6}$$

式中：$Z_{i,1}^{n+1}$ 表示 $n+1$ 时刻与节点 i 相连的第 1 条河段近端点的水位；Z_i^{n+1} 表示 $n+1$ 时刻节点 i 的水位。

（3）沙量守恒条件。节点输沙平衡是指进出每一节点的输沙量必须与该节点的泥沙冲淤变化情况一致，也就是进出各节点的沙量相等，即

$$\sum Q_{i,in} S_{i,in} = \sum Q_{j,out} S_{j,out} + A_0 \frac{\partial Z_0}{\partial t} \tag{3.1.7}$$

式中：$Q_{i,in}$、$S_{i,in}$ 分别为流进节点的第 i 条河道的流量、悬移质含沙量；$Q_{j,out}$、$S_{j,out}$ 分别为流出节点的第 j 条河道的流量、悬移质含沙量；Z_0 为节点处的淤积或冲刷厚度；A_0 为节点处的面积。

3. 河网求解方法

水流方程采用节点水位三级联合解法（将河网计算分为微段、河段和节点三级计算），结合基本方程和汊点连接方程，得到河网节点方程组

$$\boldsymbol{A} \cdot \Delta \boldsymbol{Z} = \boldsymbol{B} \tag{3.1.8}$$

式中：$\boldsymbol{A}$ 为系数矩阵，其各元素与递推关系的系数有关；$\Delta \boldsymbol{Z}$ 为节点水位增量；$\boldsymbol{B}$ 中各元素与河网各河段的流量及其增量，以及其他流量（如边界条件、源、汇等）及其增量有关。通过求解方程组，结合定解条件，计算出各节点的水位增量，进而推求出所有河段各计算断面的流量和水位的增量。

得到泥沙的河网节点方程组：

$$\boldsymbol{C} \cdot \overline{\boldsymbol{S}_0} = \boldsymbol{D} \tag{3.1.9}$$

式中：$\boldsymbol{C}$、$\boldsymbol{D}$ 为系数矩阵，其各元素与递推关系的系数、河网各河段的流量以及其他流

量（如边界条件、源汇等）、各河段的分流比等有关；$\overline{S}_0$ 为节点平均含沙量。通过求解方程组，结合定解条件，可以求出河网各节点的平均含沙量。

3.1.2　模型其他问题

1. 动床阻力

三峡工程运用后，"清水"下泄河床冲刷，床面粗化，糙率变大，为反映这种现象，长江科学院采用下式对糙率进行调整：

$$n=\frac{n_b}{n_{b0}}n_0 \tag{3.1.10}$$

$$n_b=\frac{d_{50}^{1/6}}{K\sqrt{g}} \tag{3.1.11}$$

式中：n_{b0} 和 n_0 分别为初始时刻的床面糙率和初始时刻的综合糙率；n_b 和 n 分别为床面糙率和综合糙率；d_{50} 为床沙中值粒径，m；K 为系数，当卵石河床床面平整时取 7.3，砾石河床有沙纹时取 6.3，沙质河床沙波较明显时取 4.0，沙质河床沙波发展时取 3.65。

2. 非均匀沙分组水流挟沙力

正确选择挟沙力公式是泥沙数学模型的关键问题，它直接决定河床冲淤计算的精度。张瑞瑾根据对大量实测资料的分析和水槽中阻力损失及脉动流速的试验研究成果，在制紊假说的指导下推导出均匀沙的水流挟沙力公式：

$$S_*=k\left(\frac{U^3}{gR\omega}\right)^m \tag{3.1.12}$$

式中：S_* 为挟沙力；U 为断面平均流速；R 为水力半径；ω 为泥沙沉降速度；k 和 m 分别为水流挟沙力系数和指数。

由于天然河道中的泥沙多为非均匀沙，近年来也发展很多非均匀沙分组挟沙力的计算方法。非均匀沙分组水流挟沙力公式的研究成果很多，现有的几种常用方法为 HEC-6 模型方法、韩其为方法、李义天方法、杨国录方法等。本书采用 HEC-6 模式。

3.1.3　模型的验证

1. 验证计算条件

江湖河网水沙数学模型的模拟范围为：长江干流宜昌至大通河段、荆江三口分流道、洞庭湖区及四水尾闾、鄱阳湖区及五河尾闾，区间汇入的主要支流为清江、汉江等。其中荆江—洞庭湖河网结构见图 3.1.1。

模型验证的起始地形为：长江中下游干流采用 2002 年实测水道地形图；洞庭湖区采用 2003 年 9 月实测水道地形图（四水尾闾河段为 1995 年断面资料）。宜昌至大通全长约 1123km，剖分计算断面 819 个，其中干流 714 个，支汊 105 个，平均间距 1.57km；荆江三口分流道累计河长 1714km，计算断面 922 个，平均间距 0.93km，东、南、西洞庭湖累计河长 295km，计算断面 309 个，平均间距 0.96km；鄱阳湖累计河长 277km，计算断面 133 个，平均断面间距 2.08km。

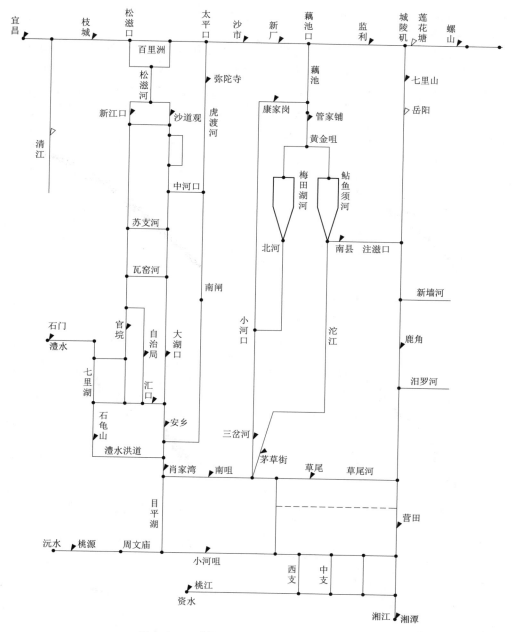

图 3.1.1　荆江—洞庭湖河网结构示意图

采用 2003—2012 年实测资料对模型进行水流和冲淤的率定和验证。长江干流进口水沙采用宜昌站相应时段的逐日平均流量、含沙量；干流主要支流清江、汉江入汇水沙分别采用长阳、仙桃站相应时段的实测资料；洞庭湖四水入湖水沙分别采用澧水石门站、沅江桃源站、资水桃江站、湘江湘潭站相应时段的逐日平均流量、含沙量；鄱阳湖五河入湖水沙分别采用赣江外洲站、抚河李家渡站、信江梅港站、饶河虎山站、潦河万家埠站相应时段的逐日平均流量、含沙量。出口边界采用大通站同时期水位过程。

2. 验证计算成果分析

通过对 2003—2007 年实测资料的演算，干流河道糙率的变化范围为 0.015～0.04，荆江三口分流道和湖区糙率的变化范围为 0.02～0.05。这与长江中下游洪水演进糙率分析的经验是相符的。采用率定的糙率，对 2008—2012 年各主要站的水文实测资料进行验证计算。部分验证成果见图 3.1.2～图 3.1.4。

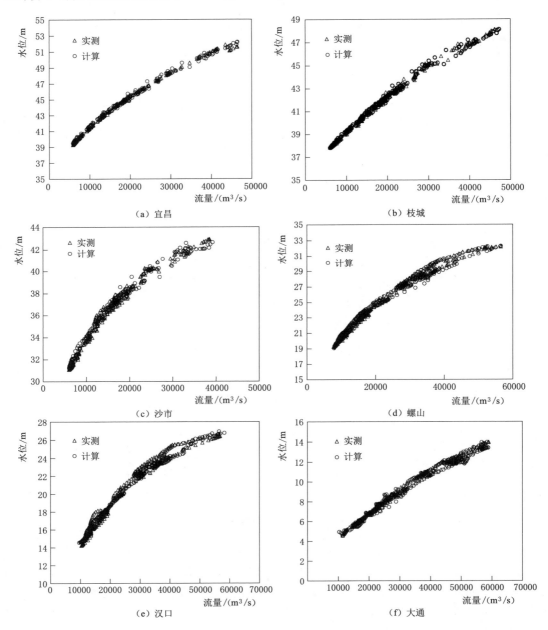

图 3.1.2　长江干流各站水位流量关系验证

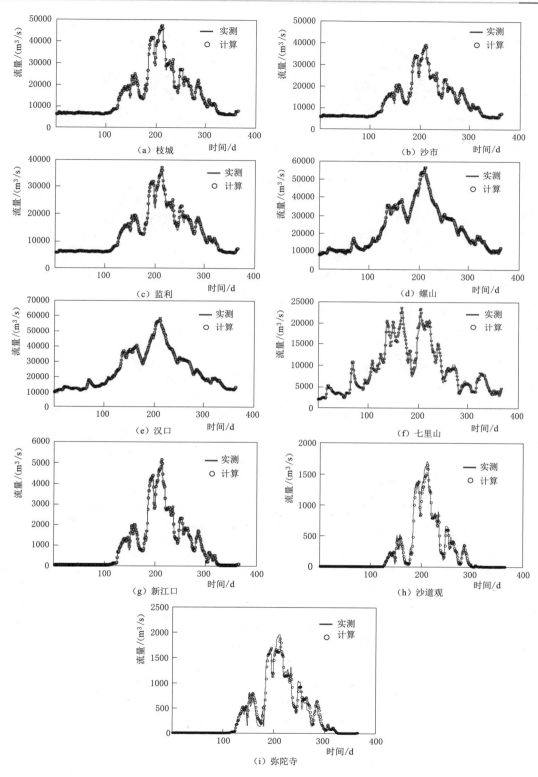

图 3.1.3 2012 年流量过程验证

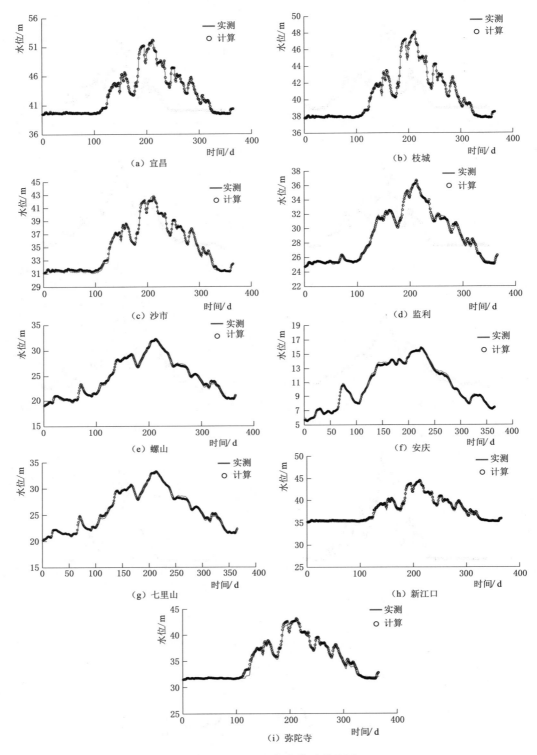

图 3.1.4　2012 年水位过程验证

由干流各控制站的流量过程及水位流量关系验证成果可知，计算结果与实测过程能较好地吻合，峰谷对应，涨落一致。模型算法能适应长江干流丰、平、枯不同时期的流动特征。

由荆江三口分流道的新江口、沙道观、弥陀寺、康家港、管家铺等控制站的流量水位验证成果可知，计算分流量与实测分流量基本一致，可以反映洪季过流枯季断流的现象，能准确模拟出荆江三口河段的断流时间和过流流量，说明该模型能够较好地模拟出荆江三口的分流现象。

由上述分析可知，所选糙率基本准确，计算结果与实测水流过程吻合较好，河网汊点流量分配准确，能够反映长江中下游干流河段、洞庭湖区复杂河网以及各湖泊的主要流动特征，具有较高的精度，可用于长江中下游河道和湖泊水流特性的模拟。

据长江委水文局实测资料统计：2002 年 10 月至 2012 年 10 月，宜昌—湖口河段累计冲刷 11.80 亿 m³，其中宜昌—藕池口段冲刷 4.69 亿 m³，藕池口—城陵矶段冲刷 2.90 亿 m³，城陵矶—武汉段冲刷 1.26 亿 m³，武汉—湖口段冲刷 2.96 亿 m³。

采用模型进行同时期的冲淤计算，干流河段冲淤成果见表 3.1.1 和图 3.1.5，由图表可知，宜昌—湖口河段冲淤量计算值为 11.38 亿 m³，较实测值略小，相对误差 −3.6%。其中：城陵矶以上河段冲刷计算值略有偏小，宜昌—藕池口段、藕池口—城陵矶段冲刷计算值分别为 4.24 亿 m³、2.68 亿 m³，相对误差分别为 −9.6%、−7.5%；城陵矶以下河段冲刷计算量略有偏大，城陵矶—武汉河段、武汉—湖口河段冲刷计算值分别比为 1.30 亿 m³、3.16 亿 m³，相对误差分别为 3.3%、6.9%。

表 3.1.1   长江中下游干流冲淤模拟成果表

河段	实测值/亿 m³	计算值/亿 m³	误差/%
宜昌—藕池口	−4.69	−4.24	−9.6
藕池口—城陵矶	−2.90	−2.68	−7.5
城陵矶—武汉	−1.26	−1.30	3.3
武汉—湖口	−2.96	−3.16	6.9
宜昌—湖口	−11.80	−11.38	−3.6

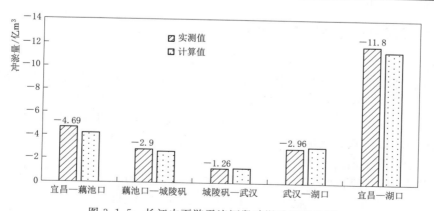

图 3.1.5 长江中下游干流河段冲淤验证对比图

　　根据 2003 年、2011 年荆江三口分流道实测地形图，统计得出 2003—2011 年三口分流道累计冲刷量为 0.755 亿 m³，其中松滋河、虎渡河、藕池河、松虎洪道均表现为冲刷，冲刷量分别为 0.335 亿 m³、0.154 亿 m³、0.179 亿 m³、0.087 亿 m³。

　　同时期荆江三口分流道验证成果见表 3.1.2 和图 3.1.6，由图表可知，同时段内荆江三口分流道冲刷量计算值为 0.659 亿 m³，比实测值偏少 12.8%。其中松滋河、虎渡河、藕池河冲刷量计算值相对有所偏小，松虎洪道冲刷量略有偏大，但总体都在规范要求范围内。

表 3.1.2　　　　　　　　　　荆江三口分流道冲淤模拟成果表　　　　　　　　　　单位：亿 m³

河段	实测值	计算值	河段	实测值	计算值
松滋河	−0.335	−0.251	松虎洪道	−0.087	−0.102
虎渡河	−0.154	−0.138	合计	−0.755	−0.659
藕池河	−0.179	−0.168			

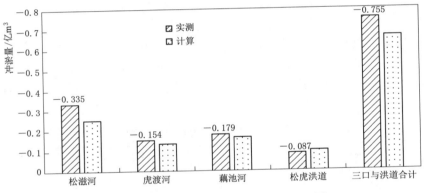

图 3.1.6　荆江三口分流道冲淤验证对比图

　　总体看来，该模型能较好地反映各河段的总体变化，各分段计算冲淤性质与实测一致，计算值与实测值的偏离尚在合理范围内。因此，利用该模型进行长江中下游江湖冲淤演变的预测是可行的。

3.1.4　荆江河道再造冲淤变化预测

1. 计算条件

　　(1) 上游水库联合运用拦沙计算条件。此次研究采用 1991—2000 年水沙系列。为真实反映未来来水来沙变化趋势，又考虑了长江干流的溪洛渡、向家坝、三峡，支流雅砻江的二滩、锦屏一级，支流岷江的紫坪铺、瀑布沟，支流乌江的洪家渡、乌江渡、构皮滩、彭水，嘉陵江的亭子口、宝珠寺等控制性水库的拦沙作用。通过水库联合运用泥沙冲淤计算，得到三峡水库下泄的水沙过程。

　　据实测资料，宜昌站 2002 年前多年平均年输沙量为 4.92 亿 t，其中 1991—2000 年系列的年均输沙量为 4.17 亿 t。采用 1991—2000 年系列，考虑溪洛渡、向家坝、三峡，嘉陵江的亭子口等干支流控制性水库蓄水拦沙，预测得到 2013—2032 年三峡水库年均出库沙量为 0.43 亿～0.49 亿 t，之后随着运行时间的增加，其年均出库沙量略有增加。

（2）计算初始地形。长江干流宜昌至大通河段地形资料为 2011 年实测地形，荆江三口分流道及洞庭湖区计算断面取自 2012 年地形图。宜昌至大通全长约 1123km，剖分计算断面 819 个，其中干流 714 个，支汊 105 个，平均断面间距 1.57km；荆江三口分流道累计河长 1714km，计算断面 922 个，平均断面间距 0.93km，东、南、西洞庭湖累计河长 295km，计算断面 309 个，平均断面间距 0.96km。

（3）进出口水沙条件。上边界干流水沙过程采用三峡水库的下泄水沙过程；河段内沿程支流、洞庭湖区四水的入汇水沙均采用 1991—2000 年相应时段的实测值。

计算河段下边界为大通站断面。根据三峡工程蓄水前后大通水文站流量、水位资料分析可知，20 世纪 90 年代以来大通站水位流量关系比较稳定。因此，大通站水位可由该站 1981 年、1994 年、1998 年、2002 年、2006 年、2012 年的多年平均水位流量关系插值求得（图 3.1.7）。

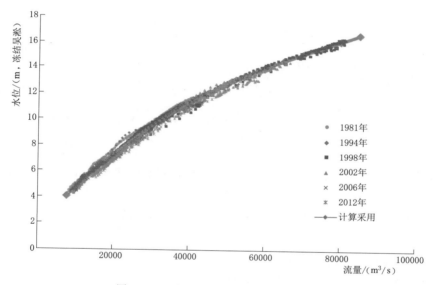

图 3.1.7　大通站水位-流量关系

2. 荆江河段冲淤计算分析

（1）河道冲淤变化预测。长江上游干支流控制性水库运用后，三峡水库出库泥沙大幅度减少，含沙量也相应减少，出库泥沙级配变细，导致河床发生剧烈冲刷。对于卵石或卵石夹沙河床，冲刷使河床发生粗化，并形成抗冲保护层，促使强烈冲刷向下游转移；对于沙质河床，因强烈冲刷改变了断面水力特性，水深增加，流速减小，水位下降，比降变缓等各种因素都将抑制该河段的冲刷作用，使强烈冲刷逐渐向下游发展。

河段冲淤量计算成果见表 3.1.3 和图 3.1.8，由图表可知，荆江及其上游的宜昌—枝城、下游的城陵矶—武汉河段均呈持续冲刷趋势。水库联合运用 2013—2032 年末，宜昌—枝城河段冲刷量为 0.42 亿 m³，荆江河段冲刷量为 14.78 亿 m³，城陵矶—武汉河段为 4.72 亿 m³；荆江河段冲刷量占宜昌—武汉河段总冲刷量的 74%。

表 3.1.3　　　　　　　　　　宜昌—武汉各分段悬移质累积冲淤量　　　　　　　单位：亿 m³

河　段	2013—2022 年	2013—2032 年
宜昌—枝城	−0.42	−0.42
枝城—藕池口	−3.88	−4.62
藕池口—城陵矶	−5.57	−10.16
城陵矶—武汉	−1.65	−4.72
合计	−11.52	−19.92

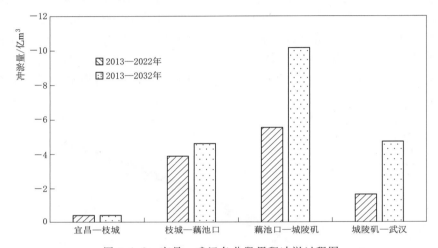

图 3.1.8　宜昌—武汉各分段累积冲淤过程图

从各河段冲淤分布来看，由于长江中下游各河段跨越不同地貌单元，河床组成各异，各分河段在三峡工程运用后出现不同程度的冲淤变化。

宜昌—枝城河段，河床由卵石夹沙组成，表层粒径较粗。三峡工程运用初期本段悬移质强烈冲刷基本完成。2032 年末最大冲刷量为 0.42 亿 m³，如按河宽 1000m 计，宜昌—枝城河段平均冲深 0.69m。

枝城—藕池口河段（上荆江）为弯曲分汊型河道，弯道凹岸已实施护岸工程，险工段冲刷坑最低高程已低于卵石层顶板高程，河床为中细沙组成，卵石埋藏较浅。该河段在水库运用至 2022 年末，冲刷量为 3.88 亿 m³，河床平均冲深 1.74m；该河段在水库运用至 2032 年末，冲刷量为 4.62 亿 m³，河床平均冲深 2.07m。

藕池口—城陵矶河段（下荆江）为蜿蜒型河道，河床沙层厚达数十米。三峡工程初期运行时，该河段冲刷相强度相对较小；三峡及上游水库运用后该河段河床发生剧烈冲刷，2022 年末该段冲刷量为 5.57 亿 m³，即河床平均冲深 2.04m；2032 年末该段冲刷量为 10.16 亿 m³，即河床平均冲深 3.73m；由于该河段河床多为细沙，之后该河段仍将保持冲刷趋势。

三峡工程运行初期，由于下荆江的强烈冲刷，进入城陵矶—武汉河段水流的含沙量较近坝段大。待荆江河段的强烈冲刷基本完成后，强冲刷下移。加上上游干支流水库拦沙效应，三峡及上游水库运用 20 年之后，城陵矶—武汉河段冲刷强度也较大，水库运用至

2022 年末，本段冲刷量为 1.65 亿 m³，河床平均冲深 0.36m；水库运用至 2032 年末，该段冲刷量为 4.72 亿 m³，河床平均冲深 1.02m。

（2）水位流量关系变化。三峡及上游水库群蓄水运用后，由于荆江各河段河床冲刷在时间和空间上均有较大的差异，使各站的水位流量关系出现相应的变化，沿程各站同流量的水位总体呈下降趋势。表 3.1.4 为荆江河段各站水位变化表。

表 3.1.4　　　　上游控制性水库运用后干流各站水位变化表（2022 年年末）

流量/（m³/s）	水位变化/m			
	枝城	沙市	监利	城陵矶（莲花塘）
7000	−0.88	−1.56	−1.23	
10000	−0.81	−1.38	−0.99	−1.08
20000	−0.66	−0.91	−0.67	−0.73
30000	−0.57	−0.68	−0.49	−0.53
40000	−0.42	−0.51	−0.38	−0.46

注　水位变化数据是指 2022 年末相对于 2012 年的水位变化值。

枝城站位于宜昌—松滋口河段之间，上距宜昌 58km，下距沙市 180km。三峡工程运用后，由于宜昌—枝城河段为卵石夹沙，且卵石层顶板较高，表层卵砾石粒径较粗，水库运用后河床粗化，很快形成抗冲保护层，限制该河段冲刷发展。水库运用至 2022 年末，流量为 7000m³/s、40000m³/s 时，枝城站水位分别比 2012 年实测水位（下同）下降 0.88m、0.42m。

沙市站位于太平口—藕池口河段之中，距宜昌约 148km。由于该河段河床组成为中细沙，卵石、砾石含量不多，冲刷量相对上游段较多，使沙市站水位下降相对较多。同时，受下游水位下降影响，沙市站水位继续下降。当水库运用至 2022 年末，流量为 7000m³/s、40000m³/s 时，该站水位分别比 2012 年实测水位下降 1.56m、0.51m。

监利站位于藕池口—城陵矶河段之中。该段河床发生剧烈冲刷，是冲刷量及冲刷强度最大的河段，因此监利站水位下降也较多。水库运用至 2022 年末，流量为 7000m³/s、40000m³/s 时，该站水位分别比 2012 年实测水位下降 1.23m、0.38m。

城陵矶（莲花塘）站位于城陵矶—武汉河段内，此处有洞庭湖入汇。水库运用至 2022 年末，流量为 10000m³/s、40000m³/s 时，该站水位分别比 2012 年实测水位下降 1.08m、0.46m。

表 3.1.5 为荆江三口口门处水位变化表。荆江三口分流道是长江干流向洞庭湖分流分沙的连通道。三峡工程运用后，长江中下游河道将发生长时段长距离的冲刷，河床下切，同流量下沿程水位将出现不同程度的降低。

松滋口口门段干流河床由卵石夹沙组成，表层粒径较粗，水库运用后，该口段河床发生冲刷，且随着下游河床冲刷发展，下游水位的下降会进一步导致口门段的水位下降。水库运用至 2022 年末，不同流量级下该口门水位比 2012 年实测水位降低 0.52～0.94m。

表 3.1.5　　　　上游控制性水库运用后三口口门处水位变化表（2022 年）

流量/(m³/s)	水位变化/m		
	松滋口	太平口	藕池口
7000	−0.94	−1.45	−1.70
10000	−0.90	−1.21	−1.32
20000	−0.84	−0.82	−1.20
30000	−0.63	−0.54	−0.88
40000	−0.52	−0.43	−0.61

太平口口门段干流河床为中细沙组成，卵石埋藏较浅，水库运用至 2022 年，该口门段河床发生较大冲刷，加上上游粗砂卵石推移质覆盖，限制了上段河床大量冲刷，使得该口门段水位下降相对较多。随着下游河床冲刷继续发展，也会进一步导致本口门段的水位下降。水库运用 2022 年末，不同流量级下该口门水位比 2012 年实测水位降低约 0.43～1.45m。

藕池口口门段干流河床为细沙，沙质覆盖层较厚，三峡工程运用至 2022 年，该口门段冲刷强度较大，使该口门段水位下降较多。水库运用 2022 年末，不同流量级下该口门水位比 2012 年实测水位降低 0.61～1.70m。

上述结果表明，水位下降除受本河段冲刷影响外，还受下游河段冲刷的影响。三峡及上游水库蓄水运用至 2022 年末，荆江河道冲刷量较大，故荆江河段各站中枯水水位流量关系变化相对较大；荆江三口口门中以藕池口门下降最大。

3.2　荆江典型河段二维水沙数学模型模拟预测

分别选取上荆江杨家垴至公安河段（分汊河段）、下荆江柴码头至陈家马口河段（弯曲河段）作为典型河段，建立平面二维水沙数学模型，利用三峡工程运用以来的实测资料对模型进行率定与验证，并采用验证后的数学模型，研究预测溪洛渡、向家坝、亭子口等水库与三峡水库联合运用后荆江典型河段的河床冲淤变化规律。

3.2.1　平面二维水沙数学模型的建立

采用正交曲线坐标系下平面二维水流泥沙方程组[29-32]：

（1）水流连续方程：

$$\frac{\partial C_\xi C_\eta Z}{\partial t} + \frac{\partial (C_\eta H U)}{\partial \xi} + \frac{\partial (C_\xi H V)}{\partial \eta} = 0 \tag{3.2.1}$$

（2）水流运动方程：

$$\frac{\partial (C_\xi C_\eta H U)}{\partial t} + \left[\frac{\partial}{\partial \xi}(C_\eta H U \cdot U) + \frac{\partial}{\partial \eta}(C_\xi H V \cdot U) + H V U \frac{\partial C_\xi}{\partial \eta} - H V^2 \frac{\partial C_\eta}{\partial \xi} \right] + C_\eta g H \frac{\partial Z}{\partial \xi}$$

$$= -\frac{C_\xi C_\eta n^2 g U \sqrt{U^2 + V^2}}{H^{1/3}} + C_\zeta C_\eta f H V + \left[\frac{\partial}{\partial \xi}(C_\eta H \sigma_{\xi\xi}) + \frac{\partial}{\partial \eta}(C_\xi H \sigma_{\eta\xi}) + H \xi_{\xi\eta} \frac{\partial C_\xi}{\partial \eta} - H \sigma_{\eta\eta} \frac{\partial C_\eta}{\partial \xi} \right] \tag{3.2.2}$$

$$\frac{\partial(C_\xi C_\eta HV)}{\partial t}+\left[\frac{\partial}{\partial\xi}(C_\eta HU\cdot V)+\frac{\partial}{\partial\eta}(C_\xi HV\cdot V)+HUV\frac{\partial C_\xi}{\partial\xi}-HU^2\frac{\partial C_\xi}{\partial\eta}\right]+C_\xi gH\frac{\partial Z}{\partial\eta}$$

$$=-\frac{C_\xi C_\eta n^2 gV\sqrt{U^2+V^2}}{H^{1/3}}-C_\zeta C_\eta fHU+\left[\frac{\partial}{\partial\xi}(C_\eta H\sigma_{\varepsilon\eta})+\frac{\partial}{\partial\eta}(C\xi H\sigma_{\eta\eta})+H\sigma_{\varepsilon\eta}\frac{\partial C_\eta}{\partial\xi}-H\sigma_{\varepsilon\xi}\frac{\partial C_\xi}{\partial\eta}\right]$$

$$(3.2.3)$$

式中：U、V 分别为 ξ、η 方向流速分量；Z 为水位；H 为水深；g 为重力加速度；$\sigma_{\xi\xi}$、$\sigma_{\eta\eta}$、$\sigma_{\xi\eta}$、$\sigma_{\eta\xi}$ 为应力项；υ_t 为紊动黏性系数；f 为柯氏力系数。

（3）悬移质泥沙输移方程。假定非均匀沙第 i 组泥沙同样遵循均匀沙的输移扩散规律，则第 i 组泥沙的输移扩散方程为

$$\frac{\partial(C_\xi C_\eta HS_i)}{\partial t}+\left[\frac{\partial}{\partial\xi}(C_\eta HU\cdot S_i)+\frac{\partial}{\partial\eta}(C_\xi HV\cdot S_i)\right.$$

$$=\left[\frac{\partial}{\partial\xi}\left(\frac{\varepsilon_\xi C_\eta}{C\xi}\frac{\partial HS_i}{\partial\xi}\right)+\frac{\partial}{\partial\eta}\left(\frac{\varepsilon_\eta C_\xi}{C_\eta}\frac{\partial HS_i}{\partial\eta}\right)\right]+C_\xi C_\eta\alpha_i\omega_i(S_i^*-S_i)\quad(3.2.4)$$

式中：S_i、S_i^* 为分组粒径的含沙量及挟沙力；ω 为泥沙沉速；α 为泥沙恢复饱和系数；ε_ξ、ε_η 为坐标向的泥沙扩散系数。

（4）推移质泥沙输移方程。推移质输沙率采用长江科学院提出的推移质输沙经验曲线求得。输沙曲线的关系式为

$$\frac{U_d}{\sqrt{gd}}\sim\frac{g_b}{d\sqrt{gd}};U_d=\frac{\frac{m+1}{m}}{\left(\frac{H}{d}\right)^{-1/m}}U;m=4.7\left(\frac{H}{d_{50}}\right)^{0.06}\quad(3.2.5)$$

式中：g_b 为单宽输沙率；d 为泥沙粒径。

（5）河床变形方程。河床变形受悬移质和推移质共同作用。据沙量守恒可得：

$$\gamma_s'\frac{\partial Z_b}{\partial t}+\frac{1}{C_\xi}\frac{\partial g_{b\xi}}{\partial\xi}+\frac{1}{C_\eta}\frac{\partial g_{b\eta}}{\partial\eta}=\sum_{i=1}^n\alpha_i\omega_i(S_i-S_i^*)\quad(3.2.6)$$

式中：Z_b 为地形高程；$g_{b\xi}$、$g_{b\eta}$ 分别为 ξ、η 方向的推移质输沙率分量。

3.2.2 杨家垴至公安河段水沙数学模型验证

1. 计算范围

河段模拟范围为：上游自杨家垴起，下游至公安，长约 69km。计算河段范围见图 3.2.1。二维计算网格采用河道边界贴体正交曲线网格形式，划分网格节点数为 500×70 个，水流向网格间距 5～250m，垂直水流方向网格间距 25～100m，考虑太平口分流。

2. 水流验证

（1）验证资料。模型验证采用了以下 2 个测次的实测资料：2014 年 2 月 19 日（测时流量约 6200m³/s）河段内 13 个水尺的实测水位及汊道分流比资料。2015 年 3 月 23 日（测时流量约 7600m³/s）河段内 16 条测流断面实测水位资料、断面流速分布及汊道分流比资料。水文测验布置见图 3.2.1。

（2）水位率定验证。水位率定验证计算结果见表 3.2.1，由表可见，数学模型计算的

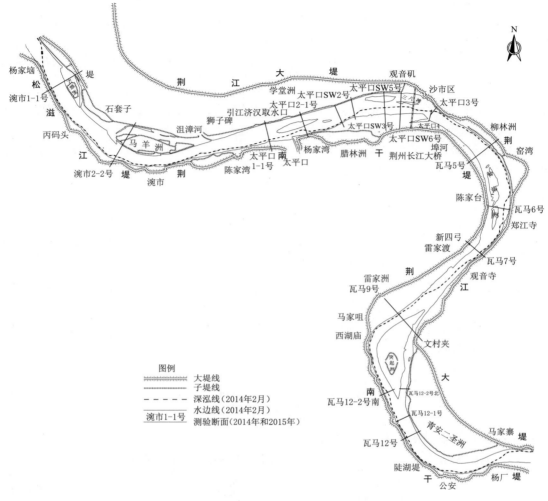

图 3.2.1　杨家垴至公安河段水文测验布置图

水位与实测值相比，误差较小，其相差值一般在 5cm 以内。经率定与验证，得到该河段河床初始糙率 0.023～0.028。

表 3.2.1　　　　　　　　　　杨家垴至公安河段水位率定验证成果表　　　　　　　　单位：m

序号	断面名称	2014 年 2 月测次			2015 年 3 月测次		
		实测值	计算值	误差	实测值	计算值	误差
1	涴市 1-1 号	30.35	30.34	−0.01	31.54	31.55	0.01
2	涴市 2-2 号	30.01	29.95	−0.06	31.11	31.12	0.01
3	太平口 1-1 号	29.52	29.48	−0.04	30.59	30.54	−0.05
4	太平口 2-1 号	29.40	29.42	0.02	30.21	30.26	0.05
5	太平口 SW2 号	29.25	29.26	0.01			
6	太平口 SW3 号	29.19	29.15	−0.04	29.88	29.92	0.04
7	太平口 SW5 号	29.06	29.05	−0.01	29.72	29.75	0.03

续表

序号	断面名称	2014年2月测次			2015年3月测次		
		实测值	计算值	误差	实测值	计算值	误差
8	太平口3号	28.813	28.773	−0.04	29.55	29.51	−0.04
9	太平口SW6号	28.97	28.99	0.02			
10	瓦马5号	28.62	28.58	−0.04	29.23	29.25	0.02
11	瓦马6号	28.27	28.24	−0.03			
12	瓦马7号	28.15	28.21	0.06	28.79	28.83	0.04
13	瓦马9号	27.87	27.85	−0.02	28.61	28.60	−0.01
14	瓦马12-2号北	27.47	27.53	0.06	28.13	28.11	−0.02
15	瓦马12-2号南	27.49	27.46	−0.03	28.18	28.19	0.01
16	瓦马12号	27.33	27.34	0.01			

（3）断面流速分布验证。各测流断面流速分布验证结果见图3.2.2，由图可见，断面流速计算值与实测值符合较好，主流位置基本一致。经统计，各测流垂线流速计算值与实测值误差一般在0.2m/s以内。

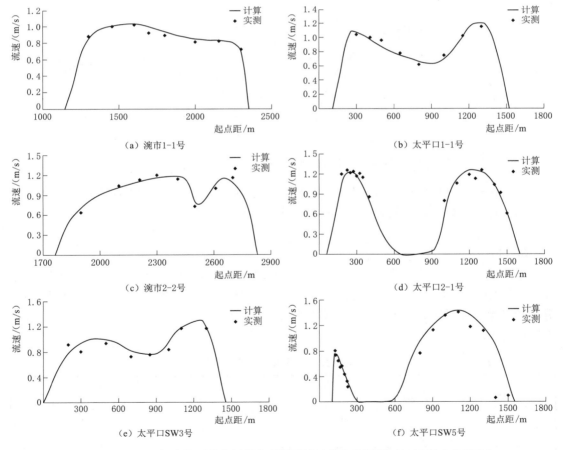

图3.2.2（一） 杨家垴至公安河段典型断面流速分布验证图（2015年3月测次）

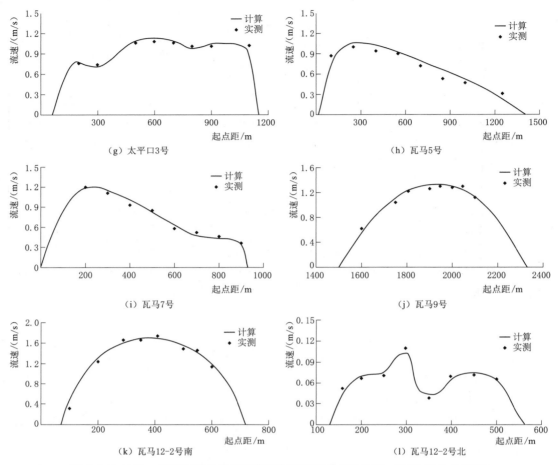

图 3.2.2（二）　杨家垴至公安河段典型断面流速分布验证图（2015 年 3 月测次）

（4）汊道分流比验证。河段内有金成洲和突起洲汊道。采用 2014 年 2 月、2015 年 3 月实测汊道分流比验证。从表 3.2.2 中可看出，验证结果较好，计算值与实测值相差一般在 0.2% 以内。

3. 河床冲淤验证

采用 2008 年 10 月实测 1∶10000 河道地形资料作为起始地形、2013 年 10 月实测 1/10000 河道地形资料作为终止地形，进行河床冲淤验证计算分析。表 3.2.3 为验证河段分段冲淤量验证对比表；图 3.2.3 为实测和计算冲淤厚度分布验证对比图；图 3.2.4 为典型断面地形验证对比图。

表 3.2.2　　　　　　　　　杨家垴至公安河段汊道分流比验证表　　　　　　　　　%

汊道	2014 年 2 月测次			2015 年 3 月测次		
	实测值	计算值	误差	实测值	计算值	误差
三八滩左汊	36.1	36.3	0.2			
金成洲左汊	87.2	87.3	0.1			
突起洲右汊	98.8	98.6	−0.2	100	98.4	−1.6

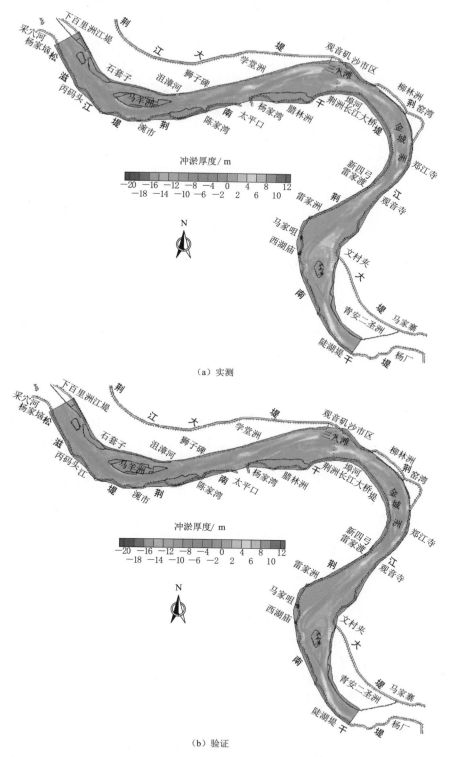

（a）实测

（b）验证

图 3.2.3　杨家垱至公安河段实测与计算冲淤厚度分布对比图

表 3.2.3　　　　　　　　　　杨家垴至公安河段各分段冲淤量验证对比表

河段	河段长度/km	实测值/万 m³	计算值/万 m³	相对误差/%
进口—浣 25	4.0	−608.8	−628.9	3.3
浣 25—马羊洲下	9.4	−1252.1	−1294.5	3.4
马羊洲下—荆 29	2.1	−466.5	−431.1	−7.6
荆 29—荆 30	2.3	−162.3	−166.5	2.6
荆 30—荆 31	1.6	−126.9	−137.6	8.4
荆 31—荆 32	3.4	−413.0	−463.9	12.3
荆 32—荆 37	4.1	−605.9	−676.3	11.6
荆 37—荆 43	6.3	−558.1	−578.4	3.6
荆 43—荆 48	6.5	−571.9	−561.5	−1.8
荆 48—荆 50	3.1	−1064.4	−1130.7	6.2
荆 50—观音寺	2.6	−219.5	−233.4	6.3
观音寺—荆 53	2.3	75.8	78.7	3.8
荆 53—荆 55	3.0	−394.6	−423.8	7.4
荆 55—出口	14.0	−948.0	−797	−15.9
全河段	64.7	−7316.2	−7444.9	1.8

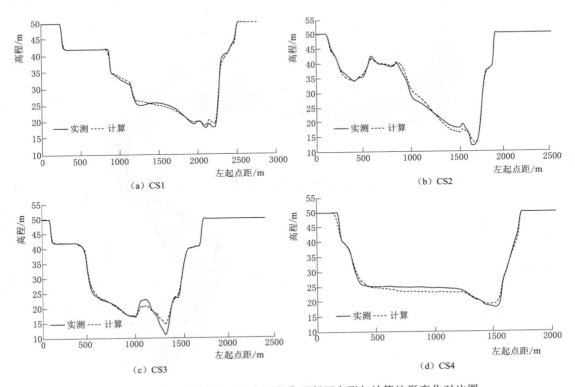

（a）CS1　　　　　　　　　　　　　　（b）CS2

（c）CS3　　　　　　　　　　　　　　（d）CS4

图 3.2.4（一）　杨家垴至公安河段典型断面实测与计算地形变化对比图

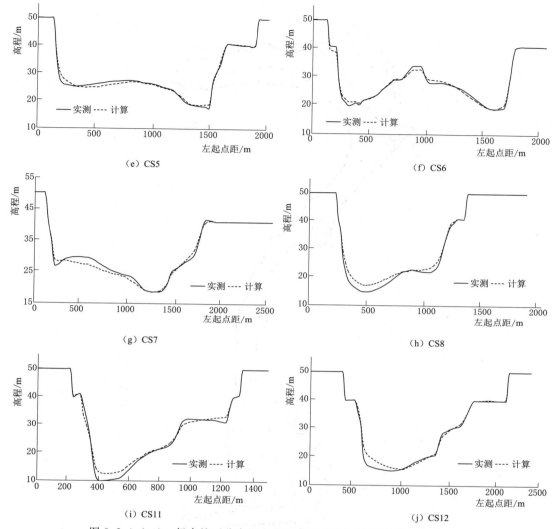

图 3.2.4（二） 杨家垴至公安河段典型断面实测与计算地形变化对比图

  杨家垴至公安河段河床总体处于冲刷状态，冲淤幅度一般在－15～10m，主要表现为河槽、低滩冲刷，且幅度较大，高滩地略有淤积，陡湖堤对岸上游附近出现滩地冲刷和切滩现象。从冲淤的沿程分布来看，在水流较集中的河段，河槽冲刷幅度较大；在有护滩工程处，滩地一般出现淤积。

  根据两次实测地形统计结果，验证河段实测冲刷总量约 7316.2 万 m³，而验证计算冲刷总量约 7444.9 万 m³，相对误差约＋1.8%，而其他各分段冲淤量相对误差均在 16%以内。

  根据实测和计算得出的河床冲淤分布和典型断面地形对比也可看出：河床冲淤部位与幅度，计算结果与实测结果基本吻合，相似性较好，模型基本能够反映验证河段的天然冲淤变化状况。

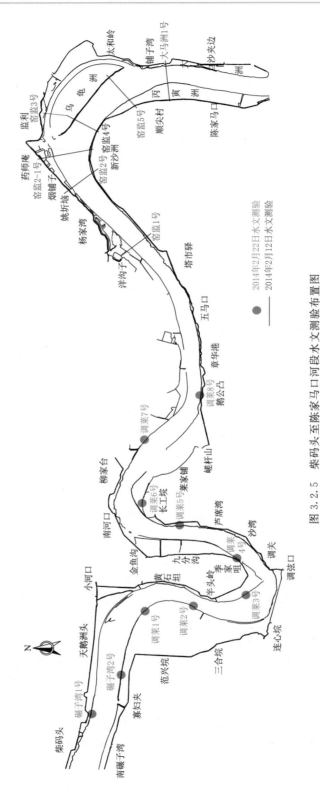

图 3.2.5 柴码头至陈家马口河段水文测验布置图

3.2.3 柴码头至陈家马口河段水沙数学模型验证

1. 计算范围

河段模拟范围为：上游自柴码头起，下至陈家马口，长约 70km，如图 3.2.5 所示。采用四边形无结构网格剖分计算区域，网格节点数为 684×100 个，沿水流和垂直水流方向的网格尺度分别为 50～150m、50～150m。网格在不常上水的滩地、江心洲上分布较稀疏，在河槽等地形变化较剧烈的区域较密集以获得较高的计算精度。

2. 水流验证

(1) 验证资料。实测水文测验布置见图 3.2.5 所示。主要验证资料包括：2014 年 2 月 22 日（测时流量约 6500m³/s）柴码头至塔市驿段 10 个水尺（碾子湾 1 号、2 号、调莱 1～8 号）的实测水位资料；2014 年 2 月 12 日（测时流量约 6300m³/s）塔市驿至陈家马口段 6 条测流断面（窑监 1～5 号、大马洲 1 号）实测水位资料、断面流速分布资料；2014 年 2 月 12 日（测时流量约 6300m³/s）和 2008 年 10 月 11 日（测时流量约 16360m³/s）乌龟洲左汊分流比资料。

(2) 水位率定与验证。水位率定、验证计算结果见表 3.2.4～表 3.2.6。由表可见，数学模型计算的水位与实测值相比，误差较小，其相差值一般在 5cm 以内。经上述率定与验证，得到该河段河床初始糙率 0.022～0.028。

表 3.2.4　　柴码头至陈家码头河段水位率定成果（2014 年 2 月 22 日）　　单位：m

断面名称	实测值	计算值	误差	断面名称	实测值	计算值	误差
碾子湾 1 号	24.65	24.67	+0.02	调莱 4 号	24.10	24.12	+0.02
碾子湾 2 号	24.60	24.57	−0.03	调莱 5 号	23.93	23.97	+0.04
调莱 1 号	24.47	24.43	−0.04	调莱 6 号	23.83	23.85	+0.02
调莱 2 号	24.27	24.30	+0.03	调莱 7 号	23.64	23.68	+0.04
调莱 3 号	24.17	24.22	+0.05	调莱 8 号	23.47	23.48	+0.01

表 3.2.5　　柴码头至陈家码头河段水位验证成果（2009 年 9 月 3 日）　　单位：m

断面名称	实测值	计算值	误差	断面名称	实测值	计算值	误差
CS1	31.96	31.97	+0.01	CS5	31.23	31.19	−0.04
CS2	31.72	31.69	−0.03	CS6	31.03	31.04	+0.01
CS3	31.58	31.60	+0.02	CS7	30.79	30.83	+0.04
CS4	31.37	31.40	+0.03	CS8	30.57	30.59	+0.02

表 3.2.6　　柴码头至陈家码头河段水位验证成果（2014 年 2 月 12 日）　　单位：m

断面名称	实测值	计算值	误差	断面名称	实测值	计算值	误差
窑监 1 号	22.92	22.90	−0.02	窑监 4 号	22.39	22.42	+0.03
窑监 2 号	22.68	22.70	+0.02	窑监 5 号	22.20	22.23	+0.03
窑监 3 号	22.49	22.48	−0.01	大马洲 1 号	22.01	22.02	+0.01

（3）断面流速分布验证。各测流断面流速分布验证结果见图 3.2.6。由图可见，计算与实测断面流速分布符合较好，主流位置基本一致。经统计，各测流垂线流速计算值与实测值误差一般在 0.2m/s 以内。

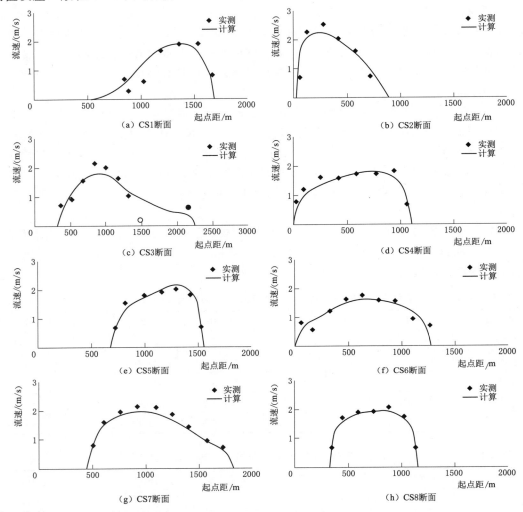

图 3.2.6　柴码头至陈家码头河段断面流速分布验证结果图（$Q=20500\text{m}^3/\text{s}$）

（4）汊道分流比验证。验证河段内有乌龟洲汊道。采用 2014 年 2 月、2008 年 10 月实测乌龟洲左汊分流比进行验证。从表 3.2.7 可看出，验证结果较好，计算值与实测值相差 0.09% 以内。

表 3.2.7　　　　　　　　　　乌龟洲左汊分流比验证　　　　　　　　　　%

类别	监利 $Q=6300\text{m}^3/\text{s}$（2014 年 2 月）	监利 $Q=16360\text{m}^3/\text{s}$（2008 年 10 月）
实测值	4.96	8.50
计算值	4.87	8.55
误差	−0.09	+0.05

3. 河床冲淤验证

采用 2008 年 10 月实测 1/10000 河道地形资料作为起始地形、2013 年 10 月实测 1/10000 河道地形资料作为终止地形，进行河床冲淤验证计算。表 3.2.8 为河段分段冲淤量验证对比表；图 3.2.7 为实测和计算冲淤厚度分布对比图；图 3.2.8 为典型断面地形验证对比图。从图、表可见，柴码头至陈家马口河段河床总体处于冲刷状态，冲淤幅度一般在－15～10m，主要表现为河槽、低滩冲刷，且幅度较大，高滩地略有淤积，部分急弯段出现滩地冲刷和撇弯现象。从冲淤的沿程分布来看，在水流较集中的河段，河槽冲刷幅度较大，在有护滩工程处滩地一般出现淤积。

表 3.2.8　　　　　　　　　柴码头至陈家马口河段各分段冲淤量验证对比表

河段	实测/万 m³	计算/万 m³	相对误差/%
柴码头—半头岭	−536.8	−516.0	−3.9
半头岭—南河口	−1122.6	−1236.5	+10.1
南河口—塔市驿	+236.6	+202.7	−14.3
塔市驿—烟铺子	−540.7	−505.5	−6.5
烟铺子—陈家马口	−568.8	−596.4	+4.9
柴码头—陈家马口（全河段）	−2532.3	−2651.7	+4.7

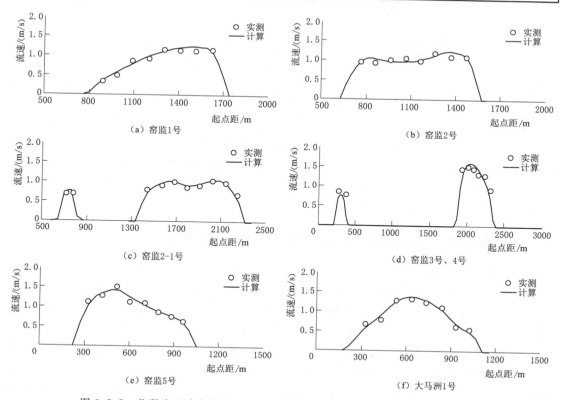

图 3.2.7　柴码头至陈家码头河段断面流速分布验证结果图（$Q=6300\mathrm{m^3/s}$）

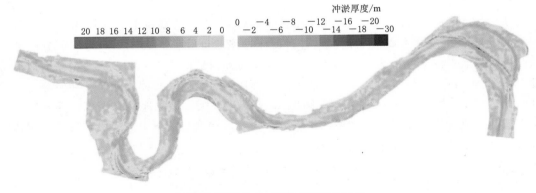

（a）实测冲淤厚度分布（2008年10月至2013年10月）

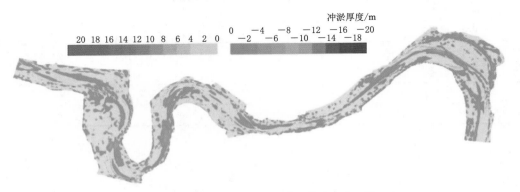

（b）验证计算冲淤厚度分布（2008年10月至2013年10月）

图 3.2.8　柴码头至陈家马口河段冲淤分布验证对比图

根据两次实测地形统计，验证河段实测冲刷总量约 2532.3 万 m³，验证计算冲刷总量约 2651.7 万 m³，相对误差约＋4.7%，其他各分段冲淤量相对误差均在 15% 以内。

另根据实测和计算得出的河床冲淤分布和典型断面地形对比也可看出，河床冲淤部位与幅度，计算结果与实测结果基本吻合，相似性较好，模型基本能够反映验证河段的天然冲淤变化状况。

3.2.4　杨家垴至公安河段河道再造过程及演变趋势预测

1. 河道总冲淤量

采用 1991—2000 典型系列年，在考虑溪洛渡、向家坝、亭子口、三峡等上游已建或在建水库的拦沙作用，以 2013 年为基准年，进行了坝下游杨家垴至公安河段未来 20 年（2032年）冲淤计算。二维水沙数学模型的进出口边界条件，由一维数学模型计算提供。

表 3.2.9 为杨家垴至公安河段冲淤量变化表，由表可见，河段总体处于冲刷状态。预测第 10 年末、第 20 年末全河段冲刷总量分别约 22864.6 万 m³、33098.1 万 m³，其中前 10 年年均冲刷 2286.5 万 m³，后 10 年年均冲刷 1023.4 万 m³；后 10 年冲刷量小于前 10 年冲刷量。

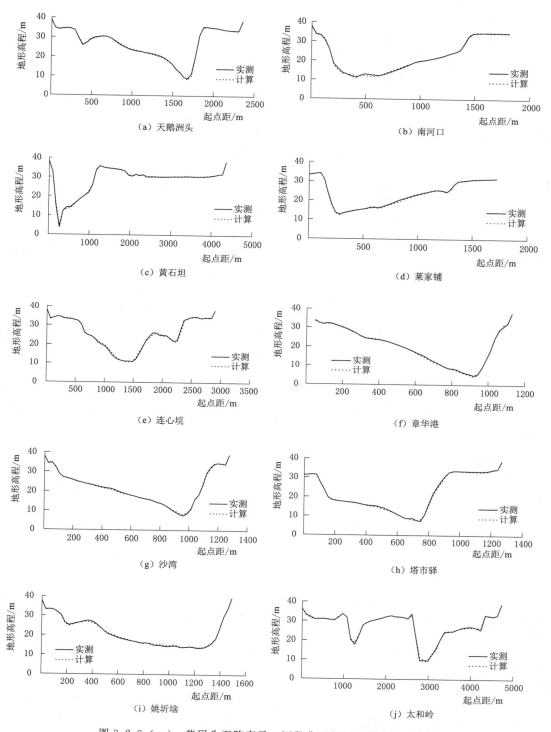

图 3.2.9（一）　柴码头至陈家马口河段典型断面地形验证对比图

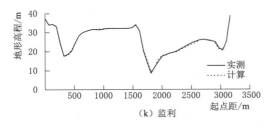
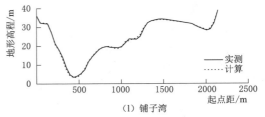

图 3.2.9（二）　柴码头至陈家马口河段典型断面地形验证对比图

表 3.2.9　　　　　　　　　　杨家墒至公安河段冲淤量对比表　　　　　　　　　单位：万 m³

分　段	第 10 年末冲淤量	第 20 年末冲淤量	分　段	第 10 年末冲淤量	第 20 年末冲淤量
模型进口至马羊洲尾	−5098.8	−7191.0	观音寺附近	−1692.3	−2617.7
马羊洲尾至陈家湾	−1301.7	−1812.2	观音寺以下	−6254.2	−9313.1
陈家湾至观音寺上	−8517.5	−12163.4	全河段	−22864.6	−33098.1

从各分河段来看，模型预测第 20 年末杨家墒以上河段冲刷量约 7190.9 万 m³，冲刷强度 26.8 万 m³/(km·a)；马羊洲尾至陈家湾区段冲刷量约 1812.2 万 m³，冲刷强度 20.6 m³/(km·a)；陈家湾至观音寺上所在的区段冲刷量约 12163.3 万 m³，冲刷强度 24.3 万 m³/(km·a)；观音寺附近区段冲刷量约 2617.7 万 m³，冲刷强度 26.7 万 m³/(km·a)；观音寺以下河段冲刷量约 9313.1 万 m³，冲刷强度 27.4 万 m³/(km·a)。

2．冲淤厚度及冲淤分布

图 3.2.10 为杨家墒至公安河段冲淤厚度分布图。可以看出，研究河段河床冲淤交替，平滩以下河槽以冲刷为主，局部近岸河床冲刷较为明显；边滩部位有冲有淤，低滩部位冲刷明显，高滩部位略有淤积；已实施的整治工程部位泥沙有所淤积。从模型预测第 20 年末冲淤厚度变化幅度来看，陈家湾以上河段河槽冲淤厚度为 −12.9~11.5m，高边滩部位冲淤厚度为 −4.2~1.9m；陈家湾附近区段河槽冲淤厚度为 −14.8~8.7m，高边滩部位冲淤厚度为 −6.4~2.5m；陈家湾下端至观音寺上端所在的区段河槽冲淤厚度为 −19.5~15.9m，高边滩部位冲淤厚度为 −8.3~2.6m；观音寺附近区段河槽冲淤厚度为 −18.1~8.3m，高边滩部位冲淤厚度为 −11.1~1.5m；观音寺以下河段河槽冲淤厚度为 −19.4~17.8m，高边滩部位冲淤厚度为 −19.4~2.7m。

3．滩、槽变化分析

图 3.2.11~图 3.2.13 分别为杨家墒至公安河段 35.00m、25.00m、15.00m 高程线的平面位置变化图，由图中可见：杨家墒至公安河段在冲淤 20 年后，总体河势格局变化不大，但局部滩、槽冲淤变化较为明显，河槽有冲刷扩展趋势；一般深泓在弯道凹岸向近岸偏移，过渡段左右摆动，局部岸段和边滩（滩缘或低滩部位）冲刷后退；已实施整治工程的部位冲刷受到抑制，局部有所淤积。

从模型预测第 20 年末 35.00m 高程线（滩缘线）变化来看：陈家湾以上河段，35.00m 等高线与 2013 年相比变化较小，左右摆动幅度在 100m 内，火箭洲洲头滩缘线淤积上延约 100m；陈家湾附近区段，滩缘线变化较小，左右摆动幅度在 30m 以内；陈家湾

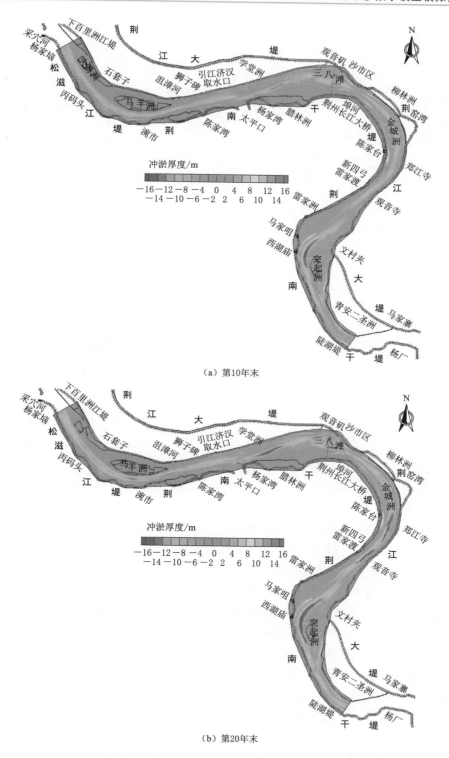

（a）第10年末

（b）第20年末

图 3.2.10 杨家垴至公安河段河床冲淤厚度分布图

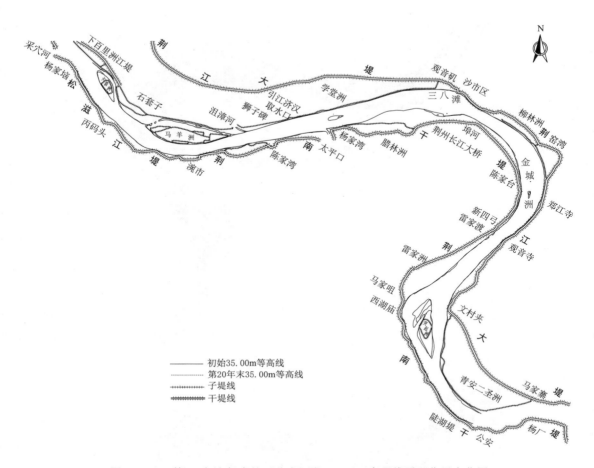

图 3.2.11　第 20 年末杨家垴至公安河段 35.00m 高程线平面位置变化图

至观音寺之间，整体变化不大，变化主要体现在河段内的洲滩的变化，太平口心滩冲刷后退约 750m，右岸荆 40～荆 43 范围内边滩有所淤积，金成洲 35.00m 等高线有所后退萎缩，右岸高滩有所淤长；观音寺附近区段，右岸略有淤长；观音寺以下河段，突起洲洲头略有后退，荆 60～荆 62 处左岸高滩冲刷后退约 200m。

从模型预测第 20 年末 25.00m 高程线（滩缘线）变化来看：陈家湾以上河段，与初始地形相比，25.00m 等高线左侧展宽 0～260m；陈家湾附近河段 25.00m 等高线左侧摆动在 100m 内；陈家湾至观音寺之间河段，太平口心滩、三八滩上游河槽线展宽，三八滩左槽略有缩小，右槽有所展宽，金成洲附近右侧河槽线展宽在 300m 范围内，金成洲左缘有所冲刷后退；观音寺附近区域，右侧河槽展宽 30～200m；观音寺下游段，突起洲右缘冲刷后退，突起洲左槽略有发展，荆 60～荆 62 处左侧 25m 等高线冲刷后退约 120m。

从模型预测第 20 年末 15.00m 高程线（滩缘线）变化来看：陈家湾以上河段，深槽线变化明显，15.00m 等高线几乎贯通至陈家湾，冲刷形成宽约 380～550m 的 15m 深槽；

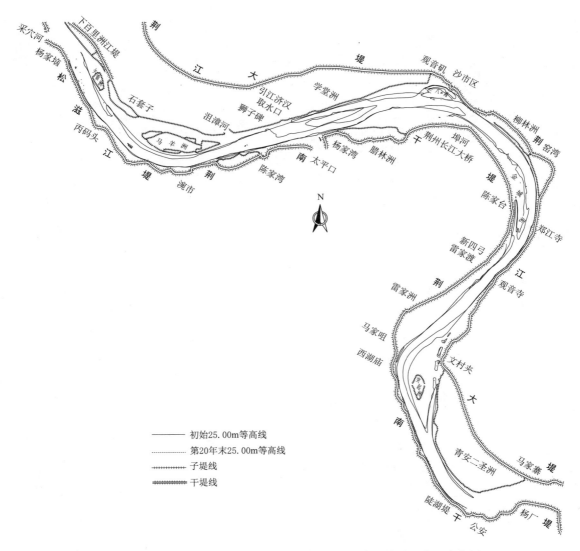

图 3.2.12 第 20 年末杨家垱至公安河段 25.00m 高程线平面位置变化图

陈家湾附近区段，15m 深槽线由初始的靠右侧向左侧展宽贯通整个陈家湾附近区段；太平口至三八滩段，右侧深槽冲刷，形成宽约 200~320m 的 15m 深槽，三八滩至观音寺上游河段右侧深槽冲刷，形成宽约 280~590m 的 15m 深槽；观音寺附近区段，右侧 15m 深槽展宽贯通；观音寺下至突起洲段，右侧深槽展宽，突起洲以下河段左侧明显冲刷展宽。

    4. 典型断面冲淤变化分析

    表 3.2.10 为杨家垱至公安河段模型预测第 20 年末典型断面 40.00m 高程下水力要素变化情况，图 3.2.11 为第 20 年末典型断面冲淤变化对比图。

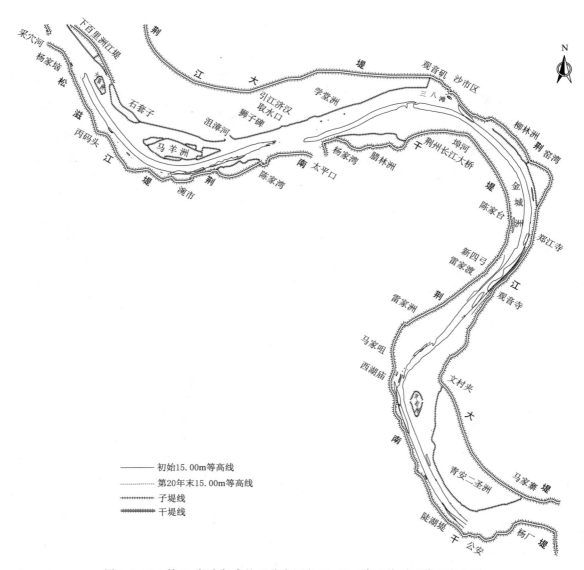

图 3.2.13　第 20 年末杨家垴至公安河段 15.00m 高程线平面位置变化图

表 3.2.10　　　　　杨家垴至公安河段 40.00m 高程下河槽断面要素变化表

河段	断面位置	面积		宽深比	
		初始面积 /m²	第 20 年末面积 变化率/%	初始宽深比	第 20 年末宽深比 变化值
杨家垴至马羊洲尾	CS1	21141	23.6	2.66	−0.51
	CS2	17151	24.8	3.52	−0.70
马羊洲尾至陈家湾	CS3	19715	15.6	1.91	−0.26
	CS4	21434	25.0	2.59	−0.52

河段	断面位置	面积		宽深比	
		初始面积/m²	第20年末面积变化率/%	初始宽深比	第20年末宽深比变化值
陈家湾至观音寺上游段	CS5	21600	23.5	2.65	−0.50
	CS6	22434	19.9	2.77	−0.46
	CS7	22970	22.7	2.98	−0.56
	CS8	17793	5.4	1.75	−0.10
	CS9	26357	25.9	3.13	−0.64
	CS10	22665	27.0	2.20	−0.47
观音寺附近区段	CS11	16414	33.3	1.91	−0.48
	CS12	22296	19.1	2.10	−0.34
观音寺下游至出口	CS13	24085	25.0	3.35	−0.67
	CS14	20956	28.7	2.25	−0.49

第20年末杨家垴至马羊洲尾河段断面深槽明显冲深展宽，最大冲深约11.9m，高滩变化较小，一般冲淤变化在4m以内；从CS1和CS2断面形态来看，40.00m高程以下河槽初始面积为21141m²、17151m²，第20年末，面积分别扩大了23.6%和24.8%，宽深比由初始的2.66和3.52分别减小了0.51和0.70。

第20年末马羊洲尾至陈家湾河段CS3和CS4断面左侧河槽明显冲刷下切，最大冲深约10.3m，高滩变化较小，一般冲淤变化在2m以内；从CS3和CS4断面水力要素变化来看，40.00m高程以下河槽初始面积为19715m²、21434m²，第20年末面积分别扩大了15.6%和25.0%，宽深比由初始的1.91和2.59分别减小了0.25和0.52。

陈家湾至观音寺之间河段内典型断面最大冲深约14.4m，高滩冲淤交替。CS5断面和CS7断面深槽向左侧展宽发展；CS6断面左右两槽均有所冲深，但右槽冲深明显；CS8～CS10断面深槽向右侧发展。从断面水力要素变化来看，40m高程以下河槽初始面积在17793～26357m²范围内，第20年末，面积扩大了5.4%～27.0%，宽深比由初始的1.75～3.13，减少了0.1～0.64。

观音寺附近区河段内典型断面最大冲深约15.8m，高滩冲淤交替。CS11断面和CS12断面深槽向右侧展宽发展。从断面水力要素变化来看，40.00m高程以下河槽初始面积为16414m²、22296m²，第20年末，面积扩大了33.3%和19.1%，宽深比由初始的1.91和2.1，分别减少了0.48和0.34。

观音寺以下河段内典型断面最大冲深约15.1m，高滩冲淤交替。CS13断面和CS14断面深槽向右侧展宽发展。从断面水力要素变化来看，40.00m高程以下河槽初始面积为24085m²、20956m²，第20年末，面积扩大了25.0%和28.7%，宽深比由初始的3.35和2.25，分别减少了0.67和0.49。

5. 沿程深泓高程变化分析

图3.2.14为杨家垴至公安河段沿程深泓高程变化图。初始时杨家垴至公安河段沿程深泓高程为：陈家湾以上河段，约7.8～23.0m；陈家湾附近区段，约3.0～19.0m；陈

家湾下游至观音寺上游之间的河段，约 5.0～22.0m；观音寺附近区段，约 7.0～15.2m；观音寺以下河段，约 3.0～17.9m。

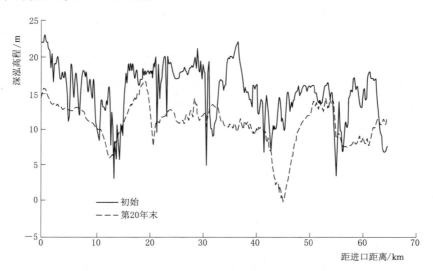

图 3.2.14　杨家垴至公安河段沿程深泓高程变化图

　　模型预测冲淤 20 年后，杨家垴至公安河段沿程深泓高程比初始时一般均出现冲刷下降，个别位置有所淤积抬高。具体深泓变化幅度为：陈家湾以上河段，约 $-9.8～1.6$m；陈家湾附近区段，约 $-6.6～4.2$m；陈家湾下游至观音寺上游之间的河段，约 $-12.1～5.2$m；观音寺附近区段，约 $-13.1～0.03$m；观音寺以下河段，约 $-10.1～8.3$m。

　　6. 河道冲淤的综合分析

　　综上分析可知，杨家垴至公安河段在未来 20 年期间，河床冲淤交替，总体表现为冲刷；模型预测第 10 年末、第 20 年末，全河段累计冲刷总量分别约 22864.6 万 m³、33098.1 万 m³，其中前 10 年年均冲刷量约 2286.5 万 m³，后 10 年年均冲刷 1023.4 万 m³。冲淤 20 年后，该河段总体河势格局变化不大，但局部滩、槽冲淤变化较为明显，河槽有冲刷扩展趋势，一般深槽在弯道凹岸向近岸偏移，局部岸段和边滩（滩缘或低滩部位）冲刷后退，已实施整治工程的部位冲刷受到抑制，局部有所淤积；第 20 年末，该河段平滩河槽冲淤幅度约 $-19.5～17.8$m，平均冲深约 3.87m，高滩地冲淤幅度约 $-19.4～2.7$m；典型断面平滩河槽过水面积约增大 5.4%～33.3%，宽深比约减小 0.1～0.7；30m 滩缘线，在凹岸沿线受护岸工程约束，后退较小，凸岸边滩沿线后退稍大，特别是凸顶附近，河槽冲深扩展，25m 河槽线一般展宽约 50～300m，15m 深槽全线贯通；沿程深泓高程一般均出现冲刷下降（个别位置有所淤积抬高），其变化幅度约 $-13.1～5.2$m。

　　由于该河段蜿蜒曲折，河道边界抗冲性较差，特别是陡湖堤对岸附近高滩易冲刷下切，且三峡工程运用以来河床冲淤幅度较大，河槽冲深扩大、深泓向近岸（滩）偏移的基本趋势仍然存在，仍易造成该河段岸、滩的冲刷崩退，滩槽格局仍不稳定，需进一步加强对该河段的观测和研究工作。

3.2.5　柴码头至陈家马口河段河道再造过程及演变趋势预测

1. 河道冲淤量分析

采用1991—2000典型系列年，在考虑溪洛渡、向家坝、亭子口、三峡等上游已建或在建水库的拦沙作用，以2013年为基准年，进行了坝下游柴码头至陈家马口河段的冲淤计算。二维水沙数学模型的进出口边界条件由一维数学模型计算提供。

表3.2.11为碛子湾至盐船套河段冲淤变化表，由表可知，柴码头至陈家马口河段总体处于冲刷状态。模型预测第10年末、第20年末全河段冲刷总量分别约15753.4万 m³、33993.1万 m³，其中，前10年平均冲刷强度约22.5万 m³/(km·a)，后10年平均冲刷强度约26.1万 m³/(km·a)。

表3.2.11　　　　　　　　　　　柴码头至陈家马口河段各分段冲淤量表　　　　　　　　单位：万 m³

河　段	第10年末冲淤量	第20年末冲淤量	河　段	第10年末冲淤量	第20年末冲淤量
碛子湾—黄石坦	−1719.2	−4342.9	鹅公凸—塔市驿	−2194.4	−4574.5
黄石坦—半头岭	−719.9	−1536.0	塔市驿—盐船套	−5314.1	−10602.5
半头岭—鹅公凸	−5805.8	−12937.0	全河段	−15753.4	−33993.1

从模型预测第20年末各分段冲淤量变化来看：碛子湾—黄石坦区段，冲刷量约4342.9万 m³，冲刷强度19.6万 m³/(km·a)；黄石坦—半头岭区段，冲刷量约1536.0万 m³，冲刷强度25.6万 m³/(km·a)；半头岭—鹅公凸区段，冲刷量约12937.0万 m³，冲刷强度25.4万 m³/(km·a)；鹅公凸—塔市驿区段，冲刷量约4574.5万 m³，冲刷强度27.2万 m³/(km·a)；塔市驿以下区段（塔市驿—盐船套），冲刷量约10602.5万 m³，冲刷强度24.1万 m³/(km·a)。

2. 河床冲淤厚度分布分析

由图3.2.15中可以看出，柴码头至陈家马口河段河床冲淤交替，平滩以下河槽以冲刷为主，局部近岸河床冲刷较为明显；边滩部位有冲有淤，低滩部位冲刷明显，高滩部位略有淤积；已实施的整治工程部位泥沙有所淤积。

从模型预测第20年末本河段冲淤厚度分布来看：柴码头—黄石坦区段，河槽冲淤厚度约−14.4~4.6m，高边滩部位冲淤厚度约−2.0~2.0m；黄石坦至半头岭区段，河槽冲淤厚度约−14.1~2.5m，高边滩部位冲淤厚度约−1.5~1.8m；半头岭至鹅公凸区段，河槽冲淤厚度约−16.1~5.9m，高边滩部位冲淤厚度约−1.8~1.9m；鹅公凸至塔市驿区段，河槽冲淤厚度约−15.6~2.3m，高边滩部位冲淤厚度约−2.0~1.6m；塔市驿以下区段（塔市驿—陈家马口），河槽冲淤厚度约−16.2~6.3m，高边滩部位冲淤厚度约−1.9~1.4m。

3. 滩、槽变化分析

研究表明：柴码头至陈家马口河段在模型冲淤预测20年后，总体河势格局变化不大，但局部滩、槽冲淤变化较为明显，河槽有冲刷扩展趋势；一般深槽在弯道凹岸向近岸偏移，过渡段左右摆动；局部岸段和边滩（滩缘或低滩部位）冲刷后退；已实施整治工程的部位冲刷受到抑制，局部有所淤积。

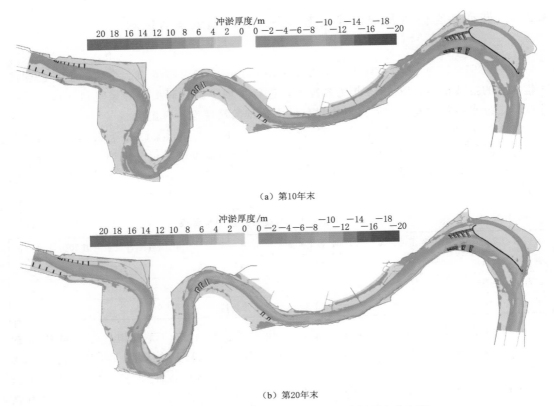

（a）第10年末

（b）第20年末

图 3.2.15　柴码头至陈家马口河段河床冲淤厚度分布图

30.00m 高程线（滩缘线）变化：左岸，柴码头至小河口边滩沿线中、上段向外淤长约 10～240m，下段后退约 10～80m；黄石坦沿线后退较小；黄石坦下游至半头岭沿线后退约 10～80m；半头岭至季家咀沿线凸岸边滩中、上段后退约 10～150m，下段略有淤长；季家咀至南河口上游沿线后退约 10～50m；南河口至柳家台沿线后退较小；柳家台至铺子湾沿线一般后退约 10～80m；铺子湾以下后退较小。右岸，南碾子湾边滩向外淤长约 50～350m；寡妇夹至连心垸沿线凸岸边滩上段后退较小，中段后退约 10～100m，下段略有冲淤；连心垸至长工垸沿线后退较小；长工垸凸岸边滩沿线上、下段略有淤长，中间凸顶一带后退约 10～80m；莱家铺至鹅公凸沿线后退约 10～100m；鹅公凸至新沙洲沿线后退较小；新沙洲以下丙寅洲边滩沿线后退约 10～100m。乌龟洲周缘沿线变化较小。

20.00m 高程线（河槽线）：20m 河槽线总体呈冲刷展宽趋势，一般展宽约 50～300m；其中天鹅洲、三合垸、季家咀、长工垸、新沙洲凸岸边滩凸顶附近 20m 线后退较大，最大可达 500m。

10.00m 高程线（深槽线）：10m 深槽线冲刷后全程贯通展宽，展宽后的深槽线宽度最窄处约 80m，最宽处约 660m，且深槽在弯道凹岸向近岸偏移。

4. 典型断面冲淤变化分析

以冲淤第 20 年末和初始时的典型断面要素（面积、宽深比）进行对比分析。沿程共选取 26 个典型断面，具体见表 3.2.12。

表 3.2.12 柴码头至陈家马口河段平滩河槽断面要素变化表

河段	断面位置	面积		宽深比	
		初始面积/m²	第20年末面积变化率/%	初始宽深比	第20年末宽深比变化值
天鹅洲头—黄石坦	黄石坦+5000m	16082	+36.8	3.67	−0.99
	黄石坦+2000m	13949	+36.2	3.91	−1.04
	黄石坦+500m	17761	+33.4	1.99	−0.50
	黄石坦+100m	18012	+38.2	2.11	−0.58
黄石坦—半头岭	黄石坦−500m	15682	+43.0	1.97	−0.59
	黄石坦−1100m	13564	+52.2	1.93	−0.66
	半头岭+1000m	11404	+62.1	1.88	−0.72
	半头岭+400m	10840	+63.2	1.95	−0.76
半头岭—鹅公凸	半头岭−100m	13248	+46.6	1.88	−0.60
	半头岭−500m	17427	+22.1	1.54	−0.28
	半头岭−2000m	20137	+37.6	2.85	−0.78
	半头岭−5000m	15947	+29.7	1.37	−0.31
	鹅公凸+5000m	16197	+37.1	3.15	−0.85
	鹅公凸+2000m	16120	+31.8	2.06	−0.50
	鹅公凸+500m	13454	+45.8	1.65	−0.52
	鹅公凸+100m	13938	+46.6	1.74	−0.55
鹅公凸—塔市驿	鹅公凸−400m	13252	+52.5	1.80	−0.62
	鹅公凸−1500m	13923	+47.1	1.94	−0.62
	鹅公凸−2700m	14963	+36.4	1.89	−0.51
	塔市驿+3800m	14030	+40.7	1.63	−0.47
	塔市驿+2000m	14030	+40.7	1.63	−0.47
	塔市驿+400m	12518	+46.5	1.65	−0.52
塔市驿—新沙洲	塔市驿−100m	13965	+45.3	1.84	−0.57
	塔市驿−500m	14675	+42.8	1.92	−0.58
	塔市驿−2000m	15669	+39.2	2.28	−0.64
	塔市驿−5000m	17247	+29.9	2.63	−0.60

由表 3.2.10 可知，在平滩河槽下，柴码头至陈家马口河段典型断面初始断面面积约 10840～20137m²、宽深比约 1.37～3.91；在冲淤第 20 年末，沿程各断面冲深扩大，局部滩缘线后退，断面面积增大，宽深比减小。

模型预测冲淤第 20 年末典型断面变化分别为：天鹅洲头—黄石坦区段，面积约增大 33.4%～38.2%、宽深比约减小 0.50～1.04；黄石坦—半头岭区段，面积约增大 43.0%～63.2%、宽深比约减小 0.59～0.76；半头岭至调关区段，面积约增大 22.1%～46.6%、宽深比约减小 0.28～0.78；莱家铺至鹅公凸区段，面积约增大 31.8%～46.6%、宽深比约减小 0.50～0.85；鹅公凸至塔市驿区段，面积约增大 36.4%～52.5%、宽深比约减小 0.47～0.62；塔市驿至新沙洲区段，面积约增大 29.9%～45.3%、宽深比约减小 0.57～0.64。

5. 沿程深泓高程变化分析

图 3.2.16 为柴码头至陈家马口河段沿程深泓高程对比图。以模型预测冲淤第 20 年末和初始时的沿程深泓高程进行对比分析。初始时，柴码头至陈家马口河段沿程深泓高程为：黄石坦以上区段，约 2.9～15.7m；黄石坦至半头岭区段，约－7.6～10.7m；半头岭至鹅公凸区段，约－14.8～14.2m；鹅公凸至塔市驿区段，约－3.4～13.2m；塔市驿以下区段，约－6.5～16.6m。

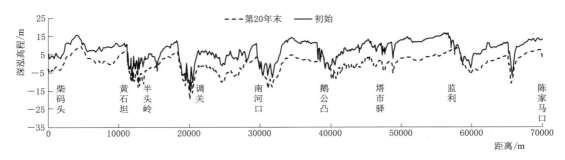

图 3.2.16　柴码头至陈家马口河段沿程深泓高程对比图

模型预测冲淤第 20 年末，柴码头至陈家马口河段沿程深泓高程比初始时一般均出现冲刷下降，个别位置有所淤积抬高。具体深泓变化幅度为：黄石坦以上区段，约－9.4～－2.1m；黄石坦至半头岭区段，约－11.9～－1.4m；半头岭至鹅公凸区段，约－10.8～2.4m；鹅公凸至塔市驿区段，约－11.5～0.4m；塔市驿以下区段，约－11.1～3.0m。

6. 河段冲淤影响的综合分析

综上分析可知，柴码头至陈家马口河段在未来 20 年期间，河床冲淤交替，总体表现为冲刷；模型预测第 10 年末、第 20 年末，全河段累计冲刷总量分别约 15753.4 万 m³、33993.1 万 m³，其中前 10 年平均冲刷强度约 22.5 万 m³/(km·a)，后 10 年平均冲刷强度约 26.1 万 m³/(km·a)。冲淤第 20 年后，该河段总体河势格局变化不大，但局部滩、槽冲淤变化较为明显，河槽有冲刷扩展趋势，一般深槽在弯道凹岸向近岸偏移，局部岸段和边滩（滩缘或低滩部位）冲刷后退，已实施整治工程的部位冲刷受到抑制，局部有所淤积；第 20 年末，该河段平滩河槽冲淤幅度约－16.2～6.3m，平均冲深约 4.68m，高滩地冲淤幅度约－2.0～2.0m；典型断面平滩河槽过水面积约增大 22.1%～63.2%，宽深比约减小 0.28～1.04；30m 滩缘线，在凹岸沿线受护岸工程约束，后退较小，一般在 80m 内，凸岸边滩沿线后退稍大，特别是凸顶附近，如三合垸段、半头岭至季家咀段、长工垸段，最大后退近 200m，河槽冲深扩展，20m 河槽线一般展宽约 50～300m，10m 深槽全线贯通；沿程深泓高程一般均出现冲刷下降（个别位置有所淤积抬高），其变化幅度约－11.9～3.0m。

虽然柴码头至陈家马口河段局部岸段和滩地实施了守护工程，对该河段的河势稳定起到了明显的维护，但由于该河段蜿蜒曲折，河道边界抗冲性较差，且三峡工程运用以来河床冲淤幅度较大，河槽冲深扩大、深泓向近岸（滩）偏移的基本趋势仍然存在，仍易造成该河段岸、滩的冲刷崩退，滩槽格局仍不稳定，需进一步加强对该河段的观测和研究工作，必要时采取工程措施稳定河势。

3.3 小结

（1）建立了长江中下游江湖河网一维水沙数学模型，采用实测资料进行了验证，验证表明：模型所选参数较准确，水流计算结果与实测过程吻合较好，能够反映长江中下游的水流运动特征；较好地反映了各河段的总体冲淤变化，各分段计算冲淤性质与实测一致，计算值与实测值的误差在合理范围内。因此，利用该模型进行三峡工程运用后荆江河道再造过程的预测是可行的。

（2）三峡、溪洛渡、向家坝及支流雅砻江、岷江、乌江、嘉陵江等控制性水库运用后，进入到荆江河段的泥沙大幅度减少，含沙量也相应减少，导致河床发生剧烈冲刷。数学模型计算结果表明：水库联合运用后，荆江及其上游的宜昌—枝城、下游的城陵矶—武汉河段均呈持续冲刷趋势；至2032年末，宜昌—枝城河段冲刷量为0.42亿 m³，荆江河段冲刷量为14.78亿 m³，城陵矶—武汉河段为4.72亿 m³；荆江河段冲刷量占宜昌—武汉河段总冲刷量的74%。

（3）三峡及上游水库群蓄水运用后，由于荆江各河段河床冲刷在时间和空间上均有较大的差异，且水位下降除受本河段冲刷影响外，还受下游河段冲刷的影响，使各站的水位流量关系出现相应的变化，总体上沿程各站同流量的水位呈下降趋势。至2022年末，各站流量为7000m³/s时，枝城、沙市、监利各站水位相对2012年实测水位分别下降0.88m、1.56m、1.23m；流量为40000m³/s时，各站水位分别下降0.42m、0.51m、0.38m；不同流量级下松滋口、太平口、藕池口口门段干流处各口门水位分别降低0.52～0.94m、0.43～1.45m、0.61～1.70m，三口口门中以藕池口口门水位下降最大。

（4）分别选取上荆江杨家垴至公安河段（分汊河段）、下荆江柴码头至陈家马口河段（弯曲河段）作为典型河段，建立平面二维水沙数学模型，利用三峡工程运用以来的实测资料对模型进行率定与验证。验证表明：计算水位误差较小，一般在5cm以内，断面流速沿河宽的变化计算值与实测值基本相符；验证河段计算冲淤量与实测冲淤量相比，总体误差在5%以内；从冲淤分布看，误差不大，河段冲淤变化趋势基本同实测资料相符合，因此，建立的平面二维水沙数学模型可以用于三峡等水库运用后所选两个典型河段的河道再造过程与趋势预测。

（5）采用1991—2000系列年水沙，考虑三峡等水库联合蓄水运用，模型预测在未来20年期间，荆江河段河道总体表现为冲刷。其中杨家垴至公安河段在未来第10年末、第20年末，全河段累计冲刷总量分别约22864.6万 m³、33098.1万 m³，其中前10年年均冲刷量约2286.5万 m³，后10年年均冲刷1023.4万 m³。柴码头至陈家马口河段在未来第10年末、第20年末，全河段累计冲刷总量分别约15753.4万 m³、33993.1万 m³，其中前10年平均冲刷强度约22.5万 m³/(km·a)，后10年平均冲刷强度约26.1万 m³/(km·a)。

（6）模型预测冲淤20年后，荆江河段总体河势格局变化不大，但局部滩、槽冲淤变化较为明显，河槽有冲刷扩展趋势，一般深槽在弯道凹岸向近岸偏移，局部岸段和边滩（滩缘或低滩部位）冲刷后退，已实施整治工程的部位冲刷受到抑制，局部有所淤积。

（7）模型预测冲淤 20 年后，研究河段沿程深泓高程一般均出现冲刷下降（个别位置有所淤积抬高）。杨家垴至公安河段变化幅度约－13.1～5.2m；柴码头至陈家马口河段变化幅度约－11.9～3.0m。

（8）虽然研究河段局部岸段和滩地实施了守护工程，对研究河段的河势稳定起到了明显的维护作用，但由于研究河段蜿蜒曲折，河道边界抗冲性较差，特别是陡湖堤对岸附近高滩易冲刷下切，且三峡工程运用以来河床冲淤幅度较大，河槽冲深扩大、深泓向近岸（滩）偏移的基本趋势仍然存在，仍易造成该河段岸、滩的冲刷崩退，滩槽格局仍不稳定，需进一步加强对该河段的观测和研究工作。

第4章

上游梯级水库联合运用后荆江典型河段河道再造过程及变化趋势实体模型试验研究

4.1 实体模型模拟范围

实体模型试验分别选择荆江杨家垴至北碾子湾河段和盐船套至螺山河段进行，简述如下。

（1）荆江杨家垴至北碾子湾河段，模型模拟范围为火箭洲尾部（涴2上游630m）至北碾子湾（石4），原型全长约127.7km。其中动床模拟范围为马羊洲头部（荆27上游1.4km）至北碾子湾附近（荆106），主要包括涴市河弯、沙市河弯、公安河弯、郝穴河弯、石首河弯及各弯道之间的过渡段，全长约121.9km[6]。

（2）荆江盐船套至螺山河段（下延至螺山下游4.5km处），干流河道原型全长约94km。其中动床模拟范围为荆171断面至螺山断面，长约85km。由于该河段有洞庭湖入汇，洞庭湖汇流将直接影响到该河段的水流条件及河床冲淤变化，因此对洞庭湖出口洪道进行了模拟，范围为南津港至莲花塘，原型长约14km，其中动床模型范围为岳阳楼至城陵矶。

4.2 研究河段河道演变分析

4.2.1 杨家垴至北碾子湾河段

杨家垴至北碾子湾河段全长约127.7km，由上荆江的涴市河段、沙市河段、公安河段、郝穴河段及下荆江的石首河段组成，除郝穴河段外河道内河弯处均分布有江心洲，整个河段属微弯分汊型河道。河段近期河床演变综述如下。

1. 岸线变化

杨家垴至北碾子湾河段两岸水流顶冲的部位大多已实施了护岸工程，护岸工程的实施，基本上抑制了河道两岸岸线的崩塌，多年来，河段内的岸线整体变化不大。但是，由于河道冲刷调整引起主流摆动以及弯道顶冲点上提或下移[33]，近岸河床冲刷的部位发生变动，已护岸线局部岸段仍时有崩岸险情发生。如2005年在学堂洲段桩号3＋950附近（原护坡）发生长70m、宽5m的塌方；2002年10月，沙市城区柳林洲发生小范围的崩塌；郝穴河弯覃家渊段守护岸线较短，标准低，岸线基本处于自然状态，1998年以来也时有险情发生。

　　另外，受该河段内河势调整影响，原有的未护岸段近岸河床也出现较大幅度的冲刷，岸线逐年崩退，险情不断。沙市河段腊林洲边滩前沿自 2002 年以来逐年崩退[34]，至 2013 年 11 月，30.00m 等高线累积最大崩退约 184m，年平均崩宽约 15m，见图 4.2.1。2002—2008 年公安河段马家咀边滩部分未护岸段（荆 52 附近）崩退较严重，累计最大崩退约 200m，2008 年以后，该段 30m 岸线逐年回淤，至 2013 年 11 月，30m 岸线较 2008 年淤积约 300m；2004 年 7 月至 2013 年 11 月，马家咀边滩部分未护岸段（荆 53～荆 54 附近）30m 等高线累计最大崩退约 240m，年平均崩宽约 24m；2002 年 10 月至 2013 年 11 月，马家寨段未护岸段（荆 61～荆 64）凸岸边滩 30m 岸线逐年冲刷崩退，累计最大崩退幅度约 290m（荆 63 处），年平均崩宽约 24m，见图 4.2.2。石首河段天星洲左缘岸线在 2002 年以来一直处于冲刷崩退状态[35]，2002—2013 年，左缘荆 85＋1 断面以上基本均有所崩退，头部左缘 30.00m 高程岸线最大崩退约 730m，左缘的中下段累计最大崩退约 220m，位于荆 84＋1 断面之间，年平均崩宽约 18m；石首河段北门口受贴岸水流长期冲刷，岸线逐年也有所崩退，2002—2013 年，荆 96 断面以下岸段大幅度崩退，累计最大崩退约 350m，年平均崩退约 20m；2002 年以后至 2013 年，随着该段 S6＋000～S9＋000 护岸工程的实施，S9＋000 以上岸段基本稳定不变，河槽冲刷向下游发展，致使该护岸工程以下的未护段岸线逐年冲刷崩退，见图 4.2.3。

　　2. 深泓线变化

　　（1）涴市河段。涴市河弯段上起杨家垴（荆 25），下至陈家湾（荆 29），长约 16.8km，属微弯分汊型河段。江中偏靠左岸有火箭洲、马羊洲，分河道为左右汊，右汊多年来一直为主汊。河道断面形态基本呈偏右的"V"形。多年统计资料显示，涴市河段深泓由上游大埠街附近逐渐向右岸过渡段进入该河段后，基本贴弯道凹岸下行，至马羊洲右汊中下段荆 28 附近逐渐向左岸过渡或者分左右两股分别进入下游太平口过渡段的左右两槽内。近几十年来，该段深泓走向整体较为稳定，但局部位置深泓线的摆动仍较频繁，尤其在进出口过渡段处，深泓摆动幅度较大（图 4.2.4）。2002 年以来进口过渡段深泓逐年有所右移，近两年深泓稳定在右岸。出口过渡段左槽深泓在 2002 年 10 月至 2006 年 6 月累计稍有左移，随后 2008 年至 2013 年深泓回摆至 2002 年位置，深泓摆动幅度不大。2002 年以后该段太平口过渡段左槽深泓摆动频繁，呈逐年右摆动趋势，至 2013 年 11 月左槽深泓累计右摆约 170m，但该段分流点位置基本稳定在荆 28 下游 1.5～2km 范围内；右槽深泓多年来较为稳定。

　　（2）沙市河段。沙市河段自陈家湾（荆 29）至观音寺（荆 52）长约 31.7km，属弯曲分汊型河段。由太平口过渡段、三八滩汊道段及金城洲汊道段组成（图 4.2.4）。

　　20 世纪 90 年代以前，太平口过渡段江中无心滩，河槽较为单一，多年来主流贴涴市河弯凹岸下行至荆 28 后逐渐向左岸过渡，于荆 31 上下游附近过渡到左岸，随后沿左岸下行，于荆 33～荆 36 一带分流进入三八滩汊道段[36]，主流历年有所摆动，1975 年以来深泓逐渐左移，至 1991 年最大左移幅度约 390m，位于荆 30 与荆 31 之间。20 世纪 90 年代初太平口口门上下较长河段内中部形成一个高程 30.00m 的完整心滩，将枯水河槽分为左右两槽，且右深槽略低于左深槽。此后，主泓交替变化，1996 年主泓走右槽，1998 年、2000 年主泓则走左槽，2001 年以后主泓复走右槽，目前该段深泓仍稳定在右槽。20 世纪 90 年代以后，

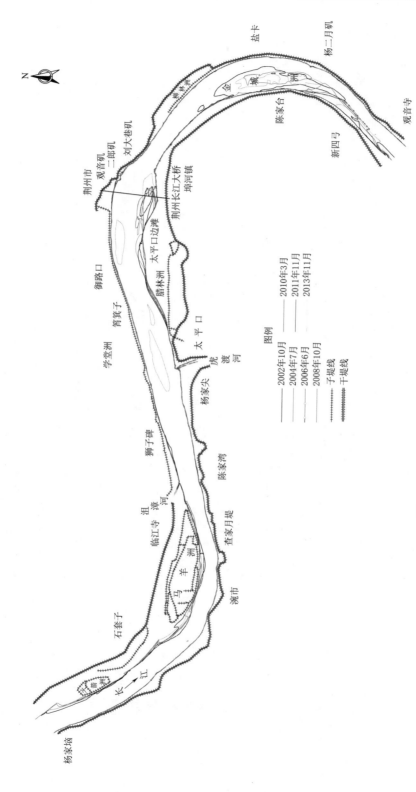

图 4.2.1 涴市、沙市河段 30m 岸线近期变化图

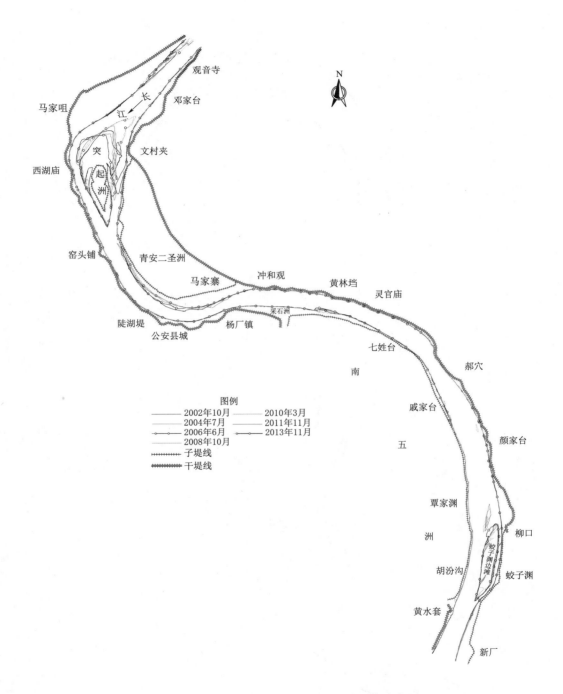

图 4.2.2　公安、郝穴河段 30m 岸线近期变化图

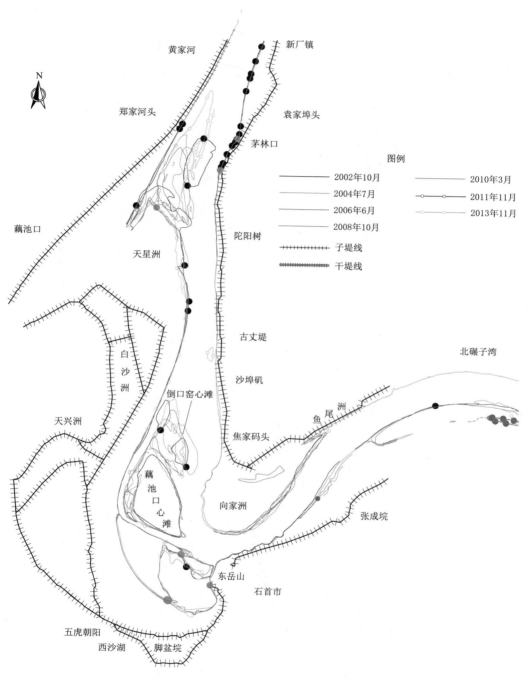

图 4.2.3 石首河段 30m 岸线近期变化图

图例

	2002年10月		2010年3月
	2004年7月		2011年11月
	2006年6月		2013年11月
	2008年10月		

子堤线
干堤线

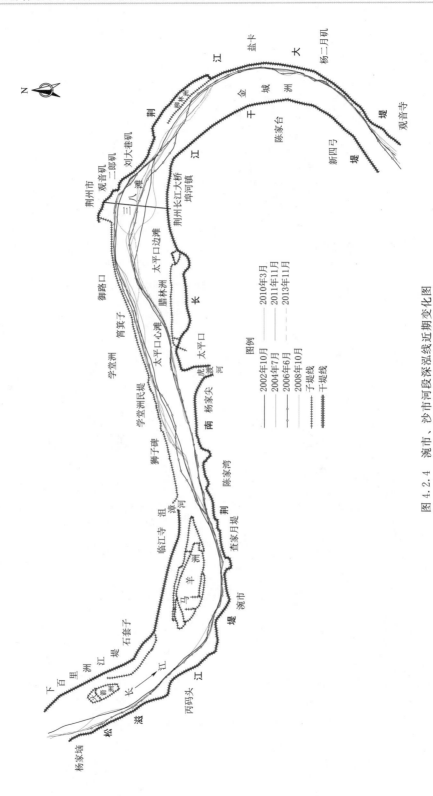

图 4.2.4　瓴市、沙市河段深泓线近期变化图

至三峡工程运用以前，该段深泓线的变化主要体现在筲箕子附近，1998 年大水后，太平口心滩左缘尾部冲刷较严重，为左岸筲箕子边滩的形成发育创造了条件，筲箕子边滩向河心发育展宽，迫使太平口心滩左侧深泓线有所右偏，相对于 1991 年 6 月，1998 年 9 月该处深泓右偏约 345m（荆 34），2002 年 10 月，深泓又有所恢复。

三峡工程运用以来，荆 29～沙 4 之间的过渡段上下段冲淤交替变化，太平口心滩左侧深泓左右摆动较大，2002 年 10 月至 2006 年 6 月深泓累计有所左摆，2006 年以后，至 2013 年 11 月，深泓又呈现左摆的趋势，2006 年 6 月至 2013 年 11 月，该段深泓累计最大左摆约 540m（荆 31）；沙 4～御路口之间的岸线在 2002 年 10 月至 2006 年 6 月期间累计稍有崩退，主流线也相应地有所左移，累计左移 150m（荆 36）；2006 年 6 月至 2010 年 3 月，深泓又有所右摆，累计最大右摆 400m（荆 36），至 2013 年 11 月，深泓再次左摆至 2006 年位置。受太平口心滩左槽累计冲刷影响，太平口心滩左槽深泓不断右摆，至 2013 年 11 月，太平口心滩左右槽深泓交汇于荆 37 附近，并在三八滩头部（荆 40 附近）深泓分南北两汊。右河槽深泓线平面位置相对较为稳定，太平口分流口附近略有摆动，但幅度不大；2002—2013 年荆 32～荆 38 之间右槽深泓逐年右移，最大累计右移约 210m；2002—2013 年荆 38 至三八滩头部之间右槽深泓逐年左摆，多年来累计最大摆幅约 400m。

三八滩汊道段具有限制性弯道和分汊河道的演变特征，主流摆动、洲滩消长、汊道兴衰较为频繁，枯水期左右航槽交替使用。多年来统计资料显示，其深泓的变化主要体现在分汊段及汇流段的变化上，具体为：

（1）分汊段。1998 年大水前观测资料表明，三八滩汊道段绝大多数年份主流遵循一般的弯道水流运动规律贴凹岸下行，即主流走三八滩左汊，但也有少数年份主流走右汊，如 1934—1936 年、1973—1975 年、1978 年、1995 年。进入 20 世纪 90 年代后，三八滩汊道段主槽易位趋于频繁，且枯季主槽走右汊的历时加长。1998 年大水后，受上游太平口长顺直段主流摆动、太平口边滩下半部展宽下延以及 1998 年、1999 年大水等因素的影响，三八滩分汊段变化剧烈，三八滩滩面冲刷降低，左右缘剧烈崩退，左右汊均发生淤积。至 2000 年 4 月，老的右汊淤死，新的右汊形成，比老右汊左移约 800m，老三八滩基本消失，新三八滩形成。三峡工程运用后，荆江河段普遍发生冲刷，太平口边滩滩身展宽，滩尾冲刷萎缩，致使三八滩右汊深泓出现较大幅度的摆动，2002 年 10 月至 2004 年 7 月该段深泓线上段（荆 37～荆 39 之间）发生左移，最大达 300m，下段（荆 39～沙 6 之间）则发生右移，最大达 500m。2005 年三八滩应急工程实施后，左汊进口深泓相对稳定，2011 年 11 月与 2006 年 6 月相比，摆动幅度约 70m；右汊进口深泓横向摆动幅度也较稳定，2011 年 11 月与 2006 年 6 月相比，摆动幅度约 120m。2011—2013 年，受太平口心滩左右槽深泓汇合影响，2013 年 11 月深泓在三八滩头部再次分汊，形成南北两汊深泓。

（2）汇流段。该段深泓的变化主要表现为汇流点的上提下移。1975 年 6 月至 2004 年 7 月多年统计资料显示，三八滩应急工程实施以前，该段深泓汇流点位置较为稳定，仅个别年份有所上提下移；三八滩应急工程实施以后，受三八滩汊道段右汊深泓线趋直及右汊尾部深槽淤积萎缩的影响，2006 年 6 月与 2004 年 7 月相比，该段深泓汇流点整体有所下移，汇流点累计下移 1550m，且呈右移的趋势，汇流段深泓右移 450m（荆 44）。2006 年 6 月以后，至 2013 年 11 月，随着三八滩尾部的不断冲刷萎缩，右汊出口深泓不断左移，汇流点相应的有所上提，且有所左移，2006 年 6 月至 2013 年 11 月，汇流点累计上提约 1950m。

金城洲汊道段，属微弯分汊河道，江中有金城洲分河道为左右两汊，金城洲多年来位置与形态多变，主要以凸岸边滩及江心滩的形式交替出现[2]。金城洲汊道段深泓多年来交替易位较为频繁，20 世纪 80 年代中期以前，深泓基本位于左汊，20 世纪 80 年代中期以来，主支汊易位的机会增大，特别是 20 世纪 90 年代中期，金城洲左移并不断淤高上延，使左汊衰退、右汊发展，1993—1997 年连续几届枯水航道均走右汊。1998 年大洪水后，金城洲右移与右岸野鸭洲连成一片，使右汊淤积衰退、左汊冲刷发展，航道又重新回到了左汊，1999 年洪水后，左汊又进一步发展，之后枯季航道一直走左汊。2002—2013 年间，该段深泓贴靠左岸，整体较为稳定，累计稍有左移。

（3）公安河段。公安河段属弯曲分汊型河段，上起观音寺（荆 52），下至马家寨（荆 64），全长 20.1km，江中分布有突起洲，分河道为左、右两汊，多年来右汊一直处于主汊地位。河段进口马家咀过渡段为顺直展宽段，历年来深泓左右、上下移动幅度较大，由此引起河段内马家咀边滩、突起洲头呈此冲彼淤的变化[36]。20 世纪 60 年代中期深泓靠左岸，进入公安河弯的顶冲点在西湖庙以下，马家咀边滩发育下延，而突起洲头部冲刷下移；至 20 世纪 80 年代初，主流右摆，切割马家咀边滩尾部，顶冲点上提，突起洲头部淤积上延，在原突起洲头部淤出一高于 35m 的心滩。1987 年 5 月，突起洲洲头心滩冲刷下移，致使主流向左摆动，右岸顶冲点又下移至西湖庙以下。1991 年主流顶冲右岸的位置又有所上提，提至西湖庙以上 900m 左右。随后，顶冲点基本处于稳定状态。1998 年 9 月主流在荆 54～荆 55 一带明显左移，最大摆幅达 740m，顶冲突起洲洲头，引起左岸文村夹一带（突起洲左汊）近岸河槽严重冲刷，冲刷幅度 2.5～19.5m，水下边坡坡度变陡。由于左汊的冲刷发展，突起洲头冲刷崩退，2000—2001 年过渡段深泓逐渐左移，1998 年 9 月至 2000 年 4 月主泓最大摆幅达 1100m，文村夹一带近岸河床冲深十几米，出现一深槽，致使文村夹于 2002 年 3 月发生崩岸险情。三峡工程运用后，突起洲汊道段主流相对较为稳定，仅局部岸段主流有所摆动，主要在马家咀过渡段的上段及突起洲汇流段窑头铺附近一带，突起洲右汊西湖庙段深泓自 2002 年以来，逐年右移，至 2013 年 11 月，深泓最大累计右移幅度约 380m；2008 年 10 月突起洲窑头铺汇流段深泓逐年摆向左岸，至 2013 年 11 月最大摆幅达 500m；2011 年 11 月深泓在荆 61 处过渡向右岸，2013 年 11 月过渡段上提至荆 60 处，上提约 1050m，见图 4.2.5。

（4）郝穴河段。郝穴河段上起马家寨（荆 64），下至新厂（荆 82），长 32.6km。历年来河道外形较稳定，河势变化小，主流自上游公安河弯斗湖堤附近贴河弯凹岸下行，经杨厂突咀挑流逐渐向左岸过渡，顶冲冲和观至祁家渊一带，致使该段成为荆江大堤著名险工段，随后贴凹岸下行，过郝穴矶头后，经铁牛矶头挑流，逐渐向右岸过渡，于草房关至胡汾沟一带贴岸后又过渡回左岸，顶冲左岸茅林口一带岸段。

郝穴河段上段（荆 64～荆 74）平面形态整体变化不大，仅主流自公安河弯向郝穴河弯过渡后贴岸的部位年际间稍有变化，三峡工程运用以来，该段进口公安河弯向郝穴河弯过渡的过渡段主流整体有所下移，2002—2013 年累计下移约 700m（图 4.2.6）。

郝穴河段下段（荆 74～荆 82）由于受郝穴矶头以下河道江面迅速展宽，水流扩散，

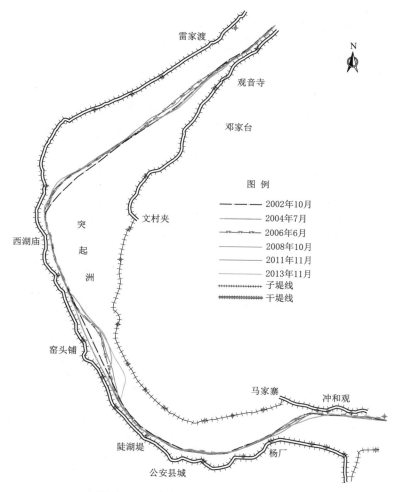

图 4.2.5　公安河段深泓线近期变化图

加之近岸边滩和江心潜洲的影响，此段深泓线摆动及上下过渡段（郝穴过渡段与蛟子渊过渡段）位置变动较为频繁。20 世纪 90 年代以后至今，郝穴过渡段主流变化减缓，有逐年右移的趋势。2004 年 7 月较 2002 年 10 月右移 620m，且主流顶冲右岸的位置多年来呈上提与下移的交替变化；2004 年 7 月以后，至 2013 年 11 月深泓又有所左移，最大左摆约680m，见图 4.2.6。

蛟子渊过渡段，在 20 世纪 90 年代以前，深泓线变化较为复杂。深泓线主要表现为两种形式[38]，一种是深泓自右岸下行至草房关—黄水套一带，再逐渐向左岸过渡，并在茅林口一带顶冲左岸，接着沿左岸下行出蛟子渊过渡段；另一种是深泓自右岸下行至草房关—胡汾沟一带，再逐渐向左岸过渡，因新厂边滩的淤长下延，使新厂至天星洲洲头边滩一带淤积，同时在天星洲洲头附近刷滩成深槽，而使深泓又摆至右侧，并在郑家河头附近或下游向左岸过渡，主要发生在 1975 年 6 月和 1981 年 9 月，其间深泓由右岸草房关—胡汾沟一带过渡到左岸后的顶冲点有所上移，上移约 500m。20 世纪 90 年代以后，尽管深

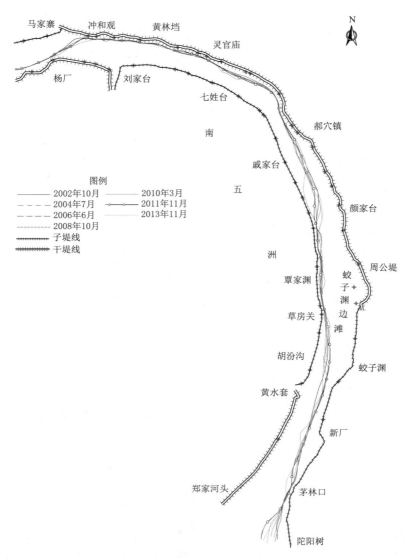

图 4.2.6　郝穴河段深泓线近期变化图

泓在过渡段仍有摆动，但摆动幅度明显减小，且过渡段相对稳定，基本由右岸草房关开始过渡，顶冲茅林口一带，然后贴左岸下行出该过渡段。三峡工程运用以来，受蛟子渊边滩右缘冲刷崩退影响，蛟子渊过渡段中荆 80～荆 82 之间的深泓累计有所左移，2013 年 11 月较 2002 年 10 月左移 300m，见图 4.2.6。

（5）石首河段。石首河段位于长江中游下荆江之首，上起新厂（荆 82），下迄北碾子湾（荆 104），全长约 27.2km，由顺直段、分汊段和急弯段组成，并在该河段进口附近右岸有藕池口分流入洞庭湖。石首河段多年来河床复杂多变，主要表现为洲滩冲淤消长交替变化及过渡段主流的频繁摆动。通过对石首河段近 40 年来的河道基本资料分析可以看出，近期河床变化比较剧烈，主要表现为石首急弯段主流的"撤弯切滩"及河势调整。从变化特点来看，该过程可分为四个阶段。

第一阶段，在 20 世纪 50—60 年代，主流贴左岸茅林口一线而下，过古长堤后向右岸送江码头一带过渡，随后沿凹岸下行至东岳山被挑向对岸鱼尾洲。

第二阶段，20 世纪 70 年代至 1994 年期间，主要表现为主流贴岸冲刷，岸线崩退，弯道顶冲点下移，石首弯道变为急弯。主流经茅林口进入该河段后，由于长期沿左岸古长堤至向家洲一线流动，致使向家洲一线滩岸受到严重冲刷而崩退，凹岸水流顶冲点大幅度下移，石首弯道发展为极度锐弯。向家洲由于两侧强烈崩坍而成为狭颈，由 1965 年的 3200m 宽，发展至 1990 年仅为 182m，年最大崩幅达 420m。至 1994 年 6 月狭颈崩穿过流，水流发生大的撇弯，导致切滩而形成新河，此后河势变化更加剧烈。

第三阶段，1994 年 6 月以来，向家洲狭颈冲开后成为新河，石首河段主流的摆动频繁、滩岸崩退幅度较大，河势处于剧烈调整之中。主流贴新河左岸而下，撇开右岸东岳山天然节点的控制，顶冲石首市城区北门口一带，北门口一带岸线大范围后退。

第四阶段，2001 年 4 月以来，基本完成了对石首河段主要险工段的治理守护，河岸线得到了初步控制，受上游主流线摆动和该河段的演变影响，顺直段主流向左岸摆动，贴岸冲刷茅林口至古长堤沿线近岸河床，引起该地段岸线出现崩塌现象；天星洲洲体淤积长大、藕池口口门河床淤积抬高、过流条件恶化；北门口弯道顶冲点大幅度下移，北门口弯道上深槽淤积消失，下深槽严重冲刷，并向下游发展，北门口已护工程段（中下段）出现多处崩岸险情，北门口已护工程段下游的未护岸段岸线大幅度崩塌；随着北门口段弯道顶冲点大幅度下移，鱼尾洲段的护岸工程段脱流、近岸河床淤积。

图 4.2.7 为石首河段 2002 年以来深泓平面变化图，由图可以看出，2002 年以来石首河段不同位置主流变化特点不同。新厂至茅林口段主流贴左岸下行，陀阳树至古长堤段主流呈两次过渡，首先在陀阳树深泓从左岸过渡到右岸天星洲滩体左侧，下行一定距离后又在古长堤附近过渡到左岸一侧，不同年份，过渡段的顶冲点出现上提下移。2004—2011 年过渡到天星洲左缘的顶冲点逐年上提，累计上提约 3km，2011—2013 年，顶冲点下移约 800m。古长堤—向家洲主流位于左侧下行，但因左汊较宽与冲淤变化较大，主流在左汊也存在一定的摆幅；2004—2008 年，过渡段顶冲点基本稳定在沙埠矶附近，2010 年开始，深泓从天星洲左缘直接顶冲向家洲右缘，相比 2004 年深泓顶冲点下移近 3.4km；2013 年 11 月，过渡段深泓略有上提，但仍顶冲向家洲左缘。深泓沿向家洲左岸下行至北门口，2002 年以来，北门口顶冲点部位变化不大，但下游贴流段逐年明显增长，冲刷范围逐年下延；鱼尾洲段随着北门口岸线的崩退，顶冲点大幅度下移，2004—2013 年北碾子湾的顶冲点因北门口贴流段的延长而下移。2009 年 1 月新厂至北碾子湾的主流线发生了较大的变化，尤其是新厂至向家洲段。陀阳树至古长堤段主流呈四次过渡[39]，首先由于新的陀阳树边滩形成，使得第一次从左岸向右岸过渡段上提，上提至 2006 年过渡位置；在天星洲滩体中部新增加了一次过渡，即从右岸又过渡到左岸；在古长堤上部又出现一次过渡，从左岸过渡到右岸，并顶冲天星洲洲尾，在天星洲洲尾又一次过渡，从天星洲洲尾过渡到焦家码头。2009 年最后一次过渡与 2008 年最后一次过渡相比明显下移。第一次过渡上提和最后一次过渡下移，与左岸的老的陀阳树边滩下移和新的陀阳树边滩形成密切相关。2010 年 3 月新厂至北碾子湾的主流线又有所变化，主流从新厂至茅林口贴左岸下行，

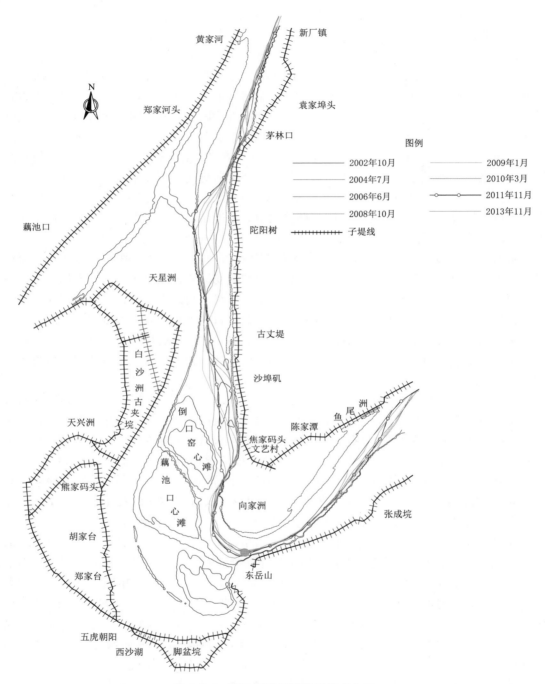

图 4.2.7　石首河段深泓线近期变化图

在茅林口至陀阳树之间过渡到右岸，然后主流一直在右岸沿天星洲左缘下行，下行至天星洲尾趋中，然后在倒口窑心滩头部过渡到左岸顶冲向家洲的文艺村处，然后贴左岸下行。2011 年 11 月和 2013 年 11 月新厂至北碾子湾段深泓整体形态与 2010 年一致，但深泓从天星洲左缘向左岸过渡段明显左移，左移最大幅度达 450m。

3. 洲滩变化

试验河段为微弯分汊型河道，河段内洲滩分布较为广泛，江心洲滩自上而下主要有火箭洲、马羊洲，太平口心滩、新三八滩、金城洲、突起洲、天星洲、倒口窑心滩、藕池口心滩，边滩主要分布有太平口边滩、马家咀边滩、蛟子渊边滩、陀阳树边滩。各洲滩演变相互联系、相互影响，其中太平口心滩、三八滩的演变与太平口边滩的变化有直接关系，金城洲的变化除与自身的演变规律有关外，还受上游三八滩变化的一定影响，突起洲、倒口窑心滩受上游河势调整影响较大。各洲滩的演变特点分述如下。

（1）火箭洲、马羊洲。火箭洲、马羊洲位于涴市河段内，居江中偏靠左岸，两洲分河道为左、右汊，多年来，左汊为支汊，中枯水期断流，高水期过流，右汊为主汊[40]。1987 年 5 月以前火箭洲多年变化趋势是淤高展宽，面积扩大，洲体向左扩延。1987 年 5 月至 1998 年，洲体变化不大，局部位置略有冲淤变化。1998 年 9 月至 2002 年 10 月火箭洲洲头上提 150m，洲尾上提 162m，右汊冲刷扩大，洲体面积略有减小。2002 年 10 月至 2013 年 11 月火箭洲体面积继续小幅减小，洲头有所冲淤变化，洲尾位置相对较为稳定少变。

由于 1966 年以前围堤成垸，马羊洲多年变化局限在围堤外的四周。1993 年 11 月以前，马羊洲洲体 35.00m 等高线不封闭，即洲体 35.00m 等高线与左岸相连。1998 年大水过后，马羊洲左汊遭受冲刷，至 1998 年 9 月，马羊洲 35.00m 等高线独立于左岸而存在，随后，基本维持这一形态不变。三峡工程蓄水以来，马羊洲 35.00m 高程以上洲滩面积、洲长、最大洲宽均变化不大（表 4.2.1），基本处于相对稳定阶段。从马羊洲洲体右缘 30.00m 高程线的变化来看，三峡工程运用以来，2002—2013 年马羊洲洲体右缘的上段呈现淤积展宽的趋势，下段则表现出一定的冲刷崩退。

表 4.2.1　　　　　　　马羊洲形态变化统计表（35.00m 高程）

时　间	洲长/m	最大洲宽/m	面积/km²
1980 年 6 月	8600	1730	7.76
1987 年 5 月	6830	1700	7.72
1991 年 6 月	6720	1740	7.79
1993 年 11 月	6535	1780	7.35
1998 年 9 月	6478	1780	7.81
2002 年 10 月	6403	1767	7.50
2004 年 7 月	6427	1788	7.55
2006 年 6 月	6471	1781	7.87
2011 年 11 月	6330	1780	7.29
2013 年 11 月	6408	1776	7.32

（2）太平口心滩。太平口心滩位于沙市河段上段江中，形成于 20 世纪 90 年代初期，是由于太平口边滩的中上段冲刷崩退，河道展宽，加之边滩中部滩宽对上游产生阻水作用，在太平口一带河心处泥沙落淤形成的。该心滩分河槽为左右两槽，且右河槽河床略低于左河槽，主泓在左、右槽之间交替变化，心滩也随之产生一定程度的冲淤调整。多年

来，太平口心滩冲淤变化幅度比较大，但基本遵循"小滩相并呈大滩，大滩冲刷切割呈小滩"的变化规律。另外，太平口心滩尾部的位置受太平口边滩中上段的控制影响较强，一般情况下，当太平口边滩中上段冲刷崩退时，太平口心滩尾部则随之淤积下延，反之，则冲刷上移，近几年来，由于边滩冲淤变化幅度较小，心滩尾部也相对较为稳定，基本稳定在荆 35～荆 36 之间[41]。

1975 年以来太平口心滩 30.00m 等高线统计资料显示，心滩变动范围在荆 31 上 1300m 至荆 35 下 500m 之间，受 1998 年大洪水冲刷影响，太平口心滩高程 30.00m 面积由 1996 年 1.54km² 减小至 1998 年的 0.85km²（表 4.2.2）；滩顶高程由 34.80m 降至 32.40m，冲刷 2.4m；滩头下缩 560m。至 2002 年 10 月太平口心滩演变为一大两小三个心滩，心滩的面积有所减小，且下心滩滩尾有所下移；2004 年 7 月则演变成上、中、下三个心滩，在 2002 年 10 月上心滩上游 1km 淤积成新的上心滩，在原下心滩处淤积成较大的下心滩，原下心滩有所冲刷上延；2005 年 11 月上心滩冲失，原 2004 年 7 月中心滩冲刷下移与原 2004 年 7 月下心滩合并成新的心滩，滩体有所展宽，面积有所增大；2006 年 6 月太平口心滩又被水流一分为二，洲宽变化不大，面积相对于 2005 年 11 月略有减小。至 2008 年 10 月太平口多个心滩又合并为一体，滩体有所增大，面积由 2006 年 6 月的 1.65km² 增大为 2008 年 10 月的 2.13km²，2010 年 3 月又增大至 2.17km²，至 2011 年 11 月太平口心滩维持一体状态，整体冲刷下移，面积也减小至 1.84km²；至 2013 年 11 月，太平口心滩尾部急剧冲刷萎缩，再次被水流冲刷分为一大一小两个心滩，面积减小为 1.33km²（图 4.2.8）。

表 4.2.2　　　　　　　　　太平口心滩形态变化统计表（30.00m 高程）

时间	洲长/m	最大洲宽/m	面积/km²
1996 年 10 月	4622	573	1.54
1998 年 9 月	3423	373	0.85
2000 年 5 月	3529	587	1.27
2001 年 10 月	3153	564	0.93
2002 年 7 月	487（上），2572（下），3059（合计）	275（上），481（下）	0.12（上），0.81（下），0.93（合计）
2003 年 10 月	1140（上），4670（下），5810（合计）	175（上），370（下）	0.13（上），0.96（下），1.09（合计）
2004 年 7 月	761（上），2463（中），2118（下），5342（合计）	109（上），258（中），342（下）	0.06（上），0.52（中），0.50（下），1.08（合计）
2005 年 11 月	5175	737	1.90
2006 年 2 月	663（上），1806（中），1598（下），4067（合计）	217（上），718（中），363（下）	0.13（上），0.95（中），0.37（下），1.45（合计）
2006 年 6 月	3652（上），1914（下），5566（合计）	776（上），335（下）	1.26（上），0.39（下），1.65（合计）
2008 年 10 月	6170	475	2.13
2010 年 3 月	5780	495	2.17
2011 年 11 月	5785	593	1.84
2013 年 11 月	3270（上），1117（下），4387（合计）	506（上），196（下）	1.19（上），0.14（下），1.33（合计）

注　表中"上""中""下"指心滩在某些年份被切割成上、中、下游几个小心滩，下同。

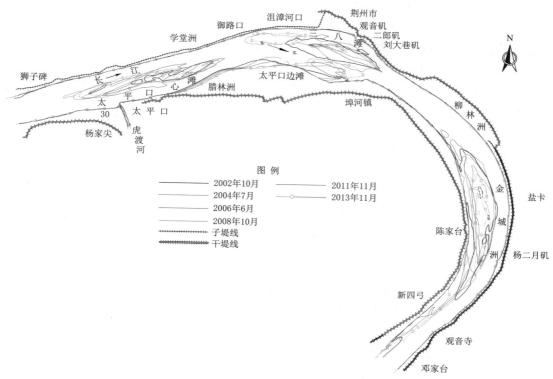

图 4.2.8　太平口心滩、三八滩 30.00m 高程线近期变化图

　　总体而言，三峡工程蓄水后太平口心滩 30.00m 高程呈现周期性淤长和冲退，滩顶高程则逐渐淤高，由 2002 年 10 月的 34.3m 淤高至 2013 年 11 月的 38.2m，累计淤高 3.9m；且右槽累计呈冲刷趋势，高程降低；左槽则冲淤交替，呈冲刷趋势。

　　（3）太平口边滩。自 20 世纪 50 年代以来，太平口边滩（30.00m 等高线）就一直存在并依附于沙市河段右岸的太平口—腊林洲一带，该边滩受太平口过渡段主流摆动及太平口心滩冲淤变化影响较大[42]。据统计资料显示，20 世纪 90 年代以前，太平口边滩滩首曾上延至陈家湾附近（荆 30），此后受上游来流冲刷影响逐年下移后退，20 世纪 90 年代以后，滩首基本稳定在太平口口门以下约 2380m（荆 33）。1998 年以后至 2006 年 6 月，滩尾摆动范围大为减小，基本稳定在荆 39 与荆 41 之间；2006 年 6 月至 2008 年 10 月，随着三八滩右汊 30.00m 高程淤积体冲刷消失，太平口边滩上段冲刷后退，滩尾则有所淤积下延；2010 年 3 月，三八滩右汊进口处再次出现 30m 淤积体，太平口边滩形态与 2008 年变化不大；2011 年 11 月，30m 淤积体发展扩大下移并与太平口边滩连成一体，使边滩 30m 岸线较 2010 年左移约 230m；2013 年 11 月，太平口边滩继续淤积并向下发展壮大，30m 岸线较 2011 年下延近 690m，最大左移幅度近 540m。太平口边滩历年变化情况具体如下。

　　20 世纪 70 年代初，太平口边滩被水流切割，在腊林洲（荆 38）附近分为上下两段：

上段以边滩形式存在，下段即三八滩，以江心洲的形式存在。1975 年 6 月至 1981 年 9 月，受左岸岸线冲刷崩退的影响，右岸太平口边滩中上段逐年淤高并向江心展宽，滩尾则淤积下延，累积下移约 1.2km；1981 年 9 月至 1987 年 5 月，受连续几年大水的冲刷，太平口边滩滩头冲刷后退且下移，滩尾则淤积下延，下移约 1.4km；1987 年 5 月至 1991 年 6 月太平口边滩滩头继续冲刷后退，在太平口附近最大冲退约 560m，滩尾淤积展宽，边滩下段与三八滩合并为一体，与此同时，由于上边滩冲刷后河槽展宽，而边滩的中下段淤宽，形成一卡口段，在太平口附近（荆 32 处）泥沙落淤形成现在的太平口心滩；1991 年 6 月至 1993 年 11 月，太平口边滩又被水流切割成上下两段。1993 年 11 月后，太平口边滩滩形比较稳定。

三峡工程蓄水后，边滩中上段冲淤变幅较小；中段略有冲刷后退，2004 年至 2013 年累计最大冲刷后退约 400m；滩尾冲淤变幅较大，2002 年至 2006 年累计最大冲刷后退约 250m，2006 年太平口心滩左侧冲刷切割，在太平口边滩左侧形成独立江心滩，并于 2008 年并入太平口边滩，之后逐渐淤积下延，至 2013 年 11 月，太平口边滩下缘最大累计淤积下延 750m。

（4）三八滩。三八滩因滩顶高程为 38.00m 左右（吴淞高程）而得名，是在 20 世纪 70 年代初期由水流切割太平口边滩的中下段而形成的一个独立的江心滩。此后除 1991 年由于上游右岸太平口边滩淤积下延而与其连为一体外，其他年份三八滩均为独立的江心滩，其变化主要表现为淤长扩大与冲刷缩小的周期性冲淤变化，且变化主要发生在滩头和左右缘的上段，洲尾相对较稳定[43]。统计资料表明，滩头位置以 1975 年为最上，1993 年为最下。三八滩与上游太平口边滩相互作用，此消彼长，从而对该汊道段深泓摆动产生一定的影响。

自 1996 年汛期起，三八滩（33.00m 以上部分，表 4.2.3）开始冲刷缩小，尤其是 1998 年、1999 年大洪水，加快了其冲刷缩小的进程，至 2000 年初已被水流切割，形成串沟，同时滩体冲刷过半，到 2001 年 8 月 20 日，老滩体被水流切割形成三块，8 月 23 日位于原三八滩头部的两块小的滩体被冲失；1998 年 9 月至 2002 年 10 月，老三八滩滩体 35.00m 高程线以上的面积由 27.4 万 m² 冲刷减至 0.51 万 m²，滩顶最大高程由 40.70m 冲刷降至 35.20m。老三八滩冲刷消亡的过程中，在老三八滩左半部荆 41～荆 42 之间的平面位置上，淤积发育形成一个低心滩，即新三八滩。到 2000 年 4 月，新三八滩滩顶高程 32.00～33.00m，枯水时已露出水面。

表 4.2.3　　　　　　　　　三八滩 33.00m 等高线历年变化统计表

时间	滩长/m	最大滩宽/m	面积/万 m²	滩顶最大高程/m
1998 年 9 月	1753	358	38.7	40.70
2000 年 4 月	2000	850	99.8	40.70
2002 年 7 月	1250	350	36.6	34.50
2002 年 10 月	2678	378	58.9	35.20
2003 年 10 月	564（上），1643（下）	280（上），570（下）	11.8（上），63.8（下）	34.2（上），36.8（下）

时间	滩长/m	最大滩宽/m	面积/万 m²	滩顶最大高程/m
2004 年 2 月	546（上），1596（下）	230（上），477（下）	10.4（上），58.5（下）	34.2（上），37（下）
2004 年 7 月	2090	507	59.8	36.00
2005 年 11 月	2273	320	45.7	34.80
2006 年 6 月	2226	290	41.3	33.80
2008 年 10 月	541	75	2.24	33.70
2010 年 3 月	565	80	3.07	33.80
2011 年 11 月	669	97	3.9	34.30
2013 年 11 月	593	118	4.4	34.10

三峡工程运用以来，三八滩先淤长后冲刷缩小，2002 年 7 月至 2004 年 7 月，新三八滩逐渐淤长增高，滩体 33.00m 高程线以上的滩面积由 36.6 万 m² 淤积增加到 59.8 万 m²，滩顶最大高程由 34.50m 淤积升高到 36.00m。2004 年 7 月至 2013 年 11 月，新三八滩冲刷萎缩较为严重，滩体面积由 2004 年 7 月的 59.8 万 m² 减小为 2013 年 11 月的 17.31 万 m²，减少近 71%，滩顶最大高程也有所刷低，由 36.00m 冲刷降低到 34.10m。2006 年 6 月在新三八滩右汊内又形成一个新的心滩，使荆州长江大桥附近水流流路成为三股，至 2008 年该心滩与太平口边滩合并，至 2013 年 11 月一直维持现有格局，见图 4.2.8。

（5）金城洲。20 世纪 70 年代中期，金城洲 30.00m 等高线与右岸野鸭洲连为一体，连接处位于荆 44～荆 50 之间，长约 7.91km，同时洲体右缘冲刷出一低于 30m 的深坑；随后，金城洲一直以这种形态出现，但深坑有所刷长，至 1981 年 9 月，该深坑下段与外界水流贯通，从而使右岸野鸭洲与金城洲的连接长度有所减短，位于荆 44～荆 47 之间，长约 3.2km。1987 年 5 月，金城洲右汊被水流冲开，与野鸭洲分离开来，以后至 1998 年 9 月，金城洲基本都以独立江心洲的形式存在，并且洲顶高程有逐渐淤高的趋势。1987 年 5 月至 1993 年 11 月，金城洲累积淤高 2.0m。1998 年大水过后，金城洲左汊冲刷较为严重，30.00m 等高线洲体洲头冲刷崩退，洲顶高程也有所降低，与此同时，金城洲洲体上段淤积，与右岸野鸭洲又连为一体，连接段位于荆 46～荆 47 之间，长约 320m。至 2002 年 10 月金城洲上端淤积上延，下端冲刷萎缩，洲体与野鸭洲边滩之间的倒套逐渐淤积下延，致使两个洲体之间的连接段有所延长，长约 1.8km。三峡工程运用以来，2004 年 7 月右岸边滩被水流切割，形成新的金城洲，随后，洲体右缘逐渐冲刷崩退，右汊冲刷发展，2004 年 7 月至 2006 年 6 月，洲体右缘累积冲刷后退约 180m，洲头有所淤积上延，洲尾冲刷萎缩，2006 年 6 月至 2008 年 10 月金城洲洲体上段大幅度冲刷崩退，累积最大崩退约 1390m，洲右缘冲淤交替变化，洲尾相对较为稳定，至 2013 年 11 月金城洲中下段串沟发展，将金城洲切割为上下两段，上段左缘较 2008 年最大冲刷后退约 477m，2013 年 11 月金城洲下段尾部较 2011 年 11 月下移 631m。为了抑制金城洲右缘串沟进一步发展为右汊道，2006 年汛后，航道部门对金城洲及右缘串沟实施了固滩整治工程，该工程于 2007 年已经实施完成，取得了一定的工程效果，但是受多种因素的影响，该控导工程的守护范围十分有限，不能从根本上限制其右汊的发展。

（6）马家咀边滩。马家咀边滩（黄海 30.00m 等高线）位于公安河段进口段的右侧，与对岸白渭洲边滩隔江而对。其断面形态呈狭长的带状，滩型多年来基本处于稳定的状态。马家咀边滩的变化受上游水流条件及对岸白渭洲边滩的变化的影响较大，上游水流冲刷切割马家咀边滩，或对岸白渭洲边滩淤积展宽、上延时，马家咀边滩则冲刷萎缩，30.00m 等高线逐年崩退，如 1981 年。反之，马家咀边滩则淤积下延。20 世纪 80年代中后期，马家咀边滩 30.00m 等高线的变化主要表现为边滩上段的冲淤交替变化，边滩下段多年来冲淤变化不大，仅 1998 年，受大水影响，边滩下段有一定的崩退，1993 年 11 月至 1998 年 9 月，30.00m 等高线累积崩退约 210m。相应的边滩上段呈淤积展宽的趋势，1993 年 11 月至 1998 年 9 月，30.00m 等高线累积展宽约 620m。2002年以后，至 2013 年 11 月，马家咀边滩 30.00m 等高线相对较稳定，仅局部位置稍有冲淤变化。

（7）突起洲。突起洲位于公安河段的江中，偏靠左岸，突起洲洲头的冲淤变化与公安河段进口段（荆 52～荆 56）主流的摆动及左右岸边滩的消长密切相关[44]。当主流坐弯时，马家咀边滩冲刷缩小，突起洲淤长扩大，如 1981 年。当主流撇弯取直时，马家咀边滩淤长，突起洲洲头及右缘受冲缩小，如 1987 年。

　　根据 20 世纪 50 年代以来的实测地形资料分析，突起洲历年来冲淤交替变化。1998年大水以前，突起洲 30.00m 等高线基本与上游左岸白渭洲边滩连为一体，1998 年大水过后，突起洲左汊遭受冲刷，洲体 30.00m 等高线独立于白渭洲边滩存在，随后，突起洲30.00m 等高线的洲型基本稳定下来，仅局部位置有所冲淤变化。具体变化情况如下。

　　1975 年 6 月至 1981 年 9 月，突起洲 30.00m 等高线淤长的较为严重，至 1981 年 9月，累积展宽 1170m，位于荆 55 附近，同时在白渭洲边滩滩体冲刷出一低于 30m 的槽。随后，至 20 世纪 90 年代初，30.00m 等高线除在突起洲左汊的进口有所冲刷下移外，基本处于稳定少变状态。1998 年大水后，突起洲 30.00m 等高线洲体遭受冲刷切割，与白渭洲边滩分离，洲型变化不大，但随上游主流的摆动，洲体中上段均有一定程度的冲淤变化，洲尾部多年来变化不大。1998 年 9 月至 2002 年 10 月，突起洲洲体左右缘的中部均冲刷出一自上而下的倒套，洲体缩窄，面积减小，与 1998 年 9 月相比，洲体面积减小19.5%，缩窄 20.5%。2002 年 10 月至 2004 年 7 月突起洲洲头浅滩（30.00m 高程）冲刷崩退，突起洲上段左缘冲刷崩退，左汊分流条件大为改善，引起左汊河槽大幅度冲刷，而右汊主流靠近右岸，突起洲上段右缘淤长，右汊上段河槽冲刷。2004 年 7 月至 2008 年 10月，除洲体中部左缘有所冲刷以外，其余部位冲淤变化不大。2006 年以来，航道部门在突起洲进口段、洲头及左汊实施了相应的航道整治工程，有效控制了左汊的发展与突起洲头部的稳定，目前主流稳定在右汊，左汊进口段淤积大片边滩。至 2011 年 11 月，汊道进口左侧淤积，突起洲洲头有所淤积上提，2011 年 11 月至 2013 年 11 月，突起洲洲头继续上提，最大幅度达 1.35km，见图 4.2.9。

　　突起洲历年 35.00m 等高线统计结果表明，1980 年 6 月，洲体上游左岸白渭洲边滩淤积上延，同时在洲头上游及左汊分别淤积出一高于 35m 的淤积体，迫使上游主流大幅度右摆。20 世纪 80 年代初以后，分布于洲头上游及左汊的淤积体冲刷消失，随后，突起洲

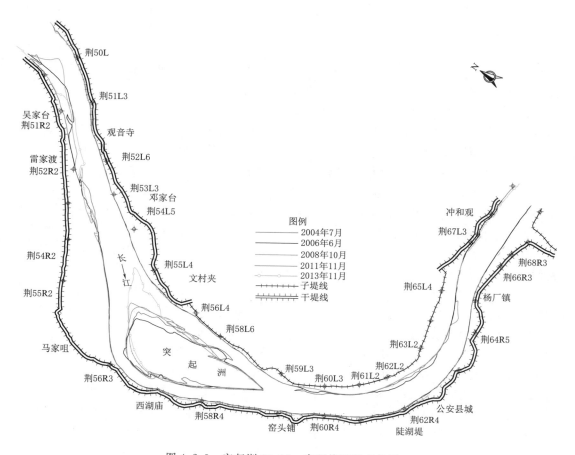

图 4.2.9　突起洲 30.00m 高程线近期变化图

35.00m 等高线的洲体主要以两种形式存在，一种是以洲头右缘的心滩部分＋洲体下段部分存在，另一种仅以洲体下段的形式存在。1993 年 11 月以前，突起洲 35.00m 等高线主要以第一种形式出现，其变化主要表现为洲体左缘的冲淤交替变化，1987 年 5 月至 1993年 11 月，洲体左缘上端累积淤宽 370m。1998 年大水过后，突起洲左汊冲刷，洲体左缘冲刷崩退，相应的右缘有所淤积，淤积出一高于 35m 的心滩。1998 年 9 月至 2002 年 10月左缘大幅度崩退，累计最大崩退 520m，2002 年至 2013 年，洲体下段基本处于稳定少变状态，仅洲头心滩部分随上游主流的摆动呈冲淤交替变化。

（8）蛟子渊边滩。蛟子渊边滩位于周公堤水道末梢左侧，在周公堤水道中始终存在，其平面形态历年变化较大。边滩上部一般呈心滩状伸向江中，尾部在蛟子渊附近与岸边相连。蛟子渊边滩年内演变规律是汛期淤积，汛后冲刷。20 世纪 90 年代以前蛟子渊边滩变化较大。1959 年蛟子渊边滩比较完整，1965 年受主流的顶冲切割，边滩下移，并被分割出周公堤心滩，1970 年周公堤心滩下移与蛟子渊边滩连为一体成为新的蛟子渊边滩。至1975 年蛟子渊边滩不断发展壮大，滩头不断淤积上延，同时边滩左侧汛期水流刷滩成槽，在蛟子渊边滩的下段开始出现串沟。1981 年边滩逐渐萎缩，串沟被水流冲开，形成新的心滩和边滩，随后蛟子渊边滩继续经历分割-合并-再分割的周期性演变过程。20 世纪 90 年代后，蛟子渊边滩平面位置及其形态相对比较稳定。

（9）天星洲。天星洲位于石首河段进口藕池口口门附近。多年来在不同的水文条件下，天星洲洲体呈现受水流切割而出现心滩、心滩与原天星洲合并交替发展的演变特点。目前天星洲与洲头心滩独立开来，且位置相对较为稳定[45]。

20 世纪 50 年代末期，天星洲洲体被水流分割成天星洲和洲头心滩，随后心滩逐年下移，至 1970 年天星洲心滩下移并入原有的天星洲而形成较大的天星洲洲体。1975 年洲头左缘大幅度地崩退，洲尾由于右汊水流刷滩成槽，逐渐形成串沟。1981 年，由于洲头不断上延与新厂边滩相连，左汊基本被淤死，致使主流经右侧绕过洲头过渡到陀阳树附近。20 世纪 80 年代以后，藕池口边滩逐年上延并入天星洲，从而右汊被淤死，左汊发展为主河槽。20 世纪 90 年代以后天星洲心滩不断下移，至 1998 年 9 月，心滩并入天星洲形成一较大的淤积体，30.00m 高程线封闭藕池口口门，2002 年因天星洲头部边滩遭受水流切割，洲头 30.00m 高程边滩后退，其上游形成新的 30m 心滩，2002—2013 年心滩不断淤长扩大，并向藕池口口门推进，藕池口进流条件进一步恶化。

（10）陀阳树边滩。陀阳树边滩位于石首河段进口左岸陀阳树至古长堤一带，多年统计资料显示（图 4.2.10），陀阳树边滩从 2004 年以来逐步发育形成并下移，2004 年陀阳树边滩 25.00m 等高线还比较小，2006 年边滩逐渐发展起来，25.00m 等高线面积增加到 51 万 m²，2008 年边滩进一步发育，25.00m 等高线面积已增至 130 万 m²。陀阳树边滩在发育的同时边滩尾部也逐年下移，2009 年 1 月陀阳树边滩下移至沙埠矶，25.00m 等高线滩体面积增加至 150 万 m²，滩顶高程增加至 27.00m；2009 年 1 月在陀阳树附近又生成新的陀阳树边滩。2009 年 12 月陀阳树边滩被冲刷下移，滩体整体下移约 1300m，滩面高程降低，滩面面积减小，25.00m 等高线面积为 86 万 m²，边滩左侧串沟发展。至 2013 年 11 月，陀阳树边滩面积继续减小，25.00m 等高线面积为 26 万 m²。陀阳树边滩的总体演变规律为发育形成下移长大，再生成再下移再长大这种周期性变化过程，陀阳树边滩周期性变化对于顺直段的主流摆动有着非常重要的影响。

（11）倒口窑心滩。倒口窑心滩（25.00m 等高线）是由于石首弯道新生滩头部冲刷后退，导致左汊进口江面扩大，进口口门处泥沙淤积形成的[46]。1998 年 25.00m 等高线藕池口心滩（新生滩）与上游倒口窑心滩连为一体，2002 年倒口窑心滩与藕池口心滩连为一体，2004 年由于水流作用，在藕池口心滩头部浅滩形成倒套，2006 年倒套被冲穿，倒口窑心滩又重新生成。2008 年倒口窑心滩进一步淤长。2009 年 1 月倒口窑心滩左缘头部冲刷，右缘淤积，有与藕池口心滩并拢的趋势。2009 年 12 月倒口窑心滩头部冲刷下移；左缘中部冲刷右移，右移幅度达 300m。至 2011 年 11 月左缘下段继续冲刷右移，右移幅度达 240m，倒口窑心滩向藕池口心滩并靠的趋势更加明显。至 2013 年 11 月，倒口窑心滩尾部 25.00m 等高线与藕池口心滩 25.00m 等高线连贯一体，受此影响，倒口窑心滩左缘下段略有淤积左移，较 2011 年最大左移幅度约 160m，见图 4.2.10。

在倒口窑心滩形成和发展过程中藕池口心滩左缘的滩头和中部逐年崩退。崩退幅度逐年减小，至 2013 年藕池口心滩左缘变化不大。

（12）藕池口心滩（新生滩）。藕池口心滩（新生滩）是随着石首河弯左岸崩岸，河道

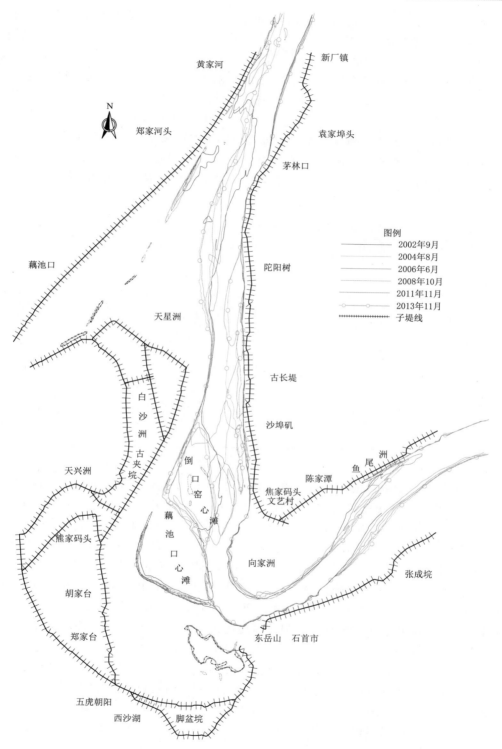

图 4.2.10　藕池口心滩、倒口窑心滩和陀阳树边滩 25.00m 高程线近期变化图

扩宽而形成的江心滩，此滩随着主流的摆动而发生消长变化，时为边滩，时为心滩[45]。自 1994 年 6 月"撇弯切滩"后，水流在石首弯道分为两汊，藕池口心滩为江心滩，长约 5km，最高点高程已达 33.00m，主流走藕池口心滩右汊。1995 年、1996 年右汊一度成为主航道，而左汊萎缩，右岸送江码头一线发生崩塌。1997 年 9 月，主流又摆回左汊，右汊萎缩，藕池口心滩随之偏靠右岸。由于古长堤—焦家铺段深泓逐年左移，相应藕池口心滩淤积，2002 年分成上、中、下三个心滩，2004 年上心滩下移与下心滩合并，致使藕池口心滩右汊进口口门淤积，随着心滩以上过渡段主流的不断下移，2006 年藕池口心滩头部冲刷后退，左汊江面扩大，淤积形成新的倒口窑心滩，从而形成目前石首河弯在枯水期呈现三汊分流的局面，2006—2013 年该藕池口心滩平面位置和形态变化不大，洲头有所冲刷后退，见表 4.2.4。

表 4.2.4　　　　　　藕池口心滩滩体特征值近年变化表（30.00m 高程以下）

时间	最大滩长 /km	最大滩宽 /km	面积 /km²	滩顶高程 /m
1998 年 10 月	3.2	1.67	3.8	34.3
2002 年 10 月	1.1（上）/1.1（中）/ 3.0（下）	0.37（上）/0.55（中）/ 1.3（下）	0.27（上）/0.36（中）/ 3.0（下）	34.9
2004 年 7 月	4.0	1.84	4.6	34.4
2006 年 6 月	3.74	1.72	3.6	34.8
2008 年 10 月	3.27	1.51	3.3	—
2011 年 11 月	3.07	1.86	3.6	35.1
2013 年 11 月	3.31	1.85	3.5	34.9

4. 深槽变化

（1）涴市河段 20m 深槽。涴市河段深槽位于河弯的凹岸，是水流长期冲刷的结果。20.00m 等高线深槽的变化情况：涴市河段 20m 深槽自 1998 年以来呈现冲淤交替变化，且变化主要发生在上段的 20m 深槽（丙码头附近），该段 20m 深槽自 1998 年 9 月以来，至 2013 年 11 月累积呈冲刷发展的趋势，深槽右缘有所冲刷靠岸；下段（即荆 28 附近）深槽变化相对较小，历年来有所刷长，且右缘局部位置稍有冲刷贴岸。

（2）陈家湾 20m 深槽。陈家湾 20m 深槽在三峡工程运用以前，其规模还比较小。1998 年 9 月深槽主要集中在荆 29～荆 30 之间，长约 2km，另外在荆 29 以上及荆 30 以外的局部位置还零星分布有 20m 深槽，但范围均比较小；2002 年 10 月，经过连续几年大水作用后，陈家湾附近河段中部遭受冲刷，两槽则略有淤积，以至于 20m 深槽也有所淤积萎缩；三峡工程运用后，低水河槽遭受冲刷，相邻的深槽逐渐贯通，在陈家湾荆 29～荆 31 之间形成长约 3.9km 的 20m 深槽，随后，该深槽呈现冲深刷长的趋势，至 2013 年 11 月，该深槽槽首与上游涴市深槽连接贯通，槽尾已下延至太平口口门附近，2004 年 7 月至 2013 年 11 月，槽尾累积下延约 1.6km，与此同时，深槽左侧也稍有展宽，最大展宽约 100m。

（3）腊林洲 20m 深槽。腊林洲 20m 深槽位于沙市河段太平口过渡段右槽的出口处，即目前太平口边滩滩首附近，1998 年 9 月该深槽较小，并且深槽离右岸有一定的距离；1998 年过后，随着右河槽不断的冲刷发展，再加上太平口心滩滩尾不断淤积下延，致使右河槽出口逐渐变窄，高度集中的水流加剧了腊林洲深槽处的冲刷，20m 深槽随之刷深刷长，且横向有所右移，1998 年 9 月至 2002 年 10 月，20m 深槽累计最大右移约 140m；2002 年 10 月过后，该深槽进一步刷深刷长，2004 年 7 月至 2010 年 3 月，该深槽由 2.0km 刷长为 6.9km，刷长近 4.9km，槽尾下延至三八滩滩头附近，最深点累计刷深 4.2m；至 2013 年 11 月，20m 深槽在太平口心滩尾部断开，与三八滩右汊深槽形成两个独立的 20m 深槽。另外，该深槽横向上也有所展宽，并且呈现逐步冲刷靠岸的趋势，2004 年 7 月至 2013 年 11 月 20m 深槽右侧累计最大右移约 180m。

（4）埠河 20m 深槽。埠河深槽位于三八滩汊道段出口的右侧，呈带状分布。埠河深槽的变化与三八滩汊道段主流的摆动密切相关，也就是受三八滩及太平口边滩的冲淤变化影响较大。1975 年 6 月，埠河深槽位于三八滩右汊内，方向东偏北。1980 年 6 月，随着太平口边滩的淤积下延，三八滩右汊的主流逐渐趋直，致使埠河深槽在东西方向有所刷深，深槽顺时针方向转动一定的角度，即深槽逐渐呈贴岸的趋势，另外，在其下游又冲刷出一低于 20m 的深槽；1987 年 5 月，太平口边滩继续淤积下延，致使埠河原深槽上段淤积萎缩，下段冲刷下移，原来位于下游的深槽由于水流泥沙的影响逐渐消失；1998 年大水后，左右汊深槽均遭受冲刷，三八滩出口 20m 深槽也被刷长刷深，但受上游太平口边滩淤积下延的影响，埠河深槽上段相对于 1993 年 11 月仍有所淤积萎缩；至 2002 年 10 月，埠河深槽槽首继续萎缩下延，槽身被刷深刷长，与下游杨二月矶附近的 20m 深槽连为一体，且整体有所左偏。三峡工程运用后，太平口边滩滩尾遭受冲刷，2004 年 7 月右汊主流顶冲右岸的部位有所上提，主流坐弯，从而使埠河深槽槽首呈冲刷发展的趋势，与 2002 年 10 相比，埠河 20m 深槽槽首累积上移约 2.2km。2006 年 6 月，主流切割太平口边滩，在三八滩与太平口边滩之间形成一高于 30m 的心滩，致使下游一定范围出现淤积，埠河 20m 深槽也相应地出现淤积萎缩的态势，由于受上游心滩的影响，右汊主流走边滩与三八滩之间，致使下游埠河深槽明显右移，呈现贴岸的状态。2006 年 6 月以后至 2013 年 11 月，随着上游三八滩滩尾的冲刷上提，右汊主流逐渐左移，汇流点随之上提，埠河深槽呈现萎缩的趋势。

（5）公安河段 20m 深槽。公安河弯 20m 深槽主要分布在公安河弯的凹岸一侧。20 世纪 90 年代初期以前，公安河弯 20m 深槽规模不是很大，分布较为分散，主要零星分布在西湖庙、窑头铺与公安县城附近的近岸河槽内；20 世纪 90 年代初期以后，窑头铺附近 20m 深槽冲刷下移与下游公安县城附近 20m 深槽合并为一大的深槽，该深槽多年来或冲刷发展与其上、下游 20m 深槽连为一体，或相互断开；西湖庙附近 20m 深槽除 2004 年 7 月与公安县城附近 20m 深槽相连外，其余年份基本独立存在，近两年呈现冲刷上延与上游左岸 20m 深槽合并的发展趋势。各深槽具体变化如下：

1）西湖庙附近 20m 深槽的变化受上游主流的摆动及左右两岸洲滩的冲淤变化影响较大，当上游水流坐弯时，深槽槽首有所上提，槽身偏靠右岸，如 1981 年；当上游水流趋直时，突起洲洲头右缘冲刷崩退，该处深槽萎缩下移，如 1987 年。三峡工程运用以来，该深槽槽首不断冲刷上延，至 2004 年 7 月，与 2002 年 10 月相比，槽首累计上延约

3670m，2004 年过后，槽首继续冲刷向上游发展，至 2006 年，该深槽与上游左岸观音寺附近冲刷下移的 20m 深槽贯通，至 2013 年 11 月西湖庙附近 20m 深槽基本维持这一槽型不变，但向左有所扩宽。

2）窑头铺附近 20m 深槽在 20 世纪 90 年代初期以前主要表现为槽首萎缩，槽尾冲刷下移，即整个深槽向下移动，1975 年 6 月至 1987 年 5 月，槽首累计下移 2220m，槽尾下移至荆 61 以下。公安县城附近 20m 深槽在 20 世纪 80 年代末期以前的变化规律与窑头铺附近 20m 深槽基本一致，槽首萎缩下移，槽尾冲刷向下游延伸，整个槽体呈现下移的趋势。20 世纪 90 年代初期以后，该深槽大幅度冲刷，以上两深槽合并成一大的 20m 深槽，槽首位于突起洲洲尾以下，槽尾位于杨厂附近，并且槽左缘向左扩宽，至 1993 年 11 月，最大槽宽已扩宽为 550m（荆 61 附近）。1993 年以后，至三峡工程运用以前，整个深槽冲淤变化幅度不大，仅 2002 年槽尾冲刷与下游郝穴河弯左岸冲和观附近 20m 深槽相连。三峡工程运用以来，该深槽的槽右缘冲淤变化幅度不大，左缘累计有所左移，其冲淤变化主要表现在槽首与槽尾，2002 年 10 月至 2004 年 7 月，槽首冲刷上移，与上游西湖庙附近 20m 深槽贯通，槽尾与下游左岸冲和观附近 20m 深槽断开；2004 年 7 月至 2006 年 6 月，槽首又下移至突起洲尾附近，冲和观附近冲刷河床降低，上下游 20m 深槽又重新贯通；2006 年 6 月至 2008 年 11 月，突起洲左汊中下段 20m 窜沟冲刷下移，与下游公安县城附近 20m 深槽相连，槽尾形态与 2006 年 6 月基本一致，仅受杨厂过渡段主流下移的影响，槽尾有所右摆，另外由于突起洲汇流段主流有所左摆，致使其下游荆 63 以上的 20m 深槽槽左缘大幅度冲刷崩宽，累计最大崩宽 250m（荆 61）；至 2013 年 11 月，冲和观附近 20m 深槽与上游西湖庙深槽断开，同时继续向左展宽。

（6）郝穴河段 20m 深槽。杨厂至郝穴段 20m 深槽变化主要表现为上伸与下延，横向发展相对较小。20 世纪 70 年代，由于受下荆江系统人工裁弯与自然裁弯的影响，20m 深槽明显发展，冲和观至郝穴矶头群一带的 20.00m 等高线全部贯通。1987 年 6 月至 1993 年 11 月间，深槽变化相对较小，主要是在七姓台对面附近形成一条高于 20m 的沙埂，将该段深槽分成上、下两部分。1998 年 9 月，位于七姓台对面的沙埂冲失，深槽又贯通冲和观至郝穴矶头群一带。至 2002 年 10 月，公安河弯下深槽与该段深槽完全贯通。随后受三峡工程运用的影响，该段深槽进一步冲刷下移，2004 年 7 月，20m 深槽槽尾下移至九华寺附近，2006 年 6 月进一步下移至颜家台附近，2008 年 10 月该段 20m 深槽有所萎缩上移，在其下游冲刷形成新的 20m 深槽，同时，在上游公安河弯与郝穴河弯过渡段内及郝穴矶头以上又淤积出现高于 20m 的沙埂，致使该段 20m 深槽分割开来。至 2013 年 11 月，郝穴 20m 深槽与公安河弯 20m 深槽连接贯通，槽尾再次下移至颜家台附近，同时深槽略有左移，但幅度不大。

郝穴至古长堤段在下荆江系统人工裁弯及自然裁弯前，20m 深槽并不明显，只是在局部零星的位置出现一些较小的冲刷坑；20 世纪 70 年代，由于下荆江裁弯引起上游的冲刷，该段在左岸颜家台附近、右岸覃家渊至胡汾沟及左岸茅林口至古长堤一带的近岸开始形成 20m 深槽；1987 年 6 月，位于左岸颜家台附近与右岸覃家渊至胡汾沟的深槽变化均表现为槽首因淤积下移，槽尾因冲刷向下游延伸，分别移至左岸周公堤附近与草房关至黄水套一带，茅林口至古长堤一带的深槽贴靠左岸，有所冲刷发展，上下贯通；20 世纪 90

年代，由于郝穴矶头以下过渡段主流明显上提，位于左岸周公堤附近的深槽淤失，右岸覃家渊至郑家河头一带的深槽则呈现冲刷发展的趋势，茅林口至古长堤一带的深槽冲刷且下端向右扩宽，即与对岸天星洲左缘附近的深槽相连；至2002年10月，张家榨至新厂一带的深槽贯通，张家榨以上还零星分布有两个20m深槽，2004年7月这三个深槽冲刷相连，且深槽头部上延至戚家台附近，槽尾冲刷下延，与下游茅林口至古长堤一带的深槽连成一片，随后该段深槽槽形基本维持这一形态，局部位置有所冲刷变化；2008年10月，天星洲左缘冲刷崩退，20m深槽也表现出一定的向右扩宽的趋势；2013年11月，新厂至天星洲20m深槽连接贯通，并一直下延至北碾子湾一带。

（7）北门口0m深槽。自1995年以来，北门口段河床冲刷加剧，并逐渐向下游延伸，1995—1998年0m深槽面积扩大并下延，1998—2002年0m深槽位置和面积变化不大。2004年0m深槽面积变化不大，－10m深槽消失，但深槽位置下延，最深点位置有所下移，2006年0m深槽面积有所减小，深槽淤积上延，但－10m深槽又出现，且最深点高程为－12.00m，2008年10月0m和－10m深槽面积均有所增加，最深点高程冲深至－13.20m，2011年11月0m和－10m深槽面积均有所减小，最深点高程为－12.70m，2013年11月0m和－10m深槽面积均有所增加，最深点高程冲深至－13.50m。详细统计结果见表4.2.5。

表4.2.5   石首河段北门口深槽统计表

时间	0.00m 等高线		－10.00m 等高线	最深点	
	范围	面积/万 m²	面积/万 m²	位置	高程/m
1995 年 12 月		2.23		6＋000	－5.50
1998 年 10 月	5＋850～7＋170	15.7	0.98	6＋250	－11.40
2002 年 10 月	6＋900～7＋600	15.7	2.02	6＋450	－15.30
2004 年 7 月	5＋820～7＋620	15.6		7＋140	－7.50
				7＋500	－8.80
2006 年 6 月	5＋840～6＋930	9.1	0.44	6＋260	－12.00
2008 年 1 月	5＋760～7＋150	14.0	0.16	6＋340	－10.20
2008 年 10 月	5＋700～8＋270	23.1	0.93	6＋300	－13.20
2011 年 11 月	5＋700～8＋130	15.6	0.45	6＋320	－12.70
2013 年 11 月	5＋330～8＋150	28.6	1.37	6＋010	－13.50

（8）北碾子湾10m深槽。1998年10月，由北门口附近过渡至左岸的主流主要顶冲左岸鱼尾洲至北碾子湾一带，故此时左岸10m深槽主要分布在鱼尾洲至北碾子湾一带，北碾子湾以下零星分布几个小的10m深槽，且受该段主流居中下行影响，小深槽的位置也偏靠江中；2002年10月，随着上游北门口至北碾子湾过渡段主流不断下移，顶冲左岸的部位也相应地有所下移，10m深槽主要分布在桩号4＋700以下，且基本贴靠左岸；三峡工程运用以来，受上游过渡段主流逐年下移制约，北碾子湾段10m深槽整体呈现下移的趋势，2002—2013年，槽首已由桩号4＋700附近下移至桩号1＋000附近，累计下移约2.2km。

5. 汊道分流分沙比变化

从近几年的实测资料来看（表 4.2.6），1998 年、1999 年两年大洪水后至三峡工程蓄水前，太平口心滩左槽处于主导地位，其分流比约为 55%～68%；分沙比高达 67%～95%，左槽是泥沙输移的主要通道。

三峡工程蓄水后，同流量下左槽分流比有所减少，右槽相应增加，相比而言，中洪水左槽分流比减少较少，枯水期分流比减少较多。目前中洪水期主流仍在左槽，流量在 20000m³/s 左右，左槽的分流比约为 56%；枯水期分流比自 2004 年起，主流由左槽转移至右槽，且右槽枯水期分流比呈逐年增加的趋势。2009 年 2 月，右槽分流比高达 62%，2015 年 3 月，右槽分流比也维持在 60.8%。分流比的这一变化规律与左、右槽的地形变化是相适应的，一方面，虽然左槽在蓄水后变化不大，甚至局部还有所冲深，但是由于筲箕子边滩的存在，出口深泓纵剖面基本保持稳定，而右槽则逐渐冲深展宽，得到明显发展，因此中枯水情况下，右槽分流比明显增大；另一方面，由于近期滩槽形态的变化对洪水流路的影响有限，因此在较大的流量级下，左槽仍有一定的优势。2001—2007 年的统计资料显示，太平口心滩左、右槽分沙比的变化规律与分流比类似，三峡工程运用以来，左槽的分沙比呈现减少的趋势，相应的右槽的分沙比则有所增大，至 2007 年 3 月，右槽分沙比增大为 53%。

表 4.2.6　太平口心滩左、右两槽年际分流分沙比变化

时间	流量/(m³/s)	分流比/%		分沙比/%	
		左槽	右槽	左槽	右槽
2001 年 2 月 18 日	4370	68	32	95	5
2002 年 1 月 20 日	4560	59	41	90	10
2003 年 3 月 2 日	3728	55	45	85	15
2003 年 5 月 28 日	10060	65	35	67	33
2003 年 8 月 25 日	19913	60	40	71	29
2003 年 10 月 10 日	14904	60	40	60	40
2003 年 12 月 12 日	5474	56	44	60	40
2004 年 1 月 26 日	4842	52	48	51	49
2004 年 11 月 18 日	10157	48	52	42	58
2005 年 11 月 25 日	8703	45	55	33	67
2006 年 9 月 18 日	10300	57	43	53	47
2007 年 3 月 16 日	4955	47	53	45	55
2007 年 9 月 10 日	19959	56	44		
2008 年 9 月 19 日	18974	53	47		
2009 年 2 月 19 日	6907	38	62		
2015 年 3 月 23 日	7400	39	61		

沙市河段三八滩分汊段 1991 年以前左汊发育，其分流分沙比明显大于右汊，自 1998 年大洪水以后，左汊萎缩，右汊发育，由原来的支汊发展成为主汊；另外左汊的分沙比明

显大于分流比，而右汊的分沙比却小于分流比，这样有利于左汊淤积，右汊冲刷。三峡工程蓄水后，三八滩汊道在沙市流量 5000~15000m³/s 时左汊分流比基本稳定在 32%~46%，即左汊为支汊，右汊则为主汊；沙市流量 17100m³/s 下三八滩左汊分流比为 44.4%（2011 年 7 月沙市流量 17100m³/s 下的实测值），见图 4.2.11。

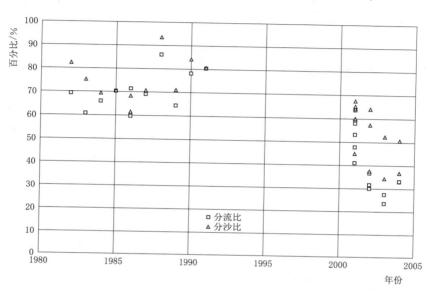

图 4.2.11　沙市三八滩汊道段左汊分流分沙变化图

6. 典型横断面变化

为分析试验河段典型横断面形态的变化特点，自上而下布置了 20 个横断面（CS1~CS20），其中 CS1~CS2 位于涴市河段内，CS3~CS7 位于沙市河段内，CS8~CS10 位于公安河段内，CS11~CS15 位于郝穴河段内，CS16~CS20 位于石首河段内，断面布置见图 4.2.12 和图 4.2.13。

CS1（涴 2）断面位于涴市河段火箭洲汊道的出口位置，主泓偏靠右岸，断面形态呈偏右的"V"形。多年来深槽部位较稳定，深槽最深点高程稳定在 20.00m 左右。三峡工程运用以来，该断面左河槽稍有所淤积，右河槽冲刷幅度不大，右河槽左侧低滩部分则有所冲刷下切。

CS2（荆 27）断面位于涴市河段马羊洲汊道段的右汊，主泓偏靠右岸，断面形态呈偏右的"V"形。多年来主河槽摆动幅度不大，较为稳定，深槽最低点的高程在 17.0m 左右，位置也基本不变。三峡工程运用以来，右河槽略有冲刷，但幅度不大，横断面变化主要以左侧低滩部分冲刷下切为主要表现形式。

CS3（荆 30）断面位于沙市河段上段太平口心滩滩头以上，断面形态为不对称的"W"形，形态比较稳定。左河槽最低高程在 25.00m 左右，位置向近岸有所摆动，右河槽高程相对较低，在 17.00m 左右，位置较稳定。三峡工程运用以来，左河槽近岸河床冲刷，深槽位置有所左偏，右河槽整体冲刷下切，深槽刷深扩宽。

CS4（荆 32）断面位于沙市河段上段太平口心滩滩体上，断面形态为"W"形，形态

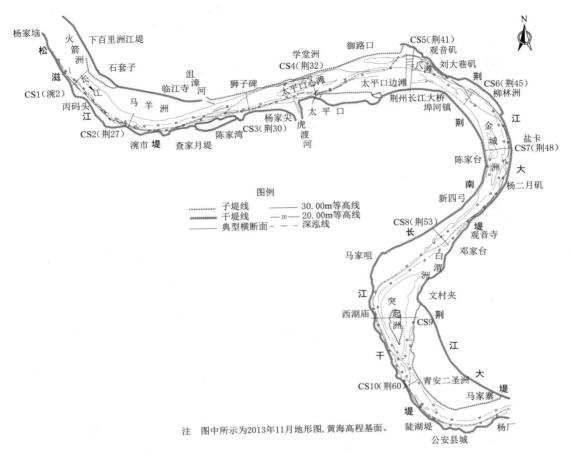

注　图中所示为2013年11月地形图,黄海高程基面。

图 4.2.12　涴市、沙市、公安河段近期河势图（单位：m）

比较稳定。左河槽高程高于右河槽。三峡工程运用以来，至 2006 年，左、右河槽均呈现逐年冲刷发展的趋势，太平口心滩滩体则大幅度淤积抬高，滩顶高程已达到 35.00m；2006 年 6 月至 2008 年 10 月两河槽又均有所淤积抬高，但相对于 2002 年河槽仍累计有所刷深，滩体冲刷，高程降低，滩顶高程在 31.00m 左右；2008 年 10 月至 2013 年 11 月，左槽河床整体冲刷下切，深槽显著刷低，右槽略有冲刷，但幅度不大，主要体现在深槽的冲刷下切。

CS5（荆 41）断面位于沙市河段下段三八滩滩体上，断面形态整体呈不对称的"W"形，三峡工程运用以来，断面冲淤变化幅度较大。2002 年、2004 年左河槽最低点高程基本均在 25.00m 左右，右河槽相对较低，在 23.00m 左右，2002 年 10 月至 2004 年 7 月右河槽还有所冲刷，并且向右岸扩宽，右岸岸线相应的冲刷崩退。三八滩应急工程实施以后，三八滩滩体位置基本稳定，但左右缘仍存在较大幅度的冲淤变化，2004 年 7 月至 2006 年 6 月，三八滩右缘大幅度崩退形成新的右河槽，原有的右河槽则淤积，河床抬高，三八滩左汊急剧冲刷，河槽高程低于右河槽；2006 年 6 月至 2008 年 10 月，左河槽淤积，

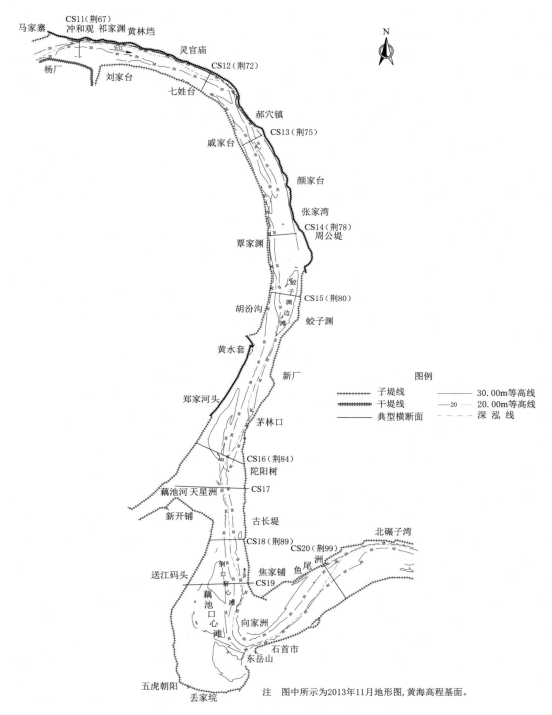

注 图中所示为2013年11月地形图,黄海高程基面。

图 4.2.13 郝穴、石首河段近期河势图(单位:m)

右河槽冲刷下切，三八滩滩体左右缘有所冲刷崩退，滩体有所变小。沙市河段航道整治一期工程实施以后，至 2013 年 11 月，三八滩滩体位置稳定，左右缘变化幅度不大，左汊河床淤积抬高，右汊河床则有所冲刷降低。

CS6（荆 45）断面位于沙市河段下段三八滩汊道与金城洲汊道之间的过渡段，断面呈不规则"U"形，主河槽位于左侧。三峡工程运用以来，主河槽冲刷幅度不大，甚至还稍有所淤积，河槽右侧滩体部分则呈现冲刷下切的趋势，主河槽逐渐向右移动，至 2006 年 6 月，主河槽已基本位于该断面的正中，最深点高程还有所淤积；2006 年 6 月至 2013 年 11 月主河槽继续刷深拓宽，最深点高程已基本与 2002 年 10 月相当。

CS7（荆 48）断面位于沙市河段下段金城洲洲体上，断面为不对称的"W"形。三峡工程运用以来，该断面形态比较稳定，主流一直位于左汊，左汊多年来冲淤变化幅度不大，右汊及金城洲洲体冲淤较为频繁。整体的变化趋势是右汊有所冲刷发展，金城洲洲体有所淤高、淤宽。

CS8（荆 53）断面位于公安河段进口马家咀过渡段附近，断面呈"U"形，多年来冲淤变化较大，主河槽多居中偏靠右岸。三峡工程运用以来，主河槽冲刷幅度不大，河槽右侧滩体部分则大幅度冲刷向右侧扩宽，主河槽也逐渐向右移动，2004 年 7 月至 2006 年 6 月，主河槽右侧滩体冲刷幅度最大，25.00m、30.00m 高程线最大崩退分别为 145m、215m；2006 年 6 月至 2013 年 11 月主河槽继续刷深拓宽，但幅度不大，左侧低滩冲刷稍大，河槽稍有所左摆。

CS9（CS548）断面位于公安河段突起洲洲体上，断面形态呈不规则"W"形，基本处于稳定状态，但局部位置冲淤变化较大。2002 年 10 月，左汊较为宽浅，最深点高程在 25.00m 左右，右汊为主河槽，最深点高程在 10.00m 左右，三峡工程运用以来，2002 年 10 月至 2004 年 7 月，左汊左侧近岸河床冲刷较大，右侧近岸河床则淤积抬高，右汊冲淤幅度不大；2004 年 7 月至 2013 年 11 月，左汊整体呈现淤积抬高的趋势，右汊冲刷幅度不大。

CS10（荆 60）断面位于公安河段突起洲汊道的下游出口位置，主泓位置偏于河道右岸，断面形态呈偏右的"V"形。三峡工程运用以来，主河槽稍有所淤积，河槽左侧低滩部分冲刷崩退，致使主河槽有所左摆。

CS11（荆 67）断面位于郝穴河段上段进口杨厂过渡段内，深泓多年来偏靠左岸，断面形态呈左的"V"形。三峡工程运用以来，主河槽整体呈现淤高的趋势，河槽右侧低滩部分则冲刷，河床降低。

CS12（荆 72）断面位于郝穴河段上段铁牛矶以上，主河槽多偏于左岸，断面形态呈不规则的"U"形。三峡工程运用以来，主河槽整体呈现淤高的趋势，河槽右侧低滩部分则冲刷，河床降低，主河槽稍有所右摆。

CS13（荆 75）断面位于郝穴河段下段进口铁牛矶过渡段附近，断面形态呈"U"形，形态比较稳定，主河槽居中。三峡工程运用以来，主河槽冲深展宽，河槽右侧低滩部分冲淤变化幅度不大，稍有所淤积抬高。

CS14（荆 78）位于郝穴河段下段覃家渊附近，断面形态呈微"W"形，主河槽位于右槽。2002 年 10 月，左河槽最深点高程在 23.00m 左右，右河槽最深点高程在 20.00m 左右，三峡工程运用后，至 2004 年 7 月，左河槽有所淤积，相应的右河槽则冲刷下切；

2004 年 7 月至 2006 年 6 月，左右河槽均呈现冲刷的趋势，最深点分别降至 22.5m、12m；2006 年 6 月至 2013 年 11 月，左右河槽又均有所淤高，河槽之间的浅埂则冲刷降低。总的来看，三峡工程运用以来，左河槽有所淤高，右河槽累计有所刷深，但与 2002 年 10 月相比，幅度不大。

CS15（荆 80）断面位于郝穴河段下段胡汾沟过渡段内，断面呈左右不对称的"W"形，右河槽为主槽。三峡工程运用以来，左河槽冲淤变化幅度不大，右河槽左侧冲淤变化较频繁，岸线有所冲刷崩退，右侧河床基本稳定，主河槽沿横向有一定的摆动，2013 年 11 月与 2002 年 10 月相比，摆动幅度不大。

CS16（荆 84）断面位于石首河段上游茅林口至下游天星洲之间的过渡段内，断面形态呈不规则的"W"形，主河槽位于左汊，最深点高程比较低，2002 年 10 月，高程为 13.00m 左右，右汊河床高程要明显高于左汊，2002 年 10 月，最深点高程在 29m 左右；三峡工程运用后，至 2004 年 7 月，左右汊均有所冲刷下切，天星洲洲头心滩滩顶也有较大幅度的刷低；2004 年 7 月至 2006 年 6 月，左汊有所淤高，但受天星洲洲尾左缘冲刷崩退影响向右侧稍有展宽，但幅度不大，天星洲洲头心滩有所淤高，右汊变化不明显；随着三峡工程的进一步蓄水运用，2006 年 6 月至 2013 年 11 月，左汊主河槽向右展宽的幅度更大，河槽最深点及高程右侧近岸河床均有所淤高，右汊藕池口口门附近稍有所冲刷。

CS17（CS772）断面位于石首河段天星洲左缘主流贴岸部位附近，断面形态呈不规则的"U"形，主河槽居江中偏靠右岸，最深点高程变化不大，在 13.00m 左右，但位置多年来摆动较为频繁。总的来讲，三峡工程运用以来，该河段主流有所右摆，右岸岸线相应的冲刷崩退，河槽左侧受陀阳树边滩消长影响冲淤变化幅度较大。

CS18（荆 89）断面位于石首河段右岸天星洲至下游左岸焦家铺之间的过渡段内，断面形态微"W"形。2002 年 10 月，左右河槽高程相差不大，均在 20.00m 左右，主河槽位于左槽；三峡工程运用以来，受上游变化的水沙条件及河段内陀阳树边滩的冲淤消长影响，左右河槽多年来冲淤交替变化，2004 年 7 月，右河槽冲深，左河槽淤高，2006 年 6 月，左河槽又冲刷发展为主河槽，2013 年 11 月，受过渡段主流不断下移影响，右河槽发生大幅度的冲刷，左河槽淤高较多。

CS19（CS795）断面位于石首河段倒口窑心滩附近，左右河槽并存，断面形态呈不规则的"W"形。三峡工程运用以来，该断面冲淤变化幅度很大，主要以倒口窑心滩及左河槽的冲淤变化为主要表现形式，2002 年 10 月至 2013 年 11 月，左河槽整体呈现冲刷下切且向左岸靠拢的趋势，倒口窑心滩滩体冲淤交替变化，累计稍有所淤高且向左淤宽。

CS20（荆 99）断面位于石首河段下段右岸北门口至下游左岸鱼尾洲之间的过渡段内，断面形态呈不规则的"U"形，左侧有一深槽。2002 年 10 月，左侧深槽最深点还比较低，高程在 12.00m 左右，三峡工程运用以来，随着该段主流的不断下移，左侧深槽整体有所淤积抬高，右侧河床冲刷降低，并且呈现向右扩宽的趋势，2002 年 10 月至 2013 年 11 月，20m 深槽累计向右扩宽约 600m。

7. 河势变化

近几十年来，由于受下荆江裁弯、葛洲坝水利枢纽建成运用、1998 年大洪水以及三峡工程运用等因素的影响，杨家垴至北碾子湾河段河床发生了不同程度的冲淤变化，随着河道内弯道凹岸及水流顶冲部位护岸工程的实施，河岸的抗冲能力得到增强，较大程度地抑制了近岸河床的横向发展，该河段总体河势没有发生大的改变，但局部河势调整仍较为剧烈，主要表现为过渡段主流的摆动、洲滩的消长及主支汊的兴衰交替变化等，以沙市河段三八滩汊道段河势调整尤为突出。

涴市河段为微弯分汊型河段，河道内火箭洲、马羊洲分河道为左、右两汊且右汊多年来一直为主汊，左汊中高水有过流。三峡工程运用以来，该河段右汊为主汊的河势格局基本没有发生变化，右汊整体有所冲刷下切，左汊累积有所淤积萎缩，火箭洲、马羊洲基本处于稳定少变状态，仅 30m 以下的低滩部分有一定幅度的冲淤变化。

沙市河段为弯曲分汊型河段，由太平口过渡段、三八滩汊道段及金城洲汊道段组成，多年来该河段河势调整较为剧烈，主要表现为过渡段主流的摆动及三八滩、金城洲汊道段主、支汊的交替易位变化。太平口过渡段在 20 世纪 90 年代以前为单一河槽，主河槽贴靠左岸，20 世纪 90 年代以后，随着江中太平口心滩的形成，逐渐形成"两槽一滩"的河势格局，右河槽略低于左河槽，此后主泓在左、右河槽之间来回摆动；三峡工程运用以来，该段仍维持"两槽一滩"的河势格局不变，左右两槽均有所冲刷发展，右槽冲刷较为严重，主泓目前稳定在右槽，随着右槽的不断冲刷发展，右槽太平口以下岸线逐年崩退，2002 年 10 月至 2008 年 10 月，30.00m 等高线累计最大崩退约 120m，年平均崩宽约20m。三八滩汊道段由于汊道不稳定，多年来主流摆动、洲滩消长、汊道兴衰较为频繁，枯水期左右航槽交替使用，1998 年大水前，三八滩汊道段绝大多数年份主流遵循一般的弯道水流运动规律贴凹岸下行，即主流走三八滩左汊，但也有少数年份主流走右汊；进入20 世纪 90 年代后，三八滩汊道段主槽易位趋于频繁，且枯季主槽走右汊的历时加长，并且自 1996 年汛期起，三八滩（33m 以上部分）开始冲刷缩小，尤其是 1998 年、1999 年大洪水，加快了其冲刷缩小的进程，在老三八滩冲刷消亡的过程中，在其左半部荆 41～荆 42 之间的平面位置上，淤积发育形成一个低心滩，即新三八滩，至 2000 年 4 月，老三八滩基本消失，新三八滩形成；三峡工程运用初期，三八滩左汊相对较为稳定，右汊有所冲刷发展，右汊深泓出现较大幅度的摆动，而三八滩滩体面积相对较大，三八滩滩头航道整治应急工程实施后，右汊深泓渐趋稳定，但三八滩滩体冲刷萎缩较为严重，主要表现在滩头及滩体左右缘，滩尾变化较小，随着三八滩洲头航道整治工程的进一步实施，三八滩滩头冲淤变化幅度较小，滩尾则大幅度冲刷上提，右汊深泓相应的有所左移，致使汇流点整体有所左移上提，右汊累计有所冲刷发展，枯季主航槽仍在左右汊之间交替变化。金城洲汊道段在 20 世纪 80 年代中期以前，深泓基本位于左汊，此后主支汊易位的机会增大，特别是 20 世纪 90 年代中期，金城洲左移并不断淤高上延，使左汊衰退、右汊发展，1993—1997 年连续几届枯水航道均走右汊，1998 年大洪水后，金城洲右移与右岸野鸭洲连成一片，使右汊淤积衰退、左汊冲刷发展，航道又重新回到了左汊，1999 年洪水后，左汊又进一步发展，之后枯季航道一直走左汊；三峡工程运用以来，金城洲汊道段左汊为主汊的河势格局基本没有发生变化，左汊进一步冲刷下切，右汊河床呈现冲淤交替的格局，以微冲为主，金城洲洲体面积基本变化不大。

公安河段为弯曲分汊型河段，江中突起洲分河道为左、右两汊，右汊多年来一直为主汊，河床演变主要表现为河段进口过渡段主流的上提下移及突起洲的冲淤交替变化。三峡工程运用以来，该河段基本维持突起洲右汊为主汊的河势格局不变，深泓线多年来整体较为稳定，仅局部岸段深泓线有所摆动，主要在马家咀过渡段的上段及突起洲汇流段窑头铺附近一带；三峡工程运用初期，突起洲左汊进口河床有所冲刷，左汊分流条件大为改善，引起左汊河槽大幅度冲刷，突起洲洲体及右缘则相应的淤积上延，右汊仍有所刷深，2006年以来，航道部门在突起洲进口段、洲头及左汊实施了相应的航道整治工程，有效控制了左汊的发展与突起洲头部的稳定，目前主泓稳定在右汊，左汊进口段淤积大片边滩。

郝穴河段为弯曲型河段，河弯凹岸基本实施了护岸工程，多年来该段河道外形基本稳定，河势变化较小，河床演变主要表现为过渡段主流的摆动及洲滩的冲淤消长变化。三峡工程运用以来，该段河势总体稳定，但受上游来流影响，弯道之间的过渡段主流多年来仍有所摆动，顶冲点相应的有所上提下移，进口公安河弯向郝穴河弯过渡的过渡段主流整体有所下移，2002—2013年顶冲点累积下移约500m，由郝穴过渡至右岸的郝穴过渡段仍有所摆动，但摆动幅度与三峡工程运用前相比有所减缓，蛟子渊过渡段荆80～荆82之间的主流累计有所左移。

石首河段多年来河床复杂多变，演变较为剧烈，河势不稳定，主要表现为洲滩冲淤消长交替变化及过渡段主流的频繁摆动。近年来，随着天星洲左缘持续崩退并向下游延伸，陀阳树—古长堤过渡段主流左右摆动频繁，过渡段的顶冲点出现上提下移。古长堤—向家洲段主流位于左侧下行，但因左汊较宽与冲淤变化较大，主流在左汊也存在一定的摆幅，2006年后随着藕池口心滩冲刷下移，由右岸天星洲过渡到左岸向家洲的主流顶冲点逐年下移。三峡工程运用以来，向家洲持续崩退，深泓左移，石首河弯有发生"撇弯切滩"的趋势，北门口顶冲点部位变化不大，但下游贴流段明显增长，冲刷范围逐渐下延；鱼尾洲段随着北门口岸线的崩退，顶冲点大幅度下移，2006年和2007年北碾子湾的顶冲点因北门口贴流段的延长而下移。

4.2.2　盐船套至螺山河段

1. 岸线变化

盐船套至螺山河段岸线变化见图4.2.14和图4.2.15。

（1）盐船套段。近年来河岸左岸有所崩退，崩退速度较小，仅尾部团结闸以下崩退速度稍大。20世纪90年代以来，由于洪水港处水流顶冲点的下移，导致向左岸团结闸的过渡段也相应下移，顶冲位置在桩号34＋350—33＋150处，致使岸线崩退，宽度达150m，年崩率达25m/a。特别是盐船套下段桩号24＋500—22＋280，自1987年6月至1999年12月，岸线崩退达220m之多，其中1987年至1993年11月崩退达190m，1993年以后岸线继续崩退，幅度有所减弱，至1999年6年间崩退40m，1998年洪水后部分护岸工程相继实施，2002—2013年岸线基本上没有变化。

（2）荆江门段。由于盐船套左岸岸线崩退，主流左移，荆江门河弯弯顶自1952年以来下移近3km。为稳定岸线，1967—1972年荆江门共建12个护岸矶头，河弯的自然崩退受到抑制，但随着上游盐船套顺直段尾端的崩退，过渡段下移，水流顶冲荆江门河弯的部位亦下移，1969年顶冲一矶附近，1974年下移至二矶，至1990年顶冲四矶附近，累计下移约1.5km，原顶冲段回淤，主流趋直，尾部十一矶日益突出江中，使荆江门河弯成为

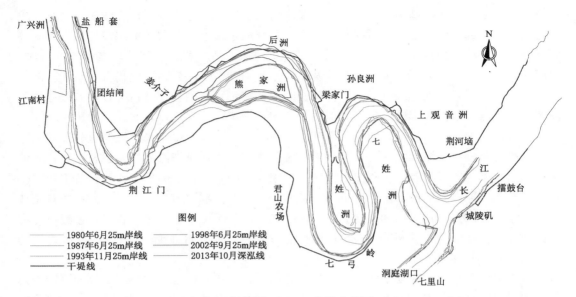

图 4.2.14　盐船套至城陵矶河段 25m 岸线变化图（1980—2002 年）

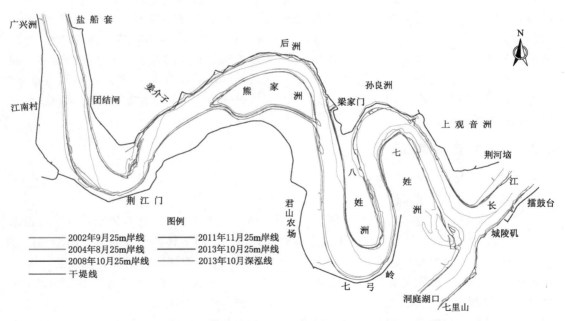

图 4.2.15　盐船套至城陵矶河段 25m 岸线平面变化图（2002—2013 年）

一过度弯曲的急弯，弯曲半径不到 1500m，流态紊乱，对泄洪、航运均不利。1998 年开始对荆江门十一矶进行削矶改造，于 2000 年 5 月完工。1998 年后荆江门一线由于受护岸工程控制，除削矶段外岸线均没有明显变化。1998 年后，荆江门弯道进口右岸形成一边滩，1998—2006 年，边滩范围向上下游不断发展，2008 年以来，边滩略有冲刷。

（3）熊家洲至城陵矶河段。影响熊家洲至城陵矶河段岸线变化的因素主要有河段的平面形态、河道岸坡地质条件、护岸工程实施情况、来水来沙及其上下游河段的河势变化等。1969年下荆江上车湾人工裁弯以前，位于上车湾下游约30km的熊家洲至城陵矶河段只有零星的护岸工程，河岸边界基本处于天然状态，岸线变化主要表现为凹岸剧烈崩塌，崩塌的强度分布随弯道顶冲点部位变化而变化；1933—1969年期间，熊家洲河弯和观音洲河弯为一对隔八姓洲相向演进河弯，八姓洲东西两侧洲体相向崩进，形成八姓洲狭颈。根据地形资料分析结果：1933年八姓洲狭颈处宽度约3420m（30.00m高程线，下同），1969年八姓洲狭颈处宽度约880m，狭颈处年均崩率约70m/a；七弓岭弯道的岸线变化表现为凹岸崩退、八姓洲凸岸边滩淤长，七弓岭弯顶不断崩塌下移，1952—1969年年均崩率45m/a；弯道河身不断向下游蠕动。

1969年上车湾人工裁弯以后，逐步实施下荆江河势控制工程，至1998年基本完成了熊家洲至城陵矶河段险工段岸线的守护，在1970—1998年间，熊家洲至城陵矶河段岸线变化受护岸工程和荆江门弯道河势调整的影响较为明显。上车湾人工裁弯后位于其下游的荆江门弯道河势出现相应调整，水流顶冲荆江门河弯的部位随岸线崩塌不断下移，为稳定荆江门弯道岸线，1967—1972年荆江门弯道凹岸沿线共建12个护岸矶头，河弯的自然崩退受到抑制。护岸矶头对所在地段的近岸水流结构影响较大，矶头的"上下腮"未护岸段出现明显的淘刷崩塌，矶头显得更加突出，挑流作用逐步显现，尾部十一矶日益突出江中，挑流作用日益增强。荆江门矶头群的挑流作用引起熊家洲弯道顶冲点的逐渐上提，熊家洲河弯上弯段（姜介子—梁家门段）岸线崩塌严重，到1980年弯顶已由1969年的八姓洲狭颈西侧上提到后洲—黄家门（桩号范围7+500～11+300），上提幅度约5000m，熊家洲弯道顶冲点的大幅度上提使得八姓洲狭颈西侧逐渐脱离主流，由常年顶冲剧烈崩塌过渡到汛期贴流冲刷，八姓洲狭颈西侧岸线崩塌的速度大幅度减小。从20世纪70年代开始至80年代末有计划地对熊家洲弯道上段和观音洲河弯险工段进行治理，护岸段的岸线基本稳定。1980年后主流出熊家洲弯道后走向与以往不同，主流过渡后贴右岸下行，其间不再向左岸过渡。这一变化，使七弓岭弯道主流贴岸距离加长，延缓了八姓洲的崩退，却增大了七弓岭崩岸的范围。七弓岭上段岸线崩退的同时，弯顶亦发生强烈崩坍，1980—1983年最大崩宽350m，1980—1987年弯顶下移约2000m。七弓岭弯顶的崩退下移，使其与洞庭湖出口洪道日趋逼近，滩面高程28.00m江湖相隔最窄处仅600m。水流出七弓岭弯道后逐渐向左岸过渡进入观音洲弯道，七弓岭弯顶的崩退下移，使得观音洲弯顶由八姓洲狭颈东侧相应下移约2000m，受主流强烈顶冲段在观音洲弯道的顶点及下半段，1987—1999年，崩退50m，八姓洲狭颈东侧由冲刷崩塌转变为淤积。

1999年春开始对荆江门十一矶进行削矶改造，于2000年5月完工。荆江门十一矶的削矶改造使其下游熊家洲弯道的弯道顶冲点出现了近1000m幅度的下移；2003年6月三峡工程运用后，熊家洲弯道段的冲刷调整使得熊家洲弯道顶冲点进一步下移，并逐渐下移至该段护岸工程的下游末端（桩号6+700）附近，与此同时，熊家洲—七弓岭两反向弯道间的长直过渡段主流线也逐步向左岸方向摆动；2008年12月长江上游出现了历史罕见的冬汛，当时洞庭湖水位较低、对荆江河道的出流顶托作用较小，在2008年12月洪峰流量的作用下，七弓岭弯道段的八姓洲凸岸边滩出现了撇弯现象，熊家洲弯道的顶冲点下移和七弓岭弯道段"撇弯切滩"使得位于两弯间的主流向左岸八姓洲方向摆动，并沿八姓洲西侧近岸河床下行，由此引起了八姓洲西侧岸线在 2008 年 12 月以后出现全线崩塌现象。弯道顶冲点下移也使得七弓岭弯道下段和观音洲弯道下段的未护岸段出现了较严重的崩岸现象，三峡工程运用后的 2004 年 7 月至 2008 年 11 月间，七弓岭弯道未护岸段（桩号范围 14＋000～16＋500）平均崩宽 105m，观音洲弯道未护岸段（桩号范围 564＋440～563＋080）平均崩宽 20m。

2002 年以来八姓洲西侧 25m 岸线以冲刷为主，累积最大冲刷后退约 70m，东侧 25m 岸线以淤积为主，累积最大淤长外延约 320m；七姓洲西侧 25m 岸线累积最大冲刷约为 220m；2002 年以来观音洲弯顶附近累计最大冲刷后退约 160m。八姓洲狭颈最窄部位统计结果表明，25m 岸线 2002—2008 年累积缩窄约 100m，2008—2013 年狭颈缩窄有所趋缓，但仍有缩窄发展的趋势。

（4）洞庭湖出口洪道。洞庭湖出口洪道左岸为广阔的芦苇滩地，右岸岳阳市至城陵矶建有防洪大堤，沿程有北门口山咀与城陵矶节点控制河势，洪道上端岸线变化不大，近几十年来由于荆江三口分流量减小，荆江出流量增大，水流趋至而切割左岸荆河垴边滩，使荆河垴上边滩冲刷崩退、下边滩淤积展宽。1976—2002 年间，荆河垴凸岸上部 25.00m 等高线持续崩退约 1.2km，荆河垴凸岸下部总体呈向河中淤长的趋势，30 年来 25.00m 等高线累计右移约 350m。2002—2011 年，荆河垴凸岸上部 25m 岸线略有淤积，基本稳定，而凸岸下部除 2004 年明显崩退外，其他年份变化较小。2011—2013 年，凸岸上部和下部 25m 岸线明显崩退，但幅度较小，平均崩退不超过 70m。荆河垴凸岸对侧的泥滩咀岸线年际间冲淤交替变化且幅度较大，2002—2013 年以来，2002 年及 2011 年岸线明显左移束窄河道，其他年份岸线又冲刷崩退，25m 岸线最大变化超过 600m。

2. 深泓线变化

分析河段深泓线变化见图 4.2.16 和图 4.2.17。

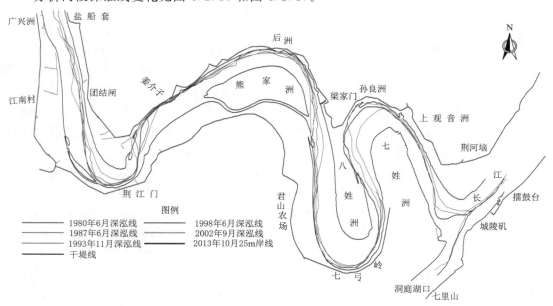

图 4.2.16　盐船套至城陵矶河段深泓线平面变化图（1980—2002 年）

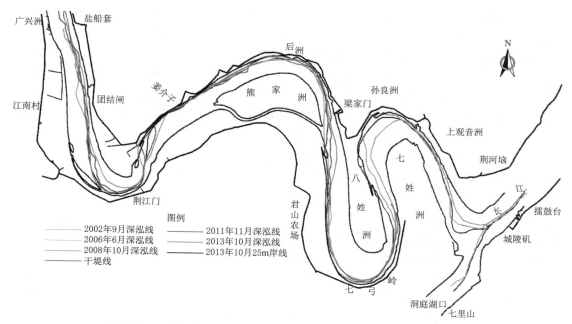

图 4.2.17　盐船套至城陵矶河段深泓线平面变化图（2002—2013 年）

（1）盐船套至荆江门段。水流过洪水港后，进入盐船套长顺直段，该河段主流的变化可分为三个阶段。第一阶段 1980—1991 年，1980 年主流经洪水港过渡到孙家埠沿左岸下行，此后由于洪水港顶冲点的大幅下移，盐船套顶冲点随之下移至龙家门，主流沿盐船套左岸经团结闸过渡到荆江门。第二阶段 1991—1998 年，主流顶冲点在龙家门附近移动，龙家门至盐船套中段主流逐渐离岸，最大右移 500m，主流至团结闸重新回到左岸，此阶段正是团结闸岸线崩退最为严重的阶段。第三阶段 1998 年至今，龙家门至盐船套中段主流逐渐回归左岸，这一阶段团结闸岸线经守护不再崩退，盐船套河段处于持续冲刷阶段。荆江门弯道段 1980—2013 年以来，在 2002 年和 2011 年深泓线明显左移，特别是 2011 年凸岸"撇弯切滩"现象最明显，2011 年 11 月到 2013 年 10 月深泓线最大摆幅超过 700m。其他年份深泓线均贴近凹岸。

（2）熊家洲至城陵矶河段。熊家洲至城陵矶河段主流线平面位置变化受下荆江河势控制工程的影响较明显。20 世纪 80 年代以前，熊家洲至城陵矶河段河岸基本上处于天然状态，受弯道环流的作用，弯道凹岸年内崩塌幅度较大，高达 50～100m/a，主流线平面位置变化素有"十年河东，十年河西"之称。随着熊家洲弯道凹岸不断崩塌后退，熊家洲弯道段主流逐年左移，1980 年与 1966 年相比，深泓线最大左移约 1200m。主流出熊家洲弯道后贴左岸下行，并逐步向七弓岭弯道凹岸过渡，由于 1966 年后八姓洲西侧岸线逐年崩退，八姓洲整体向右移动，过渡段主流下挫，主流贴八姓洲西侧岸线下行距离延长，相应七弓岭弯道主流顶冲点下移，1980 年与 1966 年相比，深泓线最大右移约 980m，主流顶冲点下移约 4200m。由于七弓岭弯道主流顶冲点下移，弯道凹岸主流贴岸段向下游延伸，造成七姓洲西侧岸线大幅崩退，弯道下段深泓线相应向右移动。

自 1981 年以来，逐步对熊家洲、观音洲、七弓岭弯道凹岸进行守护，至 1993 年春基本完成了熊家洲、观音洲弯道凹岸险工段的护岸工程，1999 年春基本完成了七弓岭弯道凹岸险工段的护岸工程，在 1981 年冬季至 1999 年春季的河控工程建设期间，由于熊家洲下弯段岸线崩塌没有及时治理守护，弯顶向东过度凹进，引起熊家洲、七弓岭两反向弯道间的过渡段主流线平面位置发生了明显变化，1987 年汛后，主流由原贴八姓洲西侧近岸河床下行改变为自熊家洲下弯段的梁家门向对岸七弓岭弯道进口段过渡，并沿七弓岭弯道凹岸近岸河床下行，从而引起了七弓岭弯道顶冲点大幅度上提；熊家洲弯道—七弓岭弯道主流线平面位置基本格局一直维持到 2008 年 11 月。

2008 年 12 月长江上游地区出现了历史罕见的冬汛，当时江湖汇流区水位较低，熊家洲至城陵矶段的出流受洞庭湖的顶托作用影响较小，在平滩水位、相对较大水力比降、水流含沙量较少等多重因素的作用下，七弓岭弯道的八姓洲洲头出现了"撇弯切滩"现象，七弓岭弯道顶冲点由桩号 8＋500 大幅度下移到桩号 10＋500，由此引起了熊家洲、七弓岭两反向弯道间的过渡段主流线平面位置由右岸近岸河床摆动到左岸（八姓洲西侧）近岸河床。其中熊家洲弯道出口段 2008 年深泓线相对于 2006 年最大向左摆幅达到 670m，主流顶冲点下移约 3400m，七弓岭弯道入口凸岸出现冲刷、弯道中上部形成左、右双槽平面形态；2010 年主流出熊家洲弯道后不再向右岸过渡，而直接贴八姓洲左岸狭颈西侧下行至七弓岭弯道，深泓线相对于 2008 年最大向左摆幅达到 1330m，七弓岭弯道主流顶冲点下移至弯顶中下段，下移约 4600m。七弓岭弯道上段右槽萎缩，左槽不断冲刷发育，弯道上段深泓与左槽贯通，发生了"撇弯切滩"现象；2011 年七弓岭弯道发生"撇弯切滩"的现象更加明显，弯顶附近深泓线相对于 2010 年最大向左摆幅达到 280m，七弓岭弯道主流顶冲点下移约 360m。2013 年八姓洲西侧深泓线进一步左移，主流贴岸，直至八姓洲洲头附近，深泓线右移顶冲七弓岭凹岸并贴岸下行。

受七弓岭弯道凹岸下段岸线崩塌和七弓岭弯道主流线平面变化的影响，七弓岭、观音洲两反向弯道间的过渡段和观音洲弯道段的主流线平面位置持续向下游摆动，观音洲弯道顶冲点逐渐下移。2006 年前主流出七弓岭弯道后，于桩号 14＋000 附近向左岸过渡，进入观音洲弯道后主流贴弯道凹岸下行；2006 年七弓岭弯道出口段深泓逐渐下挫，与 2004 年相比深泓线向右最大摆幅达到 290m；2006 年以后由于七弓岭弯道顶冲点下移，凹岸出口段主流贴岸距离下延，致使观音洲过渡段下移，七姓洲护岸段以下岸线持续崩退，其中 2008 年七弓岭凹岸出口主流贴岸段下延至桩号 16＋000 附近，主流顶冲点下移约 810m；2010 年主流出七弓岭弯道后直接贴七姓洲西侧下行至观音洲弯道，深泓线相对于 2008 年最大向右摆幅达到 250m，随着七姓洲狭颈左侧岸线持续崩退，七姓洲、观音洲弯道也开始发生"撇弯切滩"现象。特别是 2013 年七姓洲弯道深泓线相比 2011 年最大左移超过 500m，2011 年观音洲弯道发生"撇弯切滩"的现象也更加明显，弯顶附近深泓线相对于 2010 年向右摆幅最大达到 230m，2013 年相对 2011 年深泓线又有所右移，"撇弯切滩"现象有所放缓。

（3）洞庭湖出口洪道。该河段多年来河势基本稳定，深泓线进入七里山后基本居中而行，然后逐渐向右摆动，在城陵矶附近与荆江出口段深泓线交汇。

3. 洲滩与深槽变化

（1）洲滩变化。下荆江盐船套至城陵矶段的洲滩自上而下有熊家洲、八姓洲、七姓洲。这些洲滩的变化与各自所在河弯岸线的变化和本河段的水沙条件的变化密切相关，洲头或洲身淤长的方向与河弯岸线崩塌后退的方向始终保持一致，弯道凹岸护岸工程的兴建一定程度上抑制了洲头或洲身淤长变化。在水文年内，弯道段的主流线平面位置的变化具有"高水趋中走直、低水落湾贴岸"的特点，凸岸洲头边滩汛期涨水冲刷、汛后落水期淤积。

由于 2003 年 6 月三峡工程运用后，盐船套至城陵矶段的来沙量大幅度减少，凸岸洲头边滩汛后落水期泥沙淤积量不足以抵消洲头边滩泥沙冲刷量，该河段出现了较明显的冲刷调整现象，主要表现为：孙良洲左缘边滩上部冲刷、下部回淤，洲体平面形态变化不大；八姓洲和七姓洲的洲体西侧岸线出现了明显的崩塌，洲体东侧近岸河床出现了明显的回淤，八姓洲和七姓洲的洲头发生了"撇弯切滩"现象。

从图 4.2.18 和图 4.2.19 可以看出，熊家洲左缘边滩上部及洲头弯顶处均冲刷后退，1998—2013 年其 20.00m 等高线最大崩退约 550m，在其左缘边滩下部有所回淤，1998—2013 年其 20.00m 等高线最大淤涨约 350m；八姓洲洲体西侧岸线及洲头均出现明显崩塌，1998—2013 年其 20.00m 等高线最大崩退约 600m，洲体东侧近岸河床出现了明显的回淤，1998—2013 年其 20.00m 等高线最大淤涨约 300m。2008 年后，由于七弓岭弯道出现了"撇弯切滩"现象，八姓洲洲头被主流切割冲刷形成心滩，2008 年以来心滩面积不断扩大并且逐渐向右岸移动，2008—2011 年 20m 心滩面积增大了 0.24km²。2011—2013 年心滩头部淤积尾部崩退不断向上游发展，并且在原有心滩上游又形成一个新的心滩。

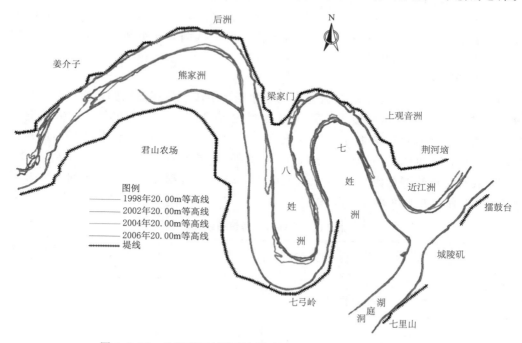

图 4.2.18 盐船套至城陵矶河段洲滩变化图（1998—2006 年）

七姓洲变化趋势与八姓洲基本一致，其西侧岸线及洲头均出现明显崩塌，1998—2011年其 20.00m 等高线最大崩退约 380m，洲体东侧近岸河床 20.00m 等高线最大淤涨约

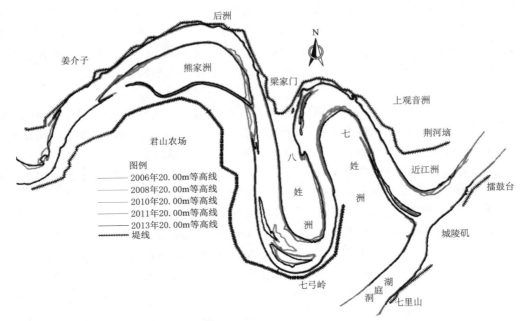

图 4.2.19 盐船套至城陵矶河段洲滩变化图（2006—2013 年）

180m。由于观音洲弯道出现了"撇弯切滩"现象，主流贴七姓洲西侧岸线下行进入观音洲弯道，观音洲弯道上段原凹岸深槽逐渐淤积萎缩，2010 年淤高形成 20.00m 心滩，2011 年心滩面积增大为 0.08km²。2013 年心滩右侧形成倒套并不断向上游发展，心滩进一步淤积上延，与上游 20m 岸线连成一体。

（2）深槽变化。

1）荆江门段。1998 年后，随着龙家门至盐船套中段主流逐渐回归左岸，荆江门主流顶冲点逐年下移，致使荆江门弯道凹岸深槽萎缩下移，其中 1998—2006 年荆江门-5.00m高程深槽面积逐渐缩小，最深点高程抬高，2006 年开始形成多个冲刷坑（表4.2.7）。2008 年冲刷有所加大，-5.00m 高程深槽最深点降到-19.1m。2011 年-5.00m高程深槽范围相比 2008 年又有所缩小，2013 年深槽尾部又有所延伸，深槽范围相比 2011 年有所扩大，见图4.2.20。

表 4.2.7 荆江门-5.00m 高程深槽统计表

时 间	面积/万 m²	冲刷坑数量	时 间	面积/万 m²	冲刷坑数量
1998 年 10 月	50.6	1	2011 年 11 月	0.07	3
2002 年 9 月	26.1	1		7.4	
2004 年 8 月	17.5	1		3.0	
2006 年 6 月	5.2	2	2013 年 10 月	13.9	2
	1.9			5.0	
2008 年 10 月	12.6	2			
	3.2				

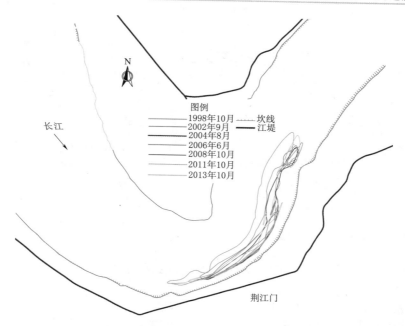

图 4.2.20　荆江门－5.00m 高程深槽变化

2）熊家洲上段。熊家洲上段 1966 年以前 10.00m 高程深槽不贯通，以后左移贯通，1980 年后平面位置相对稳定。1999 年春对荆江门弯道十一矶等挑流矶头进行削矶改造，矶头的挑流作用基本消除，一定程度上影响其下游熊家洲弯道的进流条件，使得其弯道顶冲点较大幅度（约 1.0km）下移，由此引起熊家洲弯道上深槽淤积缩小、下深槽冲刷并向下游延伸。2003 年 6 月三峡工程运用后，熊家洲弯道段来沙量大幅减少，一定程度上加强了近岸深槽的冲刷调整。10.00m 高程深槽的变化主要表现在槽头槽尾的冲淤变化，1998—2004 年 10m 深槽头部下移 700m 左右，尾部下移 3500m 左右，2006 年以来 10.00m 高程深槽范围年际间不断上提下移，深槽累积表现为不断发展，2008—2013 年 10.00m 高程深槽向下游发展约 2700m，见图 4.2.21 和表 4.2.8。

表 4.2.8　　　　　　　　　　姜介子 10.00m 高程深槽统计表

时　间	面积/万 m²	最深点高程/m	时　间	面积/万 m²	最深点高程/m
1998 年 10 月	42	−5.40	2008 年 10 月	35	−3.90
2002 年 10 月	31	0.50	2011 年 11 月	110	−1.40
2004 年 8 月	10.2	−1.80	2013 年 10 月	121.1	−5.10
2006 年 6 月	82	−2.10			

3）熊家洲下段。熊家洲弯道下段 10.00m 高程深槽 1980 年后左摆下移，并不断扩大，1987 年后平面位置相对稳定，1966—1998 年累计左移 1000～1400m，头部和尾部冲淤变化较大，头部高程以 1966 年最上，1975 年最下，1975 年后冲刷上伸，冲淤幅度为 2.6km；尾部 1966 年后下延 2.1km。近岸深泓高程 1980 年以后纵向冲深，最深点高程

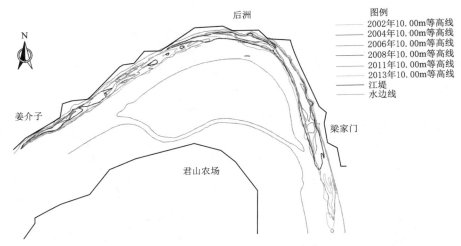

图 4.2.21　熊家洲附近深槽变化

1975 年为 -5.80m，1993 年为 -15.30m。1975—1993 年最深点下移 1650m，近岸距离减小 620m。三峡工程运用以来 10.00m 深槽平面位置相对稳定，多年来冲淤交替，头部和尾部冲淤变幅较大，头部高程以 2008 年最上，2004 年最下，冲淤幅度 1.5km；受熊家洲弯道出口段主流下挫、顶冲点下移的影响，除 2004 年有所淤积外，多年来 10.00m 深槽尾部持续下移，2013 年相对于 2002 年下移约 1700m，冲刷面积以 2013 年 179.5 万 m^2 为最大，但最深点高程累积有所降低，见图 4.2.22 及表 4.2.9。

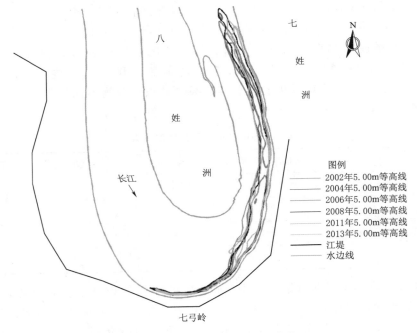

图 4.2.22　七弓岭 5m 深槽变化

表 4.2.9　　　　　　　　　　　　熊家洲 10.00m 高程深槽统计

时　间	面积/万 m²	最深点/m	时　间	面积/万 m²	最深点/m
2002 年 10 月	146.5	−12.1	2008 年 10 月	159.8	−8.2
2004 年 8 月	108.8	−12.3	2011 年 11 月	160.0	−6.7
2006 年 6 月	106.1	−7.8	2013 年 10 月	179.5	−7.9

4）七弓岭段。多年来主流出熊家洲弯道后向右岸过渡，后贴七弓岭弯道凹岸下行，近岸河床长期受水流冲刷，2002 年以来七弓岭 5.00m 高程深槽面积逐年增大，冲刷面积已由 2004 年的 78.1 万 m² 增大到 2011 年的 86.4 万 m²。三峡工程运用以来由于熊家洲出口过渡段主流逐年向左摆动，七弓岭弯道顶冲点下移，凹岸出口段主流贴岸距离下延，致使 5.00m 高程深槽持续下移，2011 年 5.00m 高程深槽尾部相对于 2002 年下移约 250m，2013 年 5m 深槽长度与 2011 年无明显变化，但深槽有所展宽，见图 4.2.23 及表 4.2.10。

5）观音洲段。1998 年以来，观音洲弯道段近岸深槽冲淤交替变化，深槽头部淤积、深槽尾部冲刷并向其下游延伸，整个深槽向下游移动。其 0.00m 高程深槽自 2002 年以来持续下移，2013 年与 2002 年相比深槽头部下移约 600m，深槽尾部位置 2013 年与 2002 年相比下移约 540m，多年来 0.00m 高程深槽面积年际间有变化，累积有所减小，最深点基本保持稳定，见图 4.2.23 及表 4.2.11。

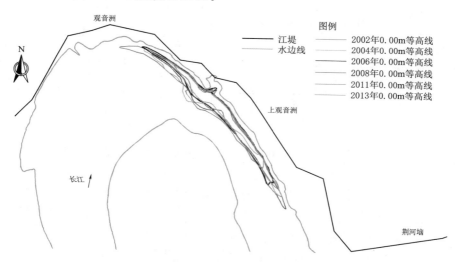

图 4.2.23　观音洲 0.00m 高程深槽变化

表 4.2.10　　　　　　　　　　　　七弓岭 5.00m 高程深槽统计

时　间	面积/万 m²	最深点/m	时　间	面积/万 m²	最深点/m
2002 年 9 月	104.7	−9.3	2008 年 10 月	108.9	−13.2
2004 年 8 月	78.1	−12.0	2011 年 11 月	86.4	−10.6
2006 年 6 月	77.8	−6.7	2013 年 10 月	104.9	−10.6

4. 冲淤量变化

根据实测资料，2002—2013 年盐船套至城陵矶河段河床冲淤量情况见表 4.2.12，从表可知，2002—2013 年下荆江出口盐船套至城陵矶河段主要表现为冲刷，累计冲刷 7818.2

表 4.2.11　　　　　　　　　　　观音洲 0.00m 高程深槽统计

时间	范　围	面积/万 m²	最深点/m
2002 年 9 月	2+260（护岸桩号）—564+660（堤顶桩号）	47.9	−12.2
2004 年 8 月	1+960（护岸桩号）—564+840（堤顶桩号）	34.0	−12.5
2006 年 6 月	6+730（护岸桩号）—10+740（堤顶桩号）	38.3	−13.6
2008 年 10 月	2+460（护岸桩号）—563+670（堤顶桩号）	40.2	−12.0
2011 年 11 月	1+120（护岸桩号）—564+440（堤顶桩号）	31.4	−12.1
2013 年 10 月	1+600（护岸桩号）—564+100（堤顶桩号）	30.5	−12.5

万 m³，平均冲深 1.1m，而冲刷集中发生在三峡工程运用的头一两年，即 2002—2004 年冲刷量达 3873.5m³，平均冲深 0.62m。

表 4.2.12　　　　　　　　　　2002—2013 年试验河段河床冲淤量变化统计表

河段	起止断面	距离/km	2002—2004 年		2004—2006 年		2006—2008 年		2008—2011 年		2011—2013 年		2002—2013 年	
			冲淤量/万 m³	平均冲深/m	冲淤量/万 m³	平均冲深/m	冲淤量/万 m³	平均冲深/m	冲淤量/万 m³	平均冲深/m	冲淤量/万 m³	平均冲深/m	冲淤量/万 m³	平均冲深/m
荆江门河段	利5~荆175	12.3	45.1	0.03	−332.4	−0.24	−678.1	−0.50	−488.5	−0.37	314.4	0.24	−1139.5	−0.85
熊家洲河段	荆175~荆179	13.9	−671.7	−0.48	−500.7	−0.35	787.2	0.56	−913.3	−0.67	−234.3	−0.17	−1532.8	−1.11
七弓岭河段	荆179~荆181	17.0	−3024.1	−1.49	880.9	0.43	−166	−0.08	−920.3	−0.43	−208.9	−0.09	−3438.4	−1.55
观音洲河段	荆181~利11	12.9	−222.8	−0.15	−681.9	−0.46	−342.2	−0.23	364.5	0.26	−825.1	−0.55	−1707.5	−1.15
下荆江出口合计	利5~利11	56.1	−3873.5	−0.62	−634.1	−0.10	−399.1	−0.06	−1957.6	−0.32	−953.9	−0.13	−7818.2	−1.07

注　1. 计算条件为监利流量 11400m³/s，洞庭湖流量 8900m³/s 时相应河段水位。
　　2. 表中 "−" 表示冲刷，"+"（省略）表示淤积，下同。

5. 典型横断面变化

分析河段内共布设了 23 个典型横断面，断面位置布置见图 4.2.24，其典型横断面历年冲淤变化见图 4.2.25~图 4.2.27，横断面特征值统计见表 4.2.13~表 4.2.14。荆 173、利 7、JJL7.1、利 8、利 12 断面位于分析河段内的弯曲凹岸段，断面形态为偏 "V" 形；荆 176、荆 177 及利 6 断面位于孙良洲分汊河道内，断面较宽，断面形态为偏 "W" 形；其他典型横断面大多位于顺直过渡段，断面形态偏 "U" 形。各个典型横断面变化特点如下：

荆 171 断面：位于盐船套顺直过渡段，断面形态为偏 "V" 形，2002—2013 年以来，仅在 2004 年明显冲刷，其他年份断面年际间冲淤变化不大，断面形态基本稳定，深槽居于左侧，多年来断面宽深比变化不大。

荆 172 断面：位于盐船套向荆江门弯道的过渡段，断面形态为偏 "V" 形，深槽居于左侧。20 世纪 90 年代以来，由于上游团结闸段的岸线崩退，过渡段下移，导致深槽左移。2008 年以来，荆江门弯道上深槽逐年淤高，断面中部有所冲刷，荆江门弯道有发生 "撇弯切滩" 的趋势。断面宽深比为 3.97~5.63。

荆 173 断面：位于荆江门弯道的弯顶附近，断面形态为偏 "V" 形，深槽居于右侧，2002—2013 年，左侧边滩有所冲刷，深槽有所缩窄，断面宽深比年际略有增加，宽深比范围在 2.13~2.55。

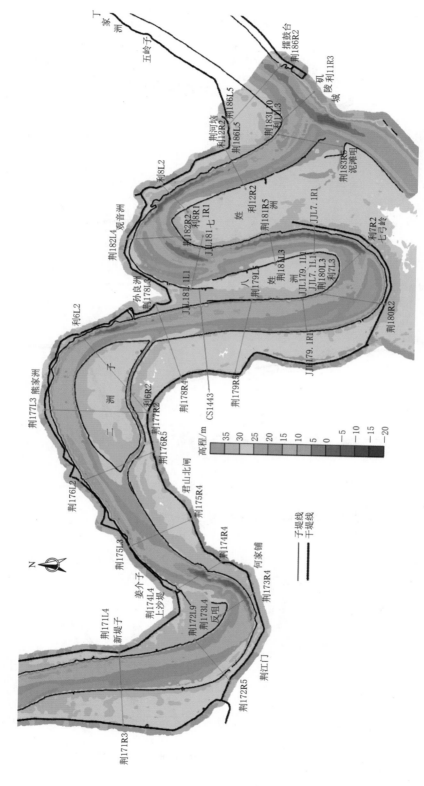

图 4.2.24　盐船套至城矶河段河势河图（2013 年 10 月）

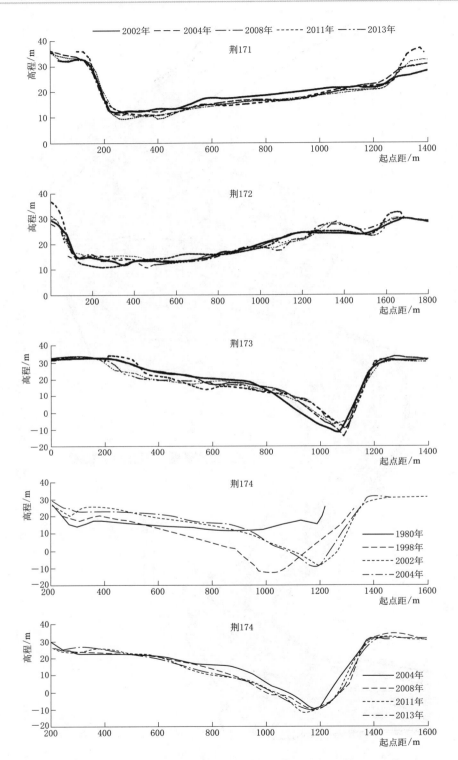

图 4.2.25（一）　盐船套至城陵矶河段典型断面变化图（荆 171～利 6）

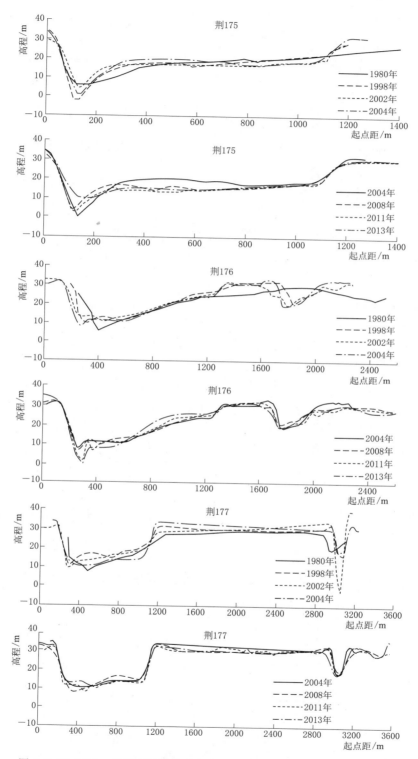

图 4.2.25（二）　盐船套至城陵矶河段典型断面变化图（荆 171～利 6）

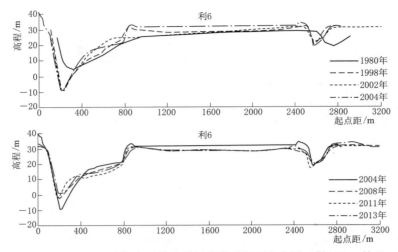

图 4.2.25（三）　盐船套至城陵矶河段典型断面变化图（荆 171～利 6）

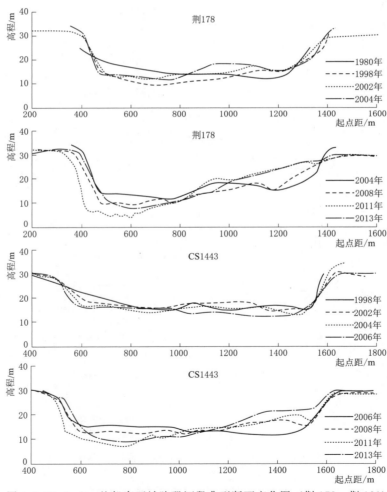

图 4.2.26（一）　盐船套至城陵矶河段典型断面变化图（荆 178～荆 181）

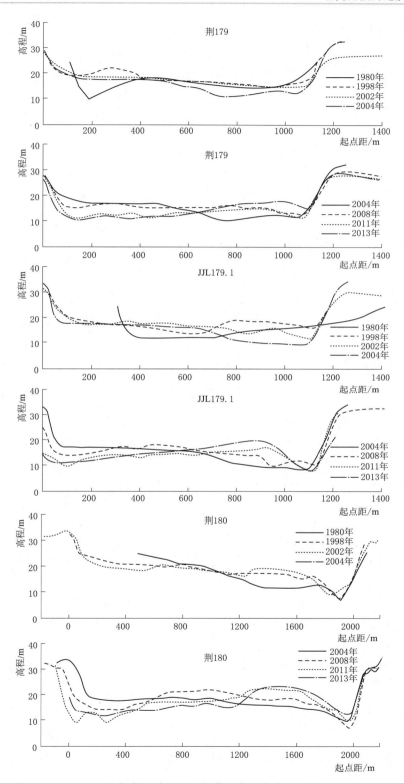

图 4.2.26（二） 盐船套至城陵矶河段典型断面变化图（荆 178～荆 181）

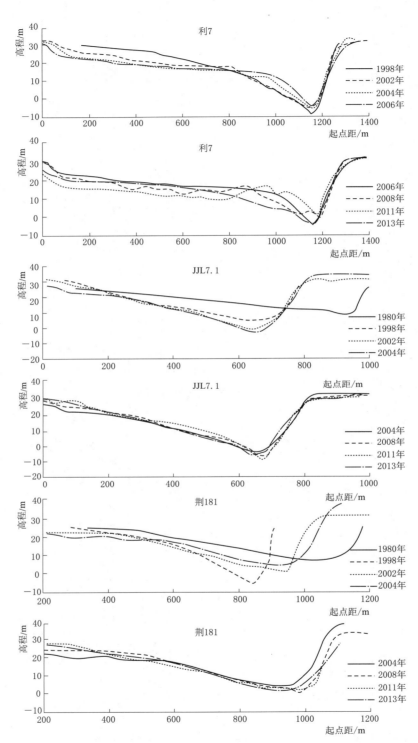

图 4.2.26（三）　盐船套至城陵矶河段典型断面变化图（荆 178～荆 181）

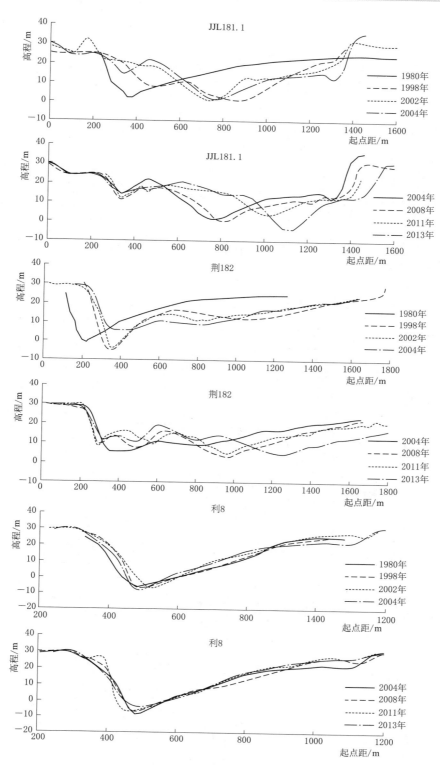

图 4.2.27（一） 盐船套至城陵矶河段典型断面变化图（JJL181.1～荆 186）

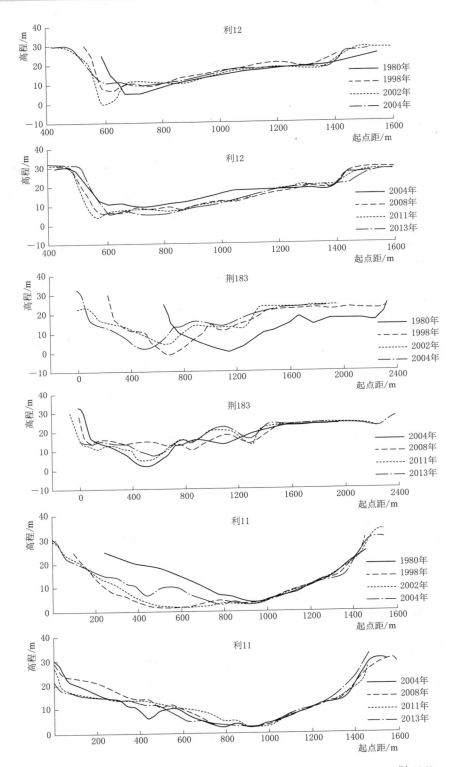

图 4.2.27（二）　盐船套至城陵矶河段典型断面变化图（JJL181.1～荆 186）

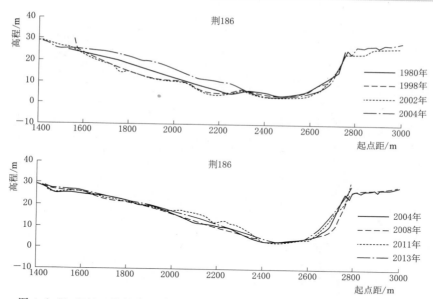

图 4.2.27（三） 盐船套至城陵矶河段典型断面变化图（JJL181.1～荆 186）

表 4.2.13　　　　　　工程河段典型断面特征值统计表（荆 171～利 6）

断面号	时间	断面面积 A /m²	河宽 B /m	平均水深 H /m	$\sqrt{B}/H$
荆 171	2002 年 9 月	8375	1116	7.5	4.45
	2004 年 8 月	9991	1110	9.0	3.70
	2008 年 10 月	9549	1090	8.8	3.77
	2011 年 11 月	10455	1100	9.5	3.49
	2013 年 10 月	10207	1105	9.2	3.60
荆 172	2002 年 9 月	10042	1473	6.8	5.63
	2004 年 8 月	10214	1356	7.5	4.89
	2008 年 10 月	10347	1190	8.7	3.97
	2011 年 11 月	10587	1311	8.1	4.49
	2013 年 10 月	10171	1269	8.0	4.45
荆 173	2002 年 9 月	10778	808	13.3	2.13
	2004 年 8 月	11335	845	13.4	2.17
	2008 年 10 月	10404	818	12.7	2.25
	2011 年 11 月	11126	923	12.1	2.52
	2013 年 10 月	11371	944	12.0	2.55
荆 174	1980 年 6 月	10459	1000	10.5	3.02
	1998 年 6 月	19367	1116	17.4	1.93
	2004 年 8 月	12930	1104	11.7	2.84
	2008 年 10 月	15693	1124	14.0	2.40
	2011 年 11 月	15587	1076	14.5	2.27
	2013 年 10 月	15847	998	15.9	1.99

续表

断面号	时间		断面面积 A /m²	河宽 B /m	平均水深 H /m	$\sqrt{B}/H$
荆175	1980 年 6 月		8950	1190	7.5	4.59
	1998 年 6 月		9101	1068	8.5	3.83
	2004 年 8 月		8538	1082	7.9	4.17
	2008 年 10 月		10327	1085	9.5	3.46
	2011 年 11 月		11401	1080	10.6	3.11
	2013 年 10 月		10151	1079	9.4	3.49
荆176	1980 年 5 月		8524	1350	6.3	5.82
	1998 年 6 月	左汊	7975	840	9.5	3.05
		右汊	281	138	2.0	5.78
	2004 年 8 月	左汊	9320	1084	8.6	3.83
		右汊	785	201	3.9	3.62
	2008 年 10 月	左汊	8913	980	9.1	3.44
		右汊	443	195	2.3	6.15
	2011 年 11 月	左汊	9628	942	10.2	3.00
		右汊	1123	263	4.3	3.80
	2013 年 10 月	左汊	9178	778	11.8	2.36
		右汊	713	200	3.6	3.97
荆177	1980 年 5 月	左汊	9544	930	10.3	2.97
		右汊	620	200	3.1	4.56
	1998 年 6 月	左汊	7310	927	7.9	3.86
		右汊	734	118	6.2	1.75
	2004 年 8 月	左汊	10415	921	11.3	2.69
		右汊	507	108	4.7	2.21
	2008 年 10 月	左汊	10074	936	10.8	2.84
		右汊	454	136	3.3	3.48
	2011 年 11 月	左汊	10313	922	11.2	2.71
		右汊	748	133	5.6	2.05
	2013 年 10 月	左汊	10505	936	11.2	2.72
		右汊	773	163	4.7	2.69
利6	1980 年 5 月	左汊	8357	790	10.6	2.66
		右汊	960	270	3.6	4.62
	1998 年 6 月	左汊	9860	656	15.0	1.70
		右汊	229	87	2.6	3.54
	2004 年 8 月	左汊	9227	703	13.1	2.02
		右汊	449	123	3.6	3.05

断面号	时间		断面面积 A /m²	河宽 B /m	平均水深 H /m	$\sqrt{B}/H$
利6	2008年10月	左汊	8845	714	12.4	2.16
		右汊	524	166	3.2	4.07
	2011年11月	左汊	9528	716	13.3	2.01
		右汊	810	178	4.6	2.93
	2013年10月	左汊	8796	737	11.9	2.27
		右汊	546	165	3.3	3.89

注　计算面积 A 为25.00m高程以下断面面积；河相关系数为 $\sqrt{B}/H$。

表4.2.14　　　　工程河段典型断面特征值统计表（荆178～荆181）

断面号	时间	断面面积 A /m²	河宽 B /m	平均水深 H /m	$\sqrt{B}/H$
荆178	1980年5月	8702	940	9.3	3.31
	1998年6月	10607	949	11.2	2.76
	2004年8月	8639	936	9.2	3.31
	2008年10月	9761	936	10.4	2.93
	2011年11月	9361	856	10.9	2.68
	2013年10月	8253	813	10.2	2.81
CS1443	1998年6月	8131	1042	7.8	4.14
	2004年8月	9612	1064	9.0	3.61
	2008年10月	10316	1078	9.6	3.43
	2011年11月	10652	1079	9.9	3.33
	2013年10月	9717	1028	9.5	3.39
荆179	1980年5月	8915	1020	8.7	3.65
	1998年6月	7534	1108	6.8	4.90
	2004年8月	10412	1118	9.3	3.59
	2008年10月	9664	1131	8.5	3.94
	2011年11月	12019	1127	10.7	3.15
	2013年10月	11466	1149	10.0	3.40
JJL179.1	1980年6月	10278	1100	9.3	3.55
	1998年6月	8282	1125	7.4	4.56
	2004年8月	11586	1139	10.2	3.32
	2008年10月	11036	1175	9.4	3.65
	2011年11月	12424	1202	10.3	3.35
	2013年10月	11751	1200	9.8	3.54

续表

断面号	时间	断面面积 A /m²	河宽 B /m	平均水深 H /m	$\sqrt{B}/H$
荆 180	1980 年 6 月	13981	1610	8.7	4.62
	1998 年 6 月	13448	1994	6.7	6.62
	2004 年 8 月	16311	1964	8.3	5.34
	2008 年 10 月	15663	2080	7.5	6.06
	2011 年 11 月	17629	2123	8.3	5.55
	2013 年 10 月	17354	2062	8.4	5.40
利 7	1980 年 6 月	11249	635	17.7	1.42
	1998 年 6 月	10335	749	13.8	1.98
	2004 年 8 月	12145	1163	10.4	3.27
	2008 年 10 月	13807	1213	11.4	3.06
	2011 年 11 月	17184	1259	13.6	2.60
	2013 年 10 月	14870	1262	11.8	3.01
JJL7.1	1980 年 6 月	7545	900	8.4	3.58
	1998 年 6 月	7891	628	12.6	1.99
	2004 年 8 月	9851	751	13.1	2.09
	2008 年 10 月	9303	685	13.6	1.93
	2011 年 11 月	9005	610	14.8	1.67
	2013 年 10 月	9374	658	14.2	1.80
荆 181	1980 年 6 月	8098	850	9.5	3.06
	1998 年 6 月	7490	626	12.0	2.09
	2004 年 8 月	9479	940	10.1	3.04
	2008 年 10 月	9254	978	9.5	3.30
	2011 年 11 月	8489	732	11.6	2.33
	2013 年 10 月	9633	832	11.6	2.49

注　计算面积 A 为 25.00m 高程以下断面面积；河相关系系数为 $\sqrt{B}/H$。

表 4.2.15　　　　工程河段典型断面特征值统计表（JJL181.1～荆 186）

断面号	时间	断面面积 A /m²	河宽 B /m	平均水深 H /m	$\sqrt{B}/H$
JJL181.1	1980 年 6 月	10549	1440	7.3	5.18
	1998 年 6 月	15042	1196	12.6	2.75
	2004 年 8 月	14121	1297	10.9	3.31
	2008 年 10 月	16118	1357	11.9	3.10
	2011 年 11 月	13836	1180	11.7	2.93
	2013 年 10 月	15842	1443	11.0	3.46

续表

断面号	时间	断面面积 A /m²	河宽 B /m	平均水深 H /m	$\sqrt{B}/H$
荆182	1980 年 6 月	9459	1150	8.2	4.12
	1998 年 6 月	16593	1523	10.9	3.58
	2004 年 8 月	15577	1398	11.1	3.36
	2008 年 10 月	18137	1419	12.8	2.95
	2011 年 11 月	17624	1613	10.9	3.68
	2013 年 10 月	20536	1644	12.5	3.24
利8	1980 年 6 月	10299	640	16.1	1.57
	1998 年 6 月	9677	662	14.6	1.76
	2004 年 8 月	9745	787	12.4	2.27
	2008 年 10 月	9392	627	15.0	1.67
	2011 年 11 月	8987	563	16.0	1.49
	2013 年 10 月	8825	627	14.1	1.78
利12	1980 年 6 月	9423	960	9.8	3.16
	1998 年 6 月	8208	861	9.5	3.08
	2004 年 8 月	9096	917	9.9	3.05
	2008 年 10 月	11515	928	12.4	2.45
	2011 年 11 月	11256	932	12.1	2.53
	2013 年 10 月	11422	962	11.9	2.61
荆183	1980 年 6 月	22673	1680	13.5	3.04
	1998 年 6 月	20091	2092	9.6	4.76
	2004 年 8 月	18216	1902	9.6	4.55
	2008 年 10 月	15056	1936	7.8	5.66
	2011 年 11 月	16167	1490	10.9	3.56
	2013 年 10 月	14829	2314	6.4	7.51
利11	1980 年 6 月	14407	1220	11.8	2.96
	1998 年 6 月	22581	1338	16.9	2.17
	2004 年 8 月	20394	1387	14.7	2.53
	2008 年 10 月	18401	1414	13.0	2.89
	2011 年 11 月	20783	1426	14.6	2.59
	2013 年 10 月	20367	1413	14.4	2.61
荆186	1980 年 6 月	16010	1220	13.1	2.66
	1998 年 6 月	17352	1184	14.7	2.35
	2004 年 8 月	13953	1176	11.9	2.89
	2008 年 10 月	14543	1144	12.7	2.66
	2011 年 11 月	14527	1102	13.2	2.52
	2013 年 10 月	12844	1106	11.6	2.86

注　计算面积 A 为 25.00m 高程以下断面面积；河相关系数为 $\sqrt{B}/H$。

荆 174 断面：位于荆江门弯道出口附近凹岸，1980 年断面形态为 "U" 形，随着弯道凹岸逐年冲深崩退，断面形态逐渐变为偏 "V" 形，1998 年以来深槽居于右侧并保持稳定，深槽最深点高程略有淤高，深槽最深点摆幅较小。

1980—2013 年过水断面面积增加 5388m^2（25.00m 高程，下同），河床平均冲深约 5.4m，断面宽深比减小 1.03，多年来其值在 3.02～1.93 之间变化。

荆 175 断面：位于荆江门与熊家洲之间顺直过渡段，断面形态偏 "V" 形，基本稳定。深槽居于左侧，多年来（1980—2013 年）河床冲淤交替变化，累积表现为冲刷，深槽最深点摆幅较小。1980—2013 年过水断面面积增加 1201m^2，河床平均冲深约 1.9m，断面宽深比减小 1.1，多年来其值在 4.59～3.11 之间变化。

荆 176 断面：位于熊家洲弯道进口附近，1980 年为单一河槽，断面形态为偏 "V" 形，深槽居河槽左侧，1998 年以来右汊逐渐冲深发育，断面形态转变为偏 "W" 形。多年来（1980—2013 年）主槽始终稳定在左汊，1998 年以来左深槽逐渐冲刷下切，左深槽最深点高程累计冲刷降低约 6m，深槽最深点摆幅较小，右深槽冲淤变幅较左深槽小。1998—2013 年，左汊过水断面面积增大 1203m^2，左汊河床平均冲深 2.3m，多年来左汊断面宽深比值在 2.36～3.83 之间变化；右汊过水断面面积增大 432m^2，右汊河床平均冲深 2.3m，多年来右汊断面宽深比在 3.62～6.15 之间。

荆 177 断面：位于熊家洲弯顶附近，断面形态为偏 "W" 形。多年来（1980—2013 年）主槽始终稳定在左汊，左深槽冲淤变幅较大，多年来左深槽最深点高程累计淤高约 3.3m，深槽最深点摆幅较大，多年来右深槽冲淤变幅较左深槽小。1980—2013 年，左汊过水断面面积增大 961m^2，左汊河床平均冲深 0.9m，多年来左汊断面宽深比在 2.69～3.86 之间变化；右汊过水断面面积增大 153m^2，右汊河床平均冲深 1.6m，多年来右汊断面宽深比在 1.75～4.56 之间变化。

利 6：位于熊家洲弯顶下段，断面形态为偏 "W" 形，多年来其断面形态变化与荆 177 断面相似。1980—2013 年，左汊过水断面面积增大 1171m^2，左汊河床平均冲深 2.7m，多年来左汊断面宽深比在 1.7～2.66 之间变化；右汊过水断面面积减小 414m^2，右汊河床平均冲深 1.0m，多年来右汊断面宽深比在 2.93～4.62 之间变化。

荆 178 断面：位于熊家洲弯道出口段，断面形态为偏 "U" 形。1980 年主流出熊家洲弯道后向右岸过渡，主槽偏右岸，1980 年后随着主流贴岸段下延，主槽逐渐偏向左岸，2008 年以来左侧深槽大幅冲深下切，右侧深槽逐渐淤积抬高，至 2011 年断面形态转变为偏 "V" 形。1998—2013 年，过水断面面积减小 2574m^2，河床平均淤高 1m，多年来左深槽最深点高程累积冲刷降低约 5.5m，深槽最深点摆幅较大，多年来深槽最深点向左最大摆动约 142m，断面宽深比变化不大，多年来其值在 2.68～3.31 之间变化。

CS1443 断面：位于八姓洲狭颈附近，断面形态为偏 "U" 形。1998—2011 年八姓洲狭颈西侧岸线和近岸河床均发生了不同程度的冲刷，冲刷的部位主要在坡脚附近，特别是迎流顶冲的岸线受水流顶冲和不饱和横向环流影响，侧蚀明显，导致岸坡变陡，对岸线的稳定构成极大威胁。由于目前八姓洲狭颈西侧岸线并未实施任何守护工程，主流贴岸冲刷，其崩退速度非常快，应引起足够重视，其中 1998—2011 年荆 178 断面左岸八姓洲西侧近岸河床冲刷明显，近岸河床坡脚下切约 3.3m，近岸河床坡比逐年增大，从 1998 年的

0.02 增大到 2011 年的 0.59，25m 岸线冲刷后退约 52m，20m 岸线冲刷后退约 60m，由于主流不再向右岸过渡，其右岸坡脚淤高明显，其中 2011 年与 1998 年相比最大淤高达到 2.8m。2011—2013 年，左岸八姓洲西侧近岸岸线有所淤积，但近岸河床坡比仍然较大，右岸坡脚进一步淤高。

荆 179 断面：位于八姓洲西侧岸线中部，断面形态为偏 "U" 形，其断面变化与 CS1443 断面变化类似。1998—2013 年，过水断面面积增大 3932m²，河床平均冲深降低 1.3m，多年来左侧近岸河床坡脚下切约 8.4m，左侧近岸河床坡比逐年增大，从 1998 年的 0.03 增大到 2010 年的 0.11，断面宽深比减小 1.5，多年来其值在 3.15～4.90 之间变化。

JJL179.1 断面：位于七弓岭弯道入口附近，断面形态为偏 "U" 形，河道多年来冲淤交替，深槽左右摆动频繁，1980 年深槽偏靠河槽左岸，1998 年以后深槽逐渐往河槽中间移动，至 2004 年深槽贴近河槽右岸，2008 年以后主流出熊家洲弯道后不再向右岸过渡，而直接贴八姓洲左岸狭颈西侧下行至七弓岭弯道，深泓逐渐下挫，过渡段延长，主流顶冲点下移，主流切割冲刷八姓洲洲头低滩，七弓岭弯道发生 "撇弯切滩"，贴近左岸河床冲刷下切形成深槽，原贴近右岸深槽逐渐淤高，断面形态变为 "W" 形。1998—2013 年，过水断面面积增大 3433m²，河床平均冲深 2.4m，多年来左侧近岸河床坡脚下切约 10m，左侧近岸河床坡比逐年增大，断面宽深比减小 1.02，多年来其值在 3.32～4.56 之间变化。

荆 180 断面：位于七弓岭弯道上段，断面形态为偏 "U" 形，其断面变化与 JJL179.1 断面变化类似。2008 年以后受七弓岭弯道 "撇弯切滩" 的影响，靠近左岸的河床冲刷下切形成深槽，与原右岸深槽形成双槽，断面形态变为 "W" 形。1998—2013 年，过水断面面积增大 3906m²，河床平均冲深降低 1.7m，多年来左侧近岸河床坡脚下切约 12m，左侧近岸河床坡比逐年增大，断面宽深比减小 1.22，多年来其值在 5.34～6.62 之间变化。

利 7 断面：位于七弓岭弯道弯顶附近，断面形态为偏 "V" 形，深槽居于右侧，多年来河床冲淤交替但以冲刷为主，2008 年以后由于七弓岭弯道主流顶冲点大幅下移，河槽中间逐年冲深形成深槽，与原右侧深槽有形成双槽的趋势。1980—2013 年过水断面面积增加 3621m²，河床平均淤高约 5.9m，断面宽深比增大 1.59，多年来其值在 1.42～3.27 之间变化。

JJL7.1 断面：位于七弓岭弯道出口附近，断面形态为偏 "V" 形，深槽居于右侧，基本稳定。多年来（1980—2013 年）河床冲淤交替但以冲刷为主。深槽最深点高程累计冲刷降低约 15m，1998 年后深槽最深点摆幅较小。1980—2013 年过水断面面积增加 1829m²，河床平均冲深约 5.8m，断面宽深比减小 1.78，多年来其值在 1.67～3.58 之间变化。

荆 181 断面：位于七弓岭弯道与观音洲弯道之间的顺直过渡段，断面形态为偏 "V" 形，深槽居于右侧，1998 年受大洪水影响，深槽大幅冲刷下切，1998 年后由于七姓洲西侧岸线大幅崩退，河道大幅展宽，深槽有所淤高。1998—2013 年深槽最深点高程累计淤高约 7.7m，过水断面面积增加 1535m²，河床平均淤高约 0.4m，断面宽深比增大 0.4，多年来其值在 2.09～3.30 之间变化。

JJL181.1 断面：位于观音洲弯道入口处，1980 年断面形态为"V"形，深槽居左侧，1998 年以来，随着观音洲弯道主流顶冲点大幅下移，主流过渡段延长，JJL181.1 断面的深槽逐渐向右侧摆动，而原居于左侧的深槽逐渐淤高萎缩，断面形态变为"W"形。1998—2013 年深槽最深点高程累计淤高约 3.2m，河床平均淤高约 1.6m，断面宽深比增大 0.71，多年来其值在 2.75～3.46 之间变化。

荆 182 断面：位于观音洲弯道弯顶附近，断面变化与 JJL181.1 断面类似，1998 年以前深槽紧贴弯道凹岸，1998 年后随着观音洲弯道主流顶冲点大幅下移，主流过渡段延长，断面的深槽逐渐向右侧摆动，而原居于左侧的深槽逐渐淤高萎缩，断面形态变为"W"形。1998—2013 年过水断面面积增大 3943m²，河床冲淤交替，累计冲深 1.6m，断面宽深比变化不大，多年来其值在 2.95～3.68 之间变化。

利 8 断面：位于观音洲弯道出口附近，断面形态为偏"V"形，深槽居于左侧，多年来（1980—2013 年）深槽最深点高程基本保持不变，深槽最深点摆幅也较小，断面形态基本稳定。1980—2011 年过水断面面积减小 1474m²，河床平均冲淤高 2m，断面宽深比变化不大，多年来其值在 1.49～2.27 之间变化。

利 12 断面：位于观音洲弯道与城陵矶汇流口之间的过渡段，断面形态为偏"V"形，深槽居于左侧，1980 年后随着左岸荆河垴岸线大幅崩退，深槽逐年向左移动，2008 年后深槽及左岸岸线基本保持稳定。1980—2013 年深槽最深点高程累计冲刷降低约 1m，过水断面面积增加 1999m²，河床平均冲深约 2.1m，断面宽深比变化不大，多年来其值在 2.45～3.16 之间变化。

荆 183 断面：位于荆江出口附近，断面形态为偏"U"形，1980 年后随着左岸荆河垴岸线大幅崩退，深槽逐年向左移动。1980—2013 年深槽最深点高程累计淤高约 7.6m，深槽最深点向左摆幅达到 713m，过水断面面积减少 7844m²，河床年际间冲淤变化较大，累计淤高 7.1m，多年来断面宽深比在 3.04～7.51 之间变化。

利 11 断面：位于城陵矶汇流口，断面形态为偏"U"形，深槽居中，1980 年后随着左岸荆河垴岸线大幅崩退，左侧河床冲深下切。1980—2013 年，过水断面面积增大 5960m²，河床平均冲深约 2.6m，断面宽深比减小 0.35，多年来其值在 2.17～2.96 之间变化。

荆 186 断面：位于城陵矶汇流口下游，断面形态为偏"V"形，深槽居右侧，基本保持稳定。1980—2013 年过水断面面积减少 3166m²，年际间冲淤交替变化，多年来断面宽深比在 2.35～2.89 之间变化。

6. 河势变化

在弯道凹岸未被护岸工程控制以前，盐船套至城陵矶河段河势变化的特点是：凹岸不断崩退、凸岸不断淤长、弯顶逐渐下移，整个弯道向下游蠕动。

在盐船套段，1998 年洪水后部分护岸工程相继实施，三峡工程运用以来，河势基本稳定，主流贴左岸下行。荆江门弯道段主流除在 2002 年和 2011 年出现明显"撇弯切滩"外，长期贴岸而行，但由于受护岸工程控制，河势基本稳定。

熊家洲弯道段主流长期贴岸而行，深槽紧靠左岸，滩槽高差达较大，由于进行了守护和加固，目前河势基本稳定。

2010 年后主流出熊家洲弯道后不再过渡到右岸而直接沿八姓洲西岸下行，八姓洲西侧未守护岸线出现了新的崩岸。同时七弓岭和观音洲弯道发生"撇弯切滩"，弯道凹岸深槽上段淤积、下段冲刷并向下游方向延伸；凸岸边滩上游面冲刷、下游面回淤、以及洲头"撇弯切滩"；弯道凹岸护岸段下游的未护岸地段岸线崩塌；河身向下游蠕动速度明显减小。

4.3 动床模型设计

4.3.1 模型相似条件

1. 几何相似

为保证模型与原型水流基本上为同一物理方程所描述，模型水流需要满足如下两个限制条件：

（1）模型水流必须是紊流，模型雷诺数 $R_{em} > 1000 \sim 2000$。

（2）不使表面张力干扰模型的水流运动，模型水深 $h_m > 1.5\text{cm}$。

该模型为长江防洪实体模型的一部分，根据《长江防洪模型项目初步设计报告》[47]，选定的模型几何比尺如下。

1）平面比尺：$\alpha_L = 400$

2）垂直比尺：$\alpha_H = 100$

3）模型变态率：$e = 4$

2. 水流运动相似

（1）重力相似。

$$\alpha_V = \alpha_H^{\frac{1}{2}} = 10 \tag{4.3.1}$$

（2）阻力相似。

$$\alpha_n = \alpha_H^{\frac{2}{3}} / \alpha_L^{\frac{1}{2}} = 1.08 \tag{4.3.2}$$

（3）水流连续相似。

$$\alpha_Q = \alpha_L \alpha_H \alpha_V = 400000 \tag{4.3.3}$$

（4）水流运动时间比尺。

$$\alpha_t = \alpha_L / \alpha_V = 40 \tag{4.3.4}$$

式中：α_V 为流速比尺；α_n 为糙率比尺；α_Q 为流量比尺；α_t 为水流时间比尺。

3. 泥沙运动相似

试验河段来沙主要包括悬移质和沙质推移质。根据试验目的和要求，应同时模拟悬移质和沙质推移质。试验河段属平原河流，水流输沙总量中悬移质占绝大部分，沙质推移质数量相对较少，据以往实测资料的分析结果可知，荆江河段沙质推移质仅占悬移质输沙量的 5% 左右，甚至更少[48]，并且由于影响河床冲淤变化的主要是悬移质中的床沙质部分。因此，模型设计主要考虑悬移质中的床沙质运动相似，据此确定泥沙运动相似的基本条件。

（1）沉降相似。悬移质泥沙运动受到重力与紊动扩散作用，根据悬移质泥沙运动三维扩散方程：

$$\frac{\partial s}{\partial t} = -\frac{\partial}{\partial x}(us) - \frac{\partial}{\partial y}(vs) - \frac{\partial}{\partial z}(ws) + \frac{\partial}{\partial y}(\omega s) + \frac{\partial}{\partial x}\left(\varepsilon_{sx}\frac{\partial s}{\partial x}\right) + \frac{\partial}{\partial y}\left(\varepsilon_{sy}\frac{\partial s}{\partial y}\right) + \frac{\partial}{\partial z}\left(\varepsilon_{sz}\frac{\partial s}{\partial z}\right)$$

推导出的相似条件有 2 个，即按重力相似要求得：

$$\alpha_\omega = \alpha_V \frac{\alpha_H}{\alpha_L} = 2.5 \tag{4.3.5}$$

式中：ε_{sx}、ε_{sy}、ε_{sz} 分别为纵向、垂向、横向泥沙扩散系数；u、v、w 分别为纵向、垂向、横向的流速；s 为含沙量；ω 为沉速；α_ω 为沉速比尺；其他符号意义同前。

按紊动扩散相似要求得：
$$\alpha_\omega = \alpha_{u*} \tag{4.3.6}$$
式中：α_{u*} 为摩阻流速。

据阻力公式转化成：

$$\alpha_\omega = \alpha_V \left(\frac{\alpha_H}{\alpha_L}\right)^{1/2} = 5.0 \tag{4.3.7}$$

对于变态模型，不可能保证两个比尺关系同时得到满足。由于试验主要研究试验河段的河床冲淤变化情况，因此重点考虑重力相似。因此，在此次模型试验中，以式（4.3.5）为沉降比尺关系式，并以此作为模型选沙的依据。

（2）起动相似。根据起动相似条件要求：

$$\alpha_{V_0} = \alpha_V \tag{4.3.8}$$

式中：α_{V_0} 为起动流速比尺。

（3）挟沙力相似。从恒定流的悬移质输移方程可推出水流挟沙力相似条件为

$$\alpha_S = \alpha_{S*} \tag{4.3.9}$$

式中：α_S、α_{S*} 分别为含沙量比尺和水流挟沙力比尺。

根据以往研究成果，悬移质的水流挟沙力公式可表达为

$$S_* = C \frac{\gamma_s}{\dfrac{\gamma_s - \gamma}{\gamma}} (f - f_s) \frac{V^3}{gH\omega} \tag{4.3.10}$$

式中：C 为无尺度的谢才系数；f、f_s 分别为清、浑水水流的阻力系数；V 为流速；g 为重力加速度；H 为水深；ω 为沉速。

对于变态模型 $\alpha_{(f-f_s)} = \dfrac{\alpha_H}{\alpha_L}$，得悬移质含沙量比尺：

$$\alpha_S = \alpha_{S*} = \alpha_c \frac{\alpha \gamma_s}{\alpha_{\frac{\gamma_s - \gamma}{\gamma}}} \tag{4.3.11}$$

式中：α_c 为谢才系数比尺，一般取为 1。

悬移质单宽输沙率 q_s 可写成：

$$q_s = SHV \tag{4.3.12}$$

运用相似原理，满足水流挟沙力相似条件的悬移质单宽输沙率比尺

$$\alpha_{qs} = \alpha_{S_*} \alpha_H \alpha_V = \alpha_c \frac{\alpha \gamma_s}{\alpha \frac{\gamma_s - \gamma}{\gamma}} \alpha_H^{3/2} \qquad (4.3.13)$$

（4）河床变形相似。由河床变形方程式：

$$\frac{\partial q_s}{\partial x} + \gamma_0 \frac{\partial z}{\partial t} = 0 \qquad (4.3.14)$$

可导出河床变形的时间比尺 α_{t2} 关系式

$$\alpha_{t2} = \frac{\alpha_L \alpha_{\gamma 0}}{\alpha_V \alpha_s} \qquad (4.3.15)$$

式中：γ_0 为泥沙干容重；z 为冲淤变化幅度；t 为时间；$\alpha_{\gamma 0}$ 为泥沙干容重比尺；α_{t2} 为悬移质河床变形时间比尺。

4.3.2 模型选沙

三峡工程运用初期，荆江河段演变主要特征以河床冲刷为主，但局部段亦发生淤积，水流挟带泥沙有悬移质，更有推移质。因此，选择的模型沙应具备能同时模拟悬移质、推移质运动，满足沉降与起动相似；模型沙形成的河床阻力尽可能与要求的河床阻力一致；因模型较长，时间变态率尽可能小，模型沙的重率不能过大；以及模拟的悬移质、推移质的河床变形时间比尺尽可能接近等性能[49]。综合考虑，模型采用的模型沙即长江防洪实体模型所采用的塑料合成沙，容重设计为 1.38t/m³，干容重随模型沙粒径变化而略有改变，取 0.65t/m³。

1. 悬沙沉降相似及粒径比尺

（1）根据沙市站实测泥沙资料可知，杨家垴至北碾子湾段悬移质中的冲泻质与床沙质的分界粒径取 0.05mm，得悬移质中床沙质部分中值粒径平均为 0.183mm。

（2）盐船套至螺山段悬移质泥沙包括长江干流和洞庭湖两部分。根据试验河段上游监利水文站实测资料，河段悬移质中床沙质与冲泻质的分界粒径取 0.05mm，得床沙质部分中值粒径平均为 0.18mm，模型床沙中值粒径 0.2mm。根据洞庭湖出口洪道七里山水文站实测资料，河段悬移质中床沙质与冲泻质的分界粒径取 0.004mm，在模型选沙过程中，模型沙粒径越细越难选沙，因为极细的沙存在絮凝现象，且不易满足起动相似，控制也不方便。根据《长江防洪模型利用世界银行贷款项目实体模型选沙报告》[50]，洞庭湖区模型模拟悬移质粒径下限取为 0.01mm，得悬移质中床沙质部分中值粒径平均为 0.019mm，模型悬移质中值粒径 0.021mm。

计算原型沙和模型沙沉速时，当 $d > 0.1$mm 时，采用张瑞瑾沉速公式（4.3.16）计算，当 $d \leqslant 0.1$mm 时采用斯托克斯公式（4.3.17）计算。

张瑞瑾沉速公式：

$$\omega = \sqrt{\left(13.95 \frac{\nu}{d}\right)^2 + 1.09 \frac{\gamma_s - \gamma}{\gamma} g d} - 13.95 \frac{\nu}{d} \qquad (4.3.16)$$

斯托克斯沉速公式：

$$\omega = \frac{1}{18} \frac{\gamma_s - \gamma}{\gamma} g \frac{d^2}{\nu} \qquad (4.3.17)$$

式中：ω 为沉降速度，cm/s；d 为粒径，cm；γ_s、γ 分别为沙粒和水的容重，g/cm^3；ν 为水的运动黏滞性系数（随温度而变化），cm^2/s；g 为重力加速度，cm/s^2。

根据公式（4.3.16）计算，可以得到满足沉降运动相似的模型沙粒径比尺：

$$\alpha_d = \frac{\alpha_\omega^2}{\alpha_{\frac{\gamma_s-\gamma}{\gamma}}\alpha\xi} \qquad (4.3.18)$$

其中，ξ 表达式为

$$\xi = \sqrt{\sqrt{\left(\frac{13.95\frac{\nu}{d}}{\sqrt{\frac{\gamma_s-\gamma}{\gamma}gd}}\right)^2 + 1.09} - \frac{13.95\frac{\nu}{d}}{\sqrt{\frac{\gamma_s-\gamma}{\gamma}gd}}} \qquad (4.3.19)$$

根据公式（4.3.17）计算，可以得到满足沉降运动相似的模型沙粒径比尺：

$$\alpha_d = \left(\frac{\alpha_\omega}{\alpha_{\frac{\gamma_s-\gamma}{\gamma}}}\right)^{1/2} \qquad (4.3.20)$$

由上述公式计算得出满足沉降相似的模型沙粒径比尺，见表 4.3.1。由表 4.3.1 可以看出，满足沉降要求的泥沙各粒径比尺不是常数，而是随原型沙粒径不同而变化。根据试验的目的，模型主要考虑试验河段的冲刷问题，故模型设计主要以满足起动相似条件为前提。根据后面的起动相似性确定该模型的粒径比尺为 0.9。

表 4.3.1　　　　　　　　　　　　悬移质沉速及粒径比尺

原型沙（$\gamma_s=2.65\text{t/m}^3$）		模型沙（$\gamma_s=1.38\text{t/m}^3$）		比尺 α_d
d/mm	ω_p/(cm/s)	d/mm	ω_m/(cm/s)	
0.025	0.056	0.033	0.022	0.76
0.05	0.222	0.066	0.089	0.76
0.063	0.353	0.083	0.141	0.76
0.1	0.889	0.160	0.356	0.63
0.125	0.938	0.164	0.375	0.76
0.15	1.315	0.195	0.526	0.77
0.25	3.072	0.311	1.229	0.80
0.3	3.960	0.363	1.584	0.83
0.5	6.983	0.546	2.793	0.92

荆江杨家垴至北碾子湾段根据粒径比尺得模型中床沙质设计（表 4.3.2），级配曲线见图 4.3.1。

表 4.3.2　杨家垴至北碾子湾河段原型悬移质中床沙质及模型沙粒径级配表

原型悬移质中床沙质	粒径/mm	1	0.5	0.25	0.125	0.063	0.05		
	小于某粒径沙重百分数/%	100	98.51	70.53	19.17	8.15	0		
设计床沙质	粒径/mm	1.111	0.556	0.278	0.139	0.070	0.056		
	小于某粒径沙重百分数/%	100	98.51	70.53	19.17	8.15	0		
模型沙	粒径/mm	0.631	0.479	0.363	0.275	0.209	0.138	0.091	0.052
	小于某粒径沙重百分数/%	100	98.8	89.5	68.4	40.9	13.1	5.9	2.9

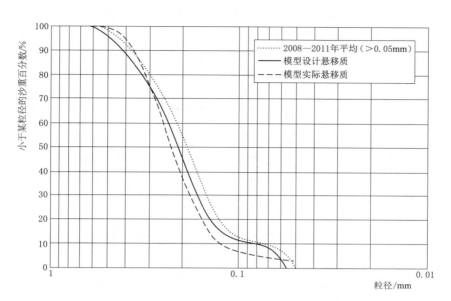

图 4.3.1　杨家垴至北碾子湾河段原型、模型设计及模型实际悬移质级配曲线

盐船套至螺山段长江干流部分模型悬移质中床沙质设计见表 4.3.3，级配曲线见图 4.3.2。洞庭湖出口洪道模型悬移质中床沙质设计见表 4.3.4，级配曲线见图 4.3.3。

表 4.3.3　　　　　　　盐船套至螺山河段满足沉降相似所要求的模型沙粒径

原型悬移质中床沙质	粒径/mm	1.0	0.5	0.25	0.13	0.06	0.05
	小于某粒径沙重百分数/%	100	99.1	71.0	32.2	16.5	6.4
模型设计床沙质	粒径/mm	1.11	0.56	0.28	0.14	0.07	0.06
	小于某粒径沙重百分数/%	100	99.1	71.0	32.2	16.5	6.4

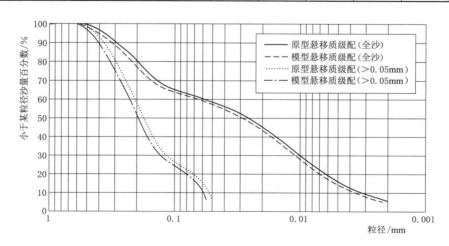

图 4.3.2　盐船套至螺山河段悬移质床沙质及模型沙
设计级配曲线（2010—2014 年，监利站）

表 4.3.4　　　　　洞庭湖出口洪道满足沉降相似所要求的模型沙粒径

原型悬移质 中床沙质	粒径/mm	1	0.5	0.25	0.125	0.062	0.031	0.016	0.01
	小于某粒径沙重百分数/%	100	99.79	98.30	95.74	88.86	73.50	45.59	11.39
模型设计 床沙质	粒径/mm	1.11	0.56	0.28	0.14	0.069	0.034	0.018	0.011
	小于某粒径沙重百分数/%	100	99.79	98.30	95.74	88.86	73.50	45.59	11.39

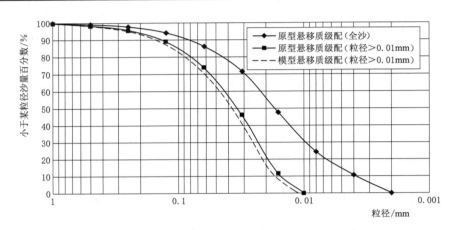

图 4.3.3　洞庭湖出口洪道悬移质床沙质及模型沙级配曲线
（2011—2014 年，七里山站）

2. 起动相似及粒径比尺

（1）根据试验河段床沙资料，荆江杨家垴至北碾子湾段原型床沙中值粒径 $d_{50}=$ 0.152～0.288mm，平均粒径约为 0.229mm。

（2）根据试验河段床沙资料，盐船套至城陵矶段床沙中值粒径约为 0.18mm。洞庭湖出口洪道原型床沙沿河宽分布不均匀，河床中部中值粒径 0.135～0.395mm，近岸及边滩中值粒径 0.006～0.017mm。由于极细颗粒泥沙难以起动，因此该河段动床按河槽部分床沙模拟，其中值粒径约为 0.31mm。

此次原型沙起动流速计算采用沙玉清泥沙起动流速公式（4.3.21），模型沙起动流速公式采用水槽试验成果拟合公式（4.3.22）进行计算。

沙玉清泥沙起动流速公式：

$$u=\left[0.43d^{\frac{3}{4}}+1.1\frac{(0.7-\varepsilon)^4}{d}\right]^{\frac{1}{2}}h^{\frac{1}{5}} \qquad (4.3.21)$$

式中：ε 为孔隙率，取 0.4；d 为粒径，mm；h 为水深，m；u 为起动流速，m/s。经计算，在水深为 5～30m 条件下，原型床沙的起动流速为 0.587～0.841m/s。

模型沙起动流速公式：

$$U_{个别动}=0.9216\left(\frac{H}{d}\right)^{0.141}\left(17.6\frac{\gamma_s-\gamma}{\gamma}d+0.000000016\frac{10+H}{d^{0.885}}\right)^{1/2}-2.105$$

$$(4.3.22)$$

式中：H 为水深，m；d 为中值粒径，m；γ_s、γ 分别为沙粒和水的容重，g/cm³。

经计算，在水深为 5～30m 条件下，选取模型床沙 $d_{50}=0.254$mm，模型床沙的起动流速为 6.45～8.93cm/s。由此可知，床沙起动流速比尺为 9.11～9.42，与流速比尺 10 相差不大，说明所选定的模型沙基本满足起动相似条件，对应的粒径比尺为 0.9。

根据起动相似性确定该模型的粒径比尺为 0.9，荆江杨家垴至北碾子湾段模型中床沙设计见表 4.3.5，级配曲线见图 4.3.4；盐船套至螺山河段、洞庭湖出口段模型中床沙设计分别见表 4.3.6 和表 4.3.7，级配曲线分别见图 4.3.5 和图 4.3.6。

表 4.3.5　　　　荆江杨家垴至北碾子湾段原型床沙及模型床沙粒径级配表

原型床沙	粒径/mm	2.0	1.0	0.5	0.25	0.125	0.063	0.05	
	小于某粒径沙重百分数/%	100	99.8	98.9	63.8	4.4	0.2	0	
设计床沙	粒径/mm	2.222	1.111	0.556	0.278	0.139	0.07	0.056	
	小于某粒径沙重百分数/%	100	99.8	98.9	63.8	4.4	0.2	0	
模型沙	粒径/mm	0.383	0.334	0.292	0.222	0.169	0.129	0.098	0.066
	小于某粒径沙重百分数/%	100	86.9	70.2	36.7	19.0	9.9	5.1	1.5

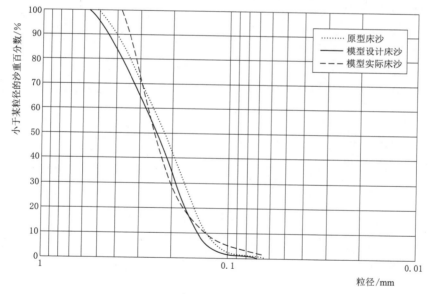

图 4.3.4　荆江杨家垴至北碾子湾段原型、模型设计及模型实际床沙级配曲线

表 4.3.6　　　　盐船套至螺山河段原型床沙及模型沙粒径级配表

原型床沙	粒径/mm	0.062	0.125	0.25	0.5
	小于某粒径沙重百分数/%	0.2	9.6	84.6	100
模型床沙	粒径/mm	0.068	0.139	0.278	0.556
	小于某粒径沙重百分数/%	0.2	9.6	84.6	100

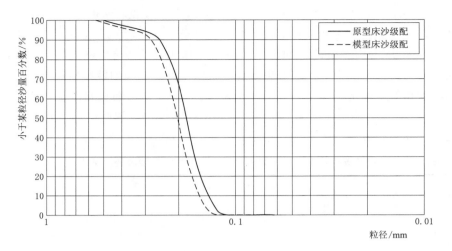

图 4.3.5　盐船套至螺山河段原型床沙及模型沙级配曲线

表 4.3.7　　　　　　　　洞庭湖出口洪道原型床沙及模型沙粒径级配表

原型床沙	粒径/mm	4	2	1	0.5	0.25	0.13	0.06	0.03	0.02	0.01
	小于某粒径沙重百分数/%	100	98.3	94.6	80.4	37.7	15.0	9.0	7.3	5.8	4.1
设计床沙	粒径/mm	4.44	2.22	1.11	0.56	0.28	0.14	0.07	0.03	0.02	0.01
	小于某粒径沙重百分数/%	100	98.3	94.6	80.4	37.7	15.0	9.0	7.3	5.8	4.1

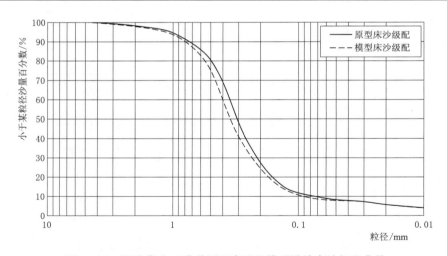

图 4.3.6　洞庭湖出口洪道原型床沙及模型设计床沙级配曲线

3. 含沙量比尺

取 $\alpha_c = 1$，由式（4.3.11）可得 $\alpha_S = 0.442$，由式（4.3.13）可得 $\alpha_{qs} = 442$，含沙量比尺最终值需通过验证试验结果确定。

4. 时间比尺

泥沙模型一般存在两个时间比尺，即由水流连续相似导出的时间比尺 α_t 与由河床变形相似导出的时间比尺 α_{t2} 通常是不相等的，且 α_t 远小于 α_{t2}。当模型研究河床变形时主要遵循相似条件 α_{t2}，但实际上水流运动仍受制于 α_t 控制，这样就存在 α_t 与 α_{t2} 不一致的矛盾，即所谓的时间变态。

原型沙干容重可取 $1.38t/m^3$，模型塑料沙干容重取为 $0.65t/m^3$，干容重比尺 $\alpha_{\gamma0}=2.14$，由式（4.3.15）初步可得河床变形时间比尺 $\alpha_{t2}=194$。由于在前述挟沙力计算中 $\alpha_c=1$ 为假定值，因此最终的河床变形时间比尺 α_{t2} 仍需通过验证试验最终确定。

5. 比尺汇总

以上计算表明，模型采用塑料沙可以满足泥沙起动、悬移和河床变形相似，以塑料沙作为模型沙是可行的。模型设计的各项比尺汇总结果见表 4.3.8。

表 4.3.8　　　　　　　　试验河段模型比尺汇总表

相似条件	比尺名称	比尺符号	比值	备　注
几何相似	平面比尺	α_L	400	
	垂直比尺	α_H	100	
水流运动相似	流速比尺	α_V	10	
	糙率比尺	α_n	1.08	
	流量比尺	α_Q	400000	
	水流时间比尺	α_t	40	
泥沙运动相似	起动流速比尺	α_{V0}	10	
	粒径比尺	α_d	0.9	
	沉速比尺	α_ω	2.5	
	含沙量比尺	α_s	0.442	尚待验证试验确定
	河床变形时间比尺	α_{t2}	194	尚待验证试验确定

4.3.3　模型控制与测量

动床模型水沙条件放水要素由中央控制系统集中控制，其中模型进口流量由电磁流量计控制，进口沙流量由多台螺杆泵采用调频器控制，模型出口水位由梭拉式尾门自动调节水位。太平口、藕池口分流采用曲线堰自流的方式进行控制。

模型量测系统主要包括自动水位仪、手动水位计、多点式光电流速仪、自动测淤仪，主要观测模型沿程水位、断面流速分布、河床地形等。

1. 进口输沙控制

此次模型试验加沙系统采用螺杆泵加沙新工艺，其主要特征为在加沙工作池和模型进口河段之间采用单螺杆泵连接输沙管，利用变频调速控制器控制螺杆泵转速，从而确定输沙率。该方法克服了传统加沙工艺控制精度差、自动化程度低、输送模型沙浓度小等缺陷。

试验前对 1 号、2 号、5 号、6 号单螺杆泵进行率定，见图 4.3.7。根据螺杆泵率定的转速 N-流量 Q 关系曲线 $Q=f(N)$、加沙池模型沙浓度 S 及概化时间段模型进口输沙率 q_s，计算该时间段螺杆泵转速，以变频调速控制器控制转速达到进口输沙率指标要求。

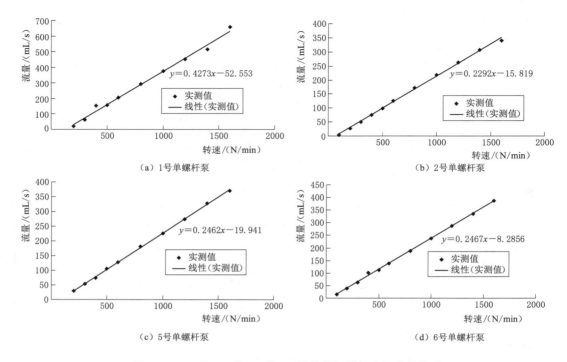

图 4.3.7　1 号、2 号、5 号、6 号单螺杆泵转速与流量关系

2. 进口流量、出口水位控制方式

对于较短动床模型，试验水沙条件控制一般采用进、出口水沙要素同时控制方法，即上游进口流量（沙量）由本级向下一级调节时，尾门水位调节同时相应进行，该控制方式主要考虑模型较短，水沙传播时间较快，对模型试验成果影响不甚严重，采取延长概化流量级时间可缓解由此造成的不利影响。此次研究的两个模型分别长约 320m 和 270m，水流传播时间相对较长，原型 12000m³/s 流量在模型上水流传播时间需 20～30min，如果按同时方式控制进出口各放水要素，在涨水过程中，尾门水位势必抬高，而进口流量传播远未到达出口，致使尾门出口流量急剧减小，甚至为零，尾门附近河段流速相应减小，水流挟带泥沙就此落淤；模型进口段由于流量剧增，水面比降增大，加大河床冲刷。在落水过程中，尾门水位通过增大开度泄流以降低控制水位，尾门出口流量突然放大，尾门附近河段比降随之增大，该段河床遭受严重冲刷；模型上段流量的减小减缓了水面比降，造成河床淤积。图 4.3.8、图 4.3.9 描述了按同时控制方式在涨水及落水过程中杨家垴至北碚子湾河段模型进、出口及沿程水位变化情况。

为了减少模型同时控制方式带来不利影响，此次试验模型控制方式采取进口流量提前、出口水位滞后控制方式，并对其控制过程进行了分析，初步确定控制参数。该方式主要内容为：当由本级流量向下一级流量调整时，考虑模型不同流量下水流传播时间，给出适当时间提前释放进口流量，同时延迟尾门水位，尽可能保证进出口正常的水位流量关系，其操作方式见图 4.3.10。

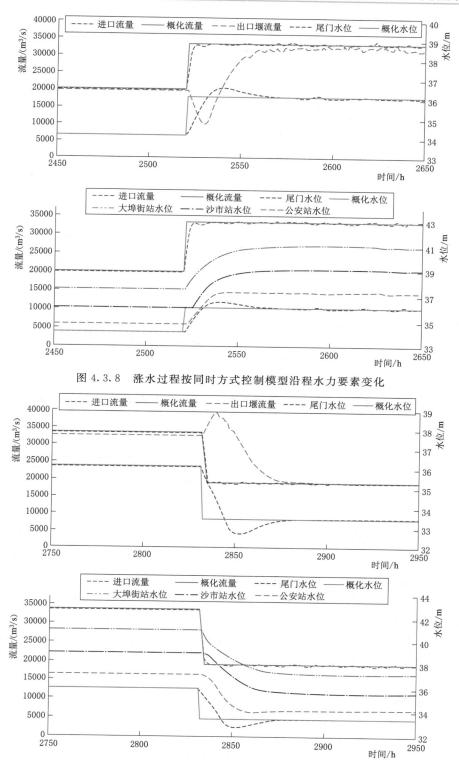

图 4.3.8　涨水过程按同时方式控制模型沿程水力要素变化

图 4.3.9　落水过程按同时方式控制模型沿程水力要素变化

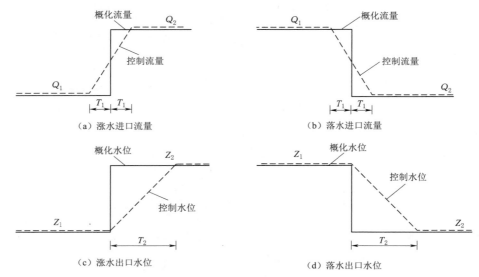

图 4.3.10　模型进、出口水沙过程控制方式示意图

由图 4.3.10 可见，在涨水过程中，流量 Q_1 增至 Q_2，提前 T_1 时间调节流量，达到目标流量 Q_2 时共历时 $2T_1$；同时，尾门控制水位在 T_1 时间内保持不变，经历时间 T_1 后（滞后于流量控制），在时间 T_2 内按照 (Z_1-Z_2) 沿时线性关系控制尾门水位。落水过程中进口流量与尾门水位控制与涨水过程相同。

当模型进口流量改变时，其水流波从模型进口到出口的时间 T_1 由下式表示：

$$T_1 = \frac{L}{\sqrt{gA_s/B}+V_1} \tag{4.3.23}$$

式中：L 为河道长度；A_s 为断面过水面积；B 为水面宽度；V_1 为断面平均流速。

当水流传播到尾门后，达到目标水位需要的时间 T_2 可由下式表示：

$$T_2 = \frac{BL\,\mathrm{d}Z}{\mathrm{d}Q} \tag{4.3.24}$$

式中：$\mathrm{d}Z$ 为上下级水位差；$\mathrm{d}Q$ 为进出口流量差。

从式（4.3.23）、式（4.3.24）两式可以看出，T_1 与模型长度、流量和水深有关，T_2 由模型槽蓄量大小和进、出口流量差决定，T_1、T_2 看似与时间变态率 e 无联系，但在一定试验河段长度情况下时间变态率 e 将影响进口流量概化过程，即时间变态率越大，则概化流量历时不能过短，以保证非恒定水沙传播时间占该级别流量试验历时比例足够小。可以说当模型长度、放水要素等条件确定后，T_2 将决定时间变态率 e 合理取值范围。

尾门控制时间可采用下式：

$$T_{尾门} = T_2 \tag{4.3.25}$$

进口流量提前变化的时间可采用式（4.3.23）中的 T_1，流量的调整时间为 $2T_1$，即在上、下级流量的各 T_1 时间内将进口流量调整到目标流量。进口流量 $Q_{进口}$ 的控制过程可采用下式：

$$Q_{进口} = Q_1 + \frac{Q_2-Q_1}{2T_1}(t+T_1) \tag{4.3.26}$$

式中：Q_1、Q_2 为前、后级流量；t 为试验过程时间。

对应流量提前变化，尾门水位则采取滞后控制，其过程为 T_1 时间内按上一级水位 Z_1 运行，T_2 时间内按下式控制：

$$Z_{尾门} = Z_1 + \frac{Z_2 - Z_1}{T_2} t \qquad (4.3.27)$$

式中：Z_1、Z_2 为上、下级尾门水位；t 为试验过程时间。

4.4　动床模型验证试验

动床模型验证试验主要是通过水面线、断面流速分布和河床冲淤变形等要素的验证试验，来检验模型设计、选沙及各项比尺的合理性，从而保证模型方案试验的可靠性，并最终确定模型的含沙量比尺与河床冲淤变形时间比尺，为后期开展溪洛渡、向家坝、亭子口等水库与三峡水库联合运用后荆江典型河道再造过程及变化趋势预测试验研究奠定基础。

4.4.1　杨家垴至北碾子湾河段

4.4.1.1　验证试验条件

模型平面布置见图 4.4.1～图 4.4.3。

荆江杨家垴至北碾子湾河段动床模型模拟范围上起马羊洲头部（荆 27），下迄北碾子湾附近（荆 104），全长约 121.9km，模型长约 305m。根据杨家垴至北碾子湾河段原型观测资料历年河床冲淤变化分析成果，确定河道 35.00m 高程以下地形为模型动床部分，临近深槽岸坡（护岸工程）及 35.00m 高程以上岸坡为定床部分。试验河段内洲滩分布比较多，主要有马羊洲、太平口心滩、三八滩、金城洲、突起洲、蛟子渊边滩、天星洲、倒口窑心滩及藕池口心滩，以上洲滩除马羊洲、突起洲洲体相对较为稳定少变外，其余洲体多年来冲淤变化较大，因此在模型试验中将突起洲 35.00m 高程以上、马羊洲 35.00m 高程以上及左汊制作为定床，该洲体 35.00m 高程以下及其余洲体均制作为动床，来模拟其冲淤变化情况。

验证试验初始河床地形采用 2008 年 11 月底实测 1:10000 水下地形制作，在模型中施放 2008 年 11 月至 2011 年 11 月的水沙过程，以复演 2011 年 11 月实测河床地形。

20 世纪 90 年代以来，该河段内实施了大量的河道整治及航道整治工程，为了尽量满足模型边界条件与原型的相似性，模型还对试验河段内已实施的河道和航道整治工程等情况进行了模拟，具体情况分述如下。

（1）护岸工程。试验河段已实施护岸工程基本采用护坡与护底相结合形式，模型采用细石网带膜模拟护岸工程坡脚护底。

（2）航道整治工程。试验河段已经实施完成及正在实施的航道整治工程比较多，主要有沙市河段三八滩应急守护一期、二期航道整治工程，沙市河段航道整治一期工程，瓦口子水道航道整治控导工程，马家咀水道航道整治一期工程，周天河段清淤应急工程、周天河段航道整治控导工程等[51]。

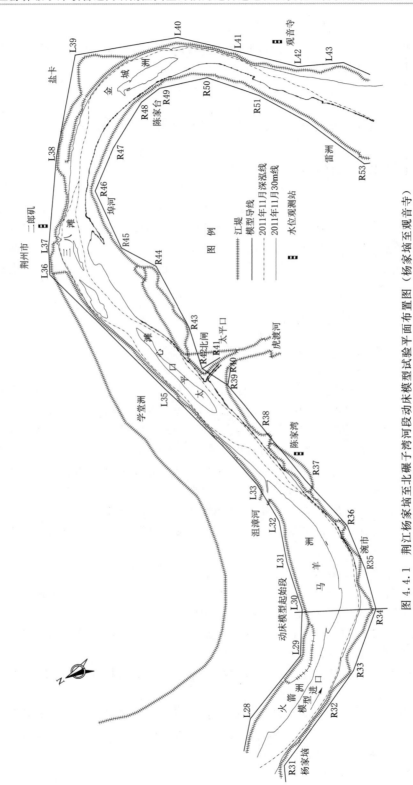

图 4.4.1　荆江杨家垴至北碾子湾河段动床模型试验平面布置图（杨家垴至观音寺）

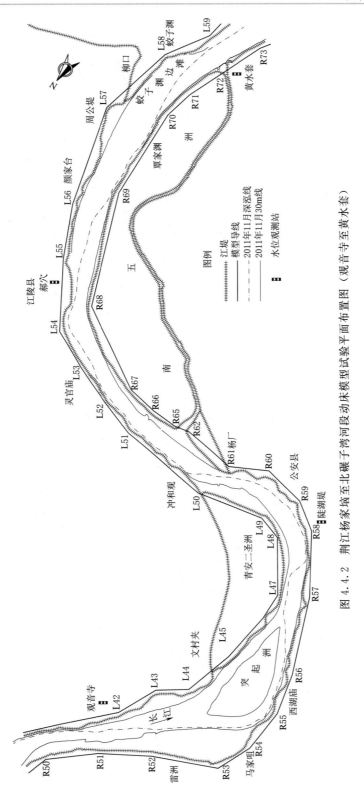

图 4.4.2 荆江杨家垴至北碾子湾河段动床模型试验平面布置图（观音寺至黄水套）

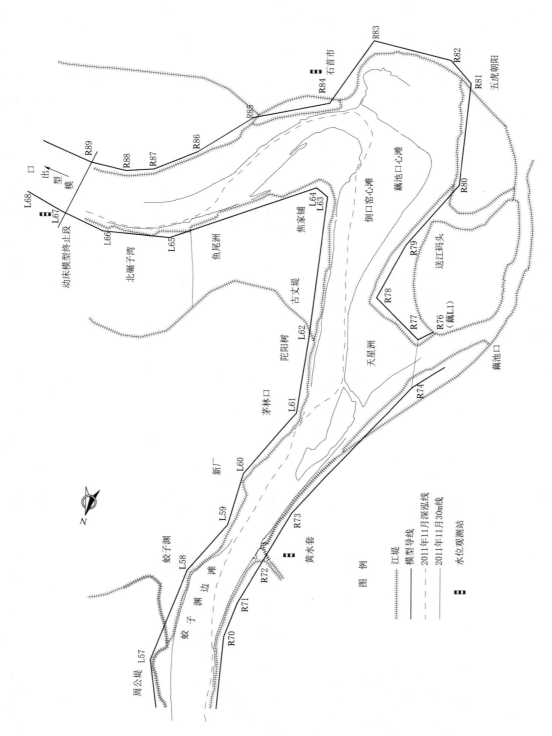

图 4.4.3　荆江河段杨家垴至北碾子湾段动床模型试验平面布置图（黄水套至北碾子湾）

（3）其他涉水工程。试验河段的其他涉水工程主要有荆州长江大桥。模型按照尺寸比例对以上工程形态及结构进行模拟。

此外，为了定性反映水流对河岸产生的影响，模型选取了三个典型河弯，通过采用一定配方的模型沙将河弯横向一定范围内（根据多年来该河岸的冲淤变化幅度来定）的河岸制作为动岸，以模拟水流与河岸间的相互作用。模型选取的试验段为沙市河弯太平口边滩（荆 32～荆 40，长 7.1km）、公安河弯马家咀边滩（荆 52～荆 56，长 7.4km）及石首河弯天星洲洲体左缘（荆 84～石 2，长 5.3km），试验段横向沙厚 10～20cm。

根据河工模型试验规程要求，将原型 2008 年 11 月至 2011 年 11 月非恒定水沙过程概化为不同级别恒定过程。水沙条件概化原则为：尽可能使概化过程能反映年内流量和输沙率变化；洪峰时段尽可能短，但需同时考虑河床冲淤时间比尺取值范围。模型进口概化的各级水沙条件采用沙市水文站＋太平口弥陀寺水文站实测流量及输沙率过程，模型出口概化的各级水位采用石首水位站与调关水位站实测水位过程差值，太平口、藕池口分流控制采用的是幂函数曲线薄壁堰自流的方式进行控制。

4.4.1.2　验证试验成果分析

1. 水面线验证

选择该河段 2011 年实测洪、中、枯 3 级流量进行水面线验证。试验河段布设陈家湾、沙市、观音寺、公安、郝穴、新厂、石首及尾门北碾子湾 8 个水位观测站，其中陈家湾、沙市、郝穴、新厂、石首测站为原型水文站（水位站），观音寺、公安、尾门为模型水位添加测站，其原型水位通过相邻水位站实测水位差值求得。模型水位观测站位置见图 4.4.1～图 4.4.3。水面线验证结果见表 4.4.1 和表 4.4.2。

由表 4.4.1 和表 4.4.2 可以看出，总体来说，模型与原型的水面线吻合程度较好，基本在模型允许的差值范围内，符合中华人民共和国行业标准《河工模型试验规程》（SL 99—2012）要求（模型允许的差值为±2mm，相当于原型值±0.20m），表明模型河床综合阻力与原型基本相似。

表 4.4.1　　　　　杨家垴至北碾子湾段动床模型验证水位对比表（2009 年）　　　　单位：m

站名	进口流量 $Q=32099\text{m}^3/\text{s}$			进口流量 $Q=24810\text{m}^3/\text{s}$			进口流量 $Q=8487\text{m}^3/\text{s}$		
	原型水位	模型水位	误差	原型水位	模型水位	误差	原型水位	模型水位	误差
陈家湾	39.92	39.42	0.17	38.45	38.07	0.09	31.87	31.92	0.05
沙市	39.23	38.66	0.13	37.76	37.36	0.13	31.07	31.19	0.12
观音寺	38.51	38.47	−0.04	36.69	36.85	0.16	30.27	30.32	0.05
公安	37.76	37.63	−0.13	36.09	36.13	0.04	29.69	29.66	−0.03
郝穴	36.41	36.48	0.07	35.17	35.07	0.05	28.96	28.85	−0.11
新厂	35.80	35.91	0.11	34.24	34.21	−0.03	28.15	28.13	−0.02
石首	35.13	34.86	0.03	33.74	33.86	0.14	27.49	27.49	0
尾门	34.35	34.35	0	33.41	33.42	0.01	26.67	26.67	0

注　模型水位值为已换算成 1985 国家高程基准的原型水位值，"−"为比原型值低，"＋"为比原型值高，下同。

表 4.4.2　　　　　　杨家垴至北碾子湾段动床模型验证水位对比表（2010 年）　　　　　　单位：m

站名	进口流量 $Q=33747\text{m}^3/\text{s}$			进口流量 $Q=23887\text{m}^3/\text{s}$			进口流量 $Q=6937\text{m}^3/\text{s}$		
	原型水位	模型水位	误差	原型水位	模型水位	误差	原型水位	模型水位	误差
陈家湾	40.75	40.82	0.07	38.78	38.87	0.09	31.02	31.12	0.10
沙市	40.13	40.26	0.13	38.12	38.19	0.07	30.41	30.39	−0.02
观音寺	39.51	39.47	−0.04	37.69	37.85	0.16	29.87	29.75	−0.12
公安	38.76	38.63	−0.13	36.79	36.93	0.14	29.19	29.16	−0.03
郝穴	37.56	37.68	0.12	35.92	36.02	0.10	28.46	28.55	0.09
新厂	36.20	36.31	0.11	35.04	35.05	0.01	27.75	28.93	0.18
石首	35.23	35.23	0	34.14	34.26	0.12	26.59	26.69	0.10
尾门	34.39	31.78	0.01	33.20	33.50	0.02	25.66	25.64	−0.02

2. 断面流速分布验证

根据该河段 2008 年 11 月至 2011 年 11 月时间段内实测断面流速资料的时间及对应的流量，选用同时段模型流量概化值，进行模型断面流速分布的验证。由于实测资料有限，此次仅对原型沙市站实测流量为 25000m³/s（测量日期为 2009 年 8 月 20 日，概化流量为 26043m³/s）、5920m³/s（测量日期为 2010 年 1 月 4 日，概化流量为 6150m³/s）、17600m³/s（测量日期为 2011 年 7 月 28 日，概化流量为 17409m³/s）情况下的流速分布情况进行验证。模型共布设 8 个测流断面，分别为荆 42、荆 45、荆 45、荆 58、荆 59、荆 82、荆 89、荆 99，其平面位置见图 4.4.1～图 4.4.3。流速分布验证成果见图 4.4.4～图 4.4.6。

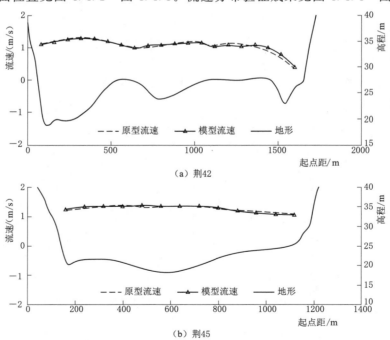

（a）荆42

（b）荆45

图 4.4.4（一）　荆江杨家垴至北碾子湾河段动床模型流速验证图

（沙市流量 17600m³/s）

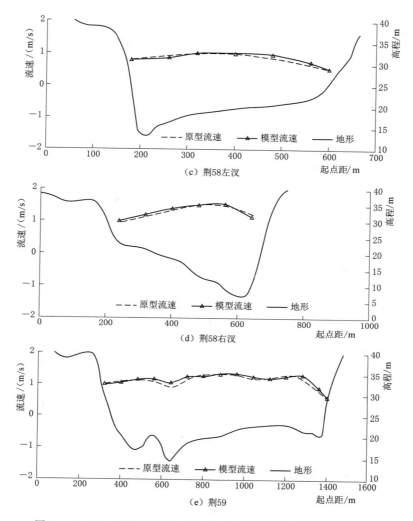

（c）荆58左汊

（d）荆58右汊

（e）荆59

图 4.4.4（二） 荆江杨家垴至北碾子湾河段动床模型流速验证图
（沙市流量 17600m³/s）

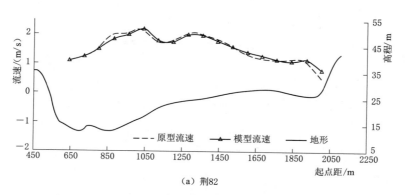

（a）荆82

图 4.4.5（一） 荆江杨家垴至北碾子湾河段动床模型流速验证图
（沙市流量 25000m³/s）

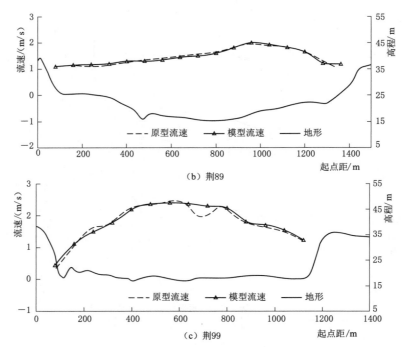

（b）荆89

（c）荆99

图 4.4.5（二）　荆江杨家垴至北碾子湾河段动床模型流速验证图
（沙市流量 25000m³/s）

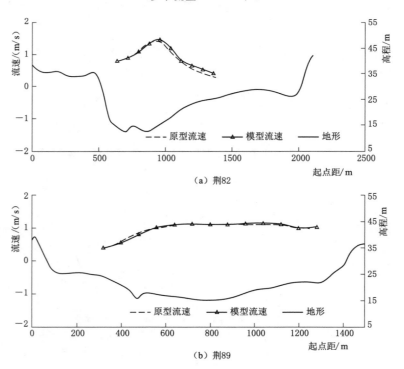

（a）荆82

（b）荆89

图 4.4.6（一）　荆江杨家垴至北碾子湾河段动床模型流速验证图
（沙市流量 5920m³/s）

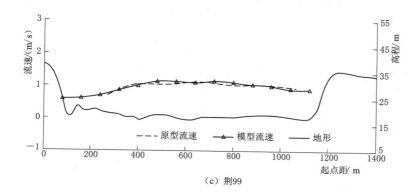

(c)荆99

图 4.4.6（二） 荆江杨家垴至北碾子湾河段动床模型流速验证图

（沙市流量 5920m³/s）

3. 汊道分流比验证

根据该河段 2008 年 11 月至 2011 年 11 月期间不同流量下实测分汊河道分流比，选用同时段模型流量概化值，进行模型分汊河道分流比验证。由于实测资料有限，此次仅对沙市站原型实测流量为 17600m³/s（测量日期为 2011 年 7 月 28 日，概化流量为 17409m³/s）情况下的三八滩和突起洲分汊河道分流比进行验证，其中三八滩汊道测流断面为荆 42＋1，突起洲汊道测流断面为荆 58。汊道分流比验证成果见表 4.4.3。

表 4.4.3 三八滩汊道分流比验证对比表（2011 年）

原型施测时间	断面名称	汊道流量/(m³/s)	分流比/%	模型测量时间	汊道流量/(m³/s)	分流比/%
2011 年 7 月 28 日	JSS42.1（左汊）	7700	44.6	第 39 级流量	7724	44.4
2011 年 7 月 28 日	荆 42＋1（右汊）	9560	55.4	第 39 级流量	9685	55.6
2011 年 7 月 27 日	JSS58.1（左汊）	6020	34.8	第 39 级流量	6135	35.2
2011 年 7 月 27 日	JSS58.2（右汊）	11300	65.2	第 39 级流量	11275	64.8

4. 河床冲淤变形验证

以 2008 年 11 月地形为初始地形，在模型中施放 2008 年 11 月至 2011 年 11 月时间段内的天然水沙过程，对 2011 年 11 月实测地形进行冲淤变形验证。模型试验观测河段自上而下分为沌市河弯段（荆 27～荆 29）、沙市河弯上段（荆 29～荆 45）、沙市河弯下段（荆 45～荆 52）、公安河弯（荆 52～荆 64）、郝穴河弯上段（荆 64～荆 75）、郝穴河弯下段（荆 75～荆 82）及石首河弯段（荆 82～石 4）共 7 段。模型共布置地形观测断面 157 个，弯道及冲淤变化比较大的位置断面布置较为密集，其余位置断面布置相对较为稀疏，断面间距为 300～2000m，观测断面布置见表 4.4.4 及图 4.4.1～图 4.4.3。

（1）冲淤部位及深泓位置变化。模型河床滩槽形态及深泓位置变化与原型的相似性是此次验证试验的重点内容。模型河床冲淤地形验证试验结果见图 4.4.7～图 4.4.13。

表 4.4.4　　　　　杨家垴至北碾子湾段模型冲淤验证试验观测断面布置表

序号	断面	序号	断面	序号	断面	序号	断面
1	荆 27	41	荆 42	81	CS548	121	CS674－675
2	CS339	42	CS433－434	82	CS550－551	122	荆 76
3	CS342	43	沙 6	83	CS552－555	123	CS682－681
4	CS345	44	CS439	84	CS554－558	124	公 1
5	荆 28	45	荆 43	85	CS561	125	荆 77
6	CS350	46	荆 44	86	CS564	126	CS695
7	CS352	47	CS447	87	荆 59	127	荆 78
8	CS355	48	荆 45	88	CS570	128	CS703
9	CS358	49	CS452－454	89	荆 60	129	荆 79
10	荆 29	50	荆 46	90	CS576－577	130	CS710
11	浣 15	51	CS457－459	91	荆 61	131	荆 80
12	CS368	52	CS460－462	92	CS582－583	132	CS718－716
13	荆 30	53	荆 47	93	荆 62	133	荆 81
14	沙 1	54	CS466	94	CS589	134	CS728
15	CS374－376	55	CS468	95	CS592	135	公 2
16	荆 31	56	荆 48	96	荆 63	136	CS738－737
17	CS378－379	57	CS474	97	CS598－599	137	荆 82
18	CS380－381	58	荆 49	98	荆 64	138	CS747－746
19	CS382－383	59	CS480－483	99	CS605－604	139	荆 83
20	沙 4	60	CS484－486	100	荆 65	140	CS755
21	CS387	61	荆 50	101	CS611－610	141	荆 84
22	CS389	62	CS490	102	荆 66	142	CS768
23	荆 32	63	CS492	103	荆 67	143	CS777－775
24	CS392	64	荆 51	104	荆 68	144	荆 85＋1
25	荆 33	65	CS498	105	CS624	145	荆 89
26	CS395－394	66	CS502	106	荆 69	146	石 2
27	荆 34	67	荆 52	107	CS630	147	CS795
28	CS398－397	68	CS508	108	CS633	148	荆 92
29	荆 35	69	荆 53	109	荆 70	149	CS 荆 92－812
30	CS402－400	70	CS515	110	公 3	150	CS820
31	荆 36	71	荆 54	111	CS643	151	荆 95
32	荆 37	72	CS522	112	荆 71	152	荆 96
33	荆 38	73	荆 55	113	CS650	153	荆 97
34	荆 39	74	CS528－527	114	荆 72	154	荆 98
35	CS414－417	75	CS530	115	CS656－658	155	荆 99
36	荆 40	76	CS537－532	116	荆 73	156	CS859
37	CS418－422	77	CS539－535	117	CS663－664	157	CS868－869
38	荆 41	78	荆 56	118	荆 74		
39	CS423－426	79	CS546－542	119	CS669－670		
40	CS426－428	80	CS547－545	120	荆 75		

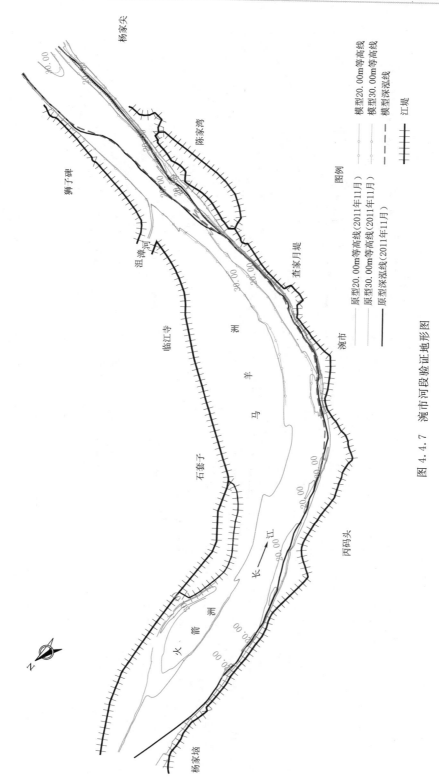

图 4.4.7 涴市河段验证地形图

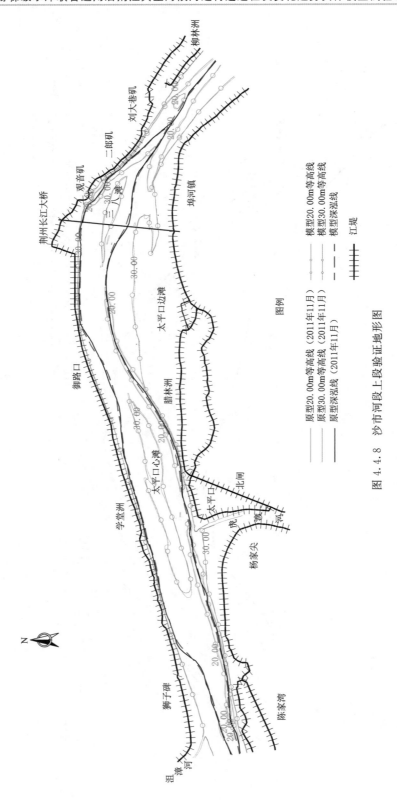

图 4.4.8　沙市河段上段验证地形图

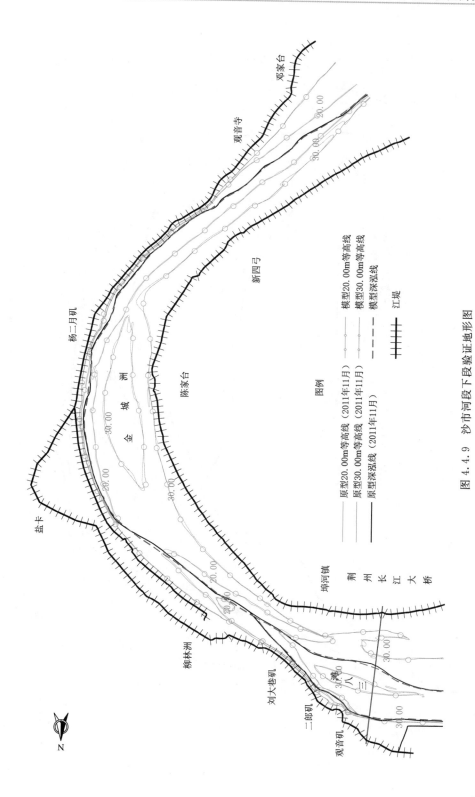

图 4.4.9　沙市河段下段验证地形图

图例

原型20.00m等高线（2011年11月）
原型30.00m等高线（2011年11月）
原型深泓线（2011年11月）
模型20.00m等高线
模型30.00m等高线
模型深泓线
江堤

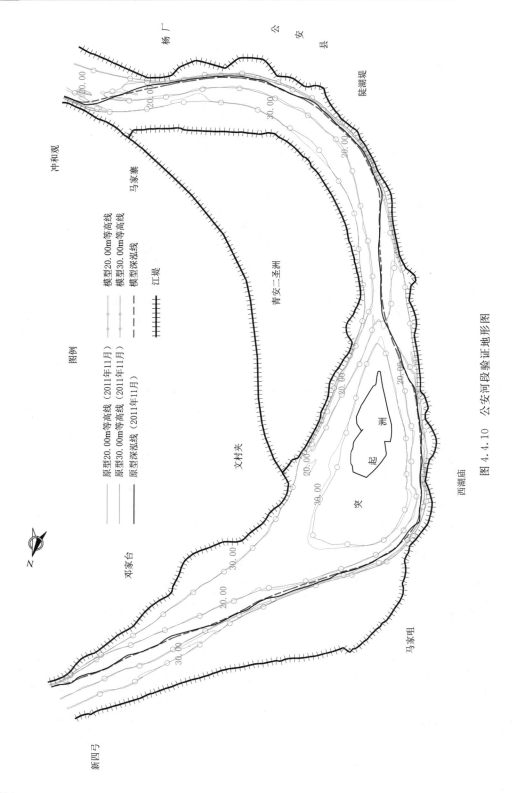

图 4.4.10　公安河段验证地形图

图例

———— 原型20.00m等高线（2011年11月）

———— 原型30.00m等高线（2011年11月）

———— 原型深泓线（2011年11月）

——○—— 模型20.00m等高线（2011年11月）

——○—— 模型30.00m等高线（2011年11月）

———— 模型深泓线（2011年11月）

┤┤┤┤┤ 江堤

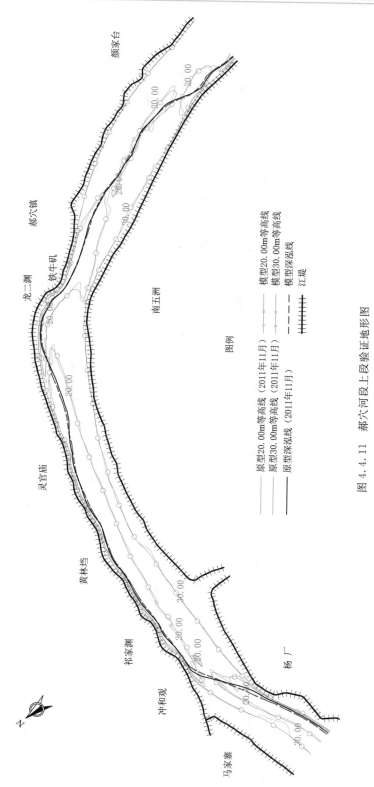

图 4.4.11 郝穴河段上段验证地形图

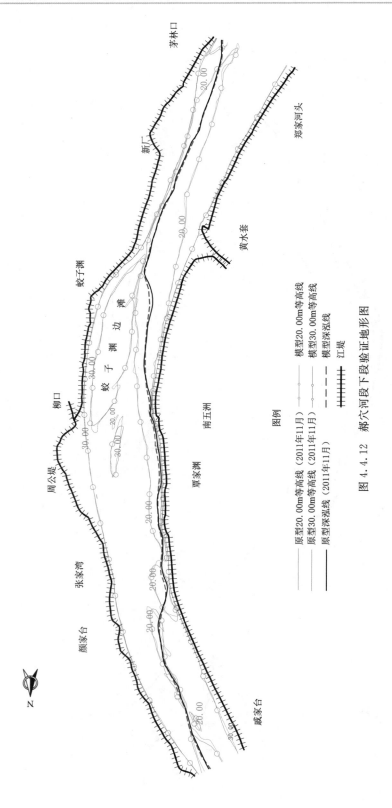

图 4.4.12　郝穴河段下段验证地形图

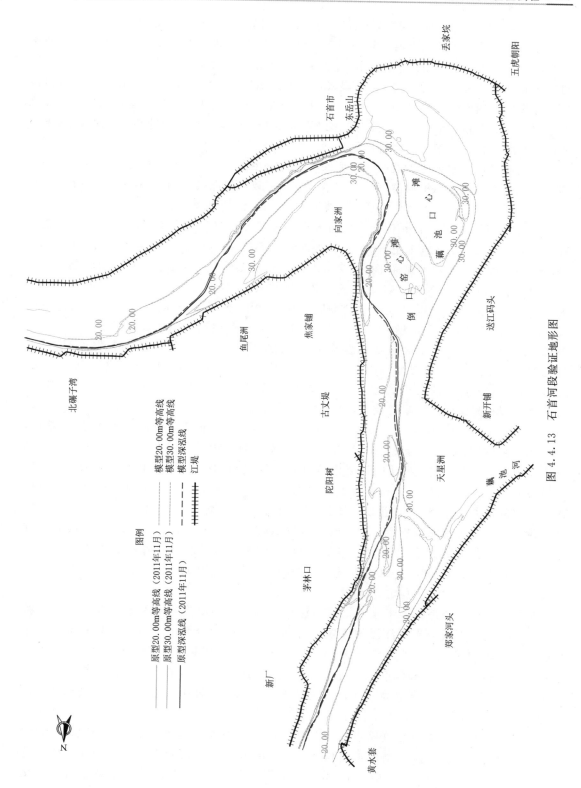

图 4.4.13 石首河段验证地形图

图例
原型20.00m等高线（2011年11月）
原型30.00m等高线（2011年11月）
原型深泓线（2011年11月）
模型20.00m等高线
模型30.00m等高线
模型深泓线
江堤

1）涴市河弯段。涴市河弯段属微弯分汊型河段，河道断面形态基本呈偏右的"V"形。多年来，该段主流由上游大埠街附近逐渐向右岸过渡进入本河段后，基本贴弯道凹岸下行，至马羊洲尾部附近逐渐向下游左岸过渡或者分左右两股水流分别进入下游太平口过渡段的左右两槽内。20 世纪 50 年代以来，该段深泓位置整体较为稳定，仅进出口过渡段处，深泓摆动幅度较大。原型 2011 年 11 月地形与 2008 年 11 月相比，该段出口左侧深泓有一定幅度的右移。荆 28 以上河段深槽及左侧低滩部均呈现冲刷的趋势，荆 28 以下低滩部分有所淤积、深槽部分略有冲刷。

该段模型地形验证成果表明：模型深泓位置除在过渡段及个别深槽处有所偏离外，整体与原型基本一致。滩槽冲淤部位也基本与原型一致，仅深槽冲刷的幅度与原型相比略有冲深，且荆 29 处 20m 深槽与太平口过渡段右槽 20m 深槽贯通。

2）沙市河段上段。沙市河弯上段由太平口过渡段与三八滩汊道段组成。该段河道沿程分布太平口心滩、太平口边滩、三八滩等江心洲滩（边滩），主流位置随着上游河势、来水来沙条件及河段内洲滩冲淤交替变化相应地不断调整，河床演变规律十分复杂。原型 2011 年 11 月地形与 2008 年 11 月相比，该段进口处（荆 30 附近）冲刷较为严重，另外太平口心滩左河槽进口也呈现一定的冲刷，导致左河槽 25.00m 高程线与其上游进口处 25.00m 高程线贯通，左河槽的下段（沙 4~荆 36）有所淤高，但槽体有所扩宽；右河槽整体有所冲刷下切，深槽最深点高程降低，且右槽出口处 20m 深槽刷长展宽，槽尾已下延至荆 39 附近。太平口心滩滩体有所淤积，原有的 2 个小心滩淤积合并成一个大心滩，且滩体有所左偏，滩顶高程变化不大，略有所淤积。原型 2011 年 11 月深泓与 2008 年 11 月相比，仅左侧深泓摆动幅度较大，右槽深槽相对较稳定。

原型 2011 年 11 月地形与 2008 年 11 月相比，三八滩汊道段进口左侧有所淤积，20.00m 等高线深槽淤积消失；出口左侧深槽冲刷发展，20m 深槽由 2008 年 11 月的零星分布在观音矶、刘大巷矶矶头附近变化为 2011 年 11 月的连成一片，且有所刷深。三八滩汊道段右汊 2008 年新生的 30m 心滩与右岸太平口边滩相连，以至于埠河 20m 深槽槽首呈淤积下移的趋势；三八滩汊道段汇流处河床冲刷，20m 深槽冲刷展宽，且与左汊出口 20m 深槽及右岸埠河深槽贯通；三八滩滩体与 2008 年 11 月相比，30.00m 高程线右侧有所冲刷左移，其余部位变化不大，尾部高程有所刷低，头部滩顶高程变化不大。原型 2011 年 11 月深泓与 2008 年 11 月相比，该段深泓变化主要体现在三八滩的右汊及出口汇流段。左汊深泓位置较为稳定。

从模型试验观测最终地形来看，模型深泓位置整体与原型基本一致，仅在进口过渡段、三八滩的右汊及汇流段深泓的位置有所偏离；滩槽冲淤部位总体上看与原型基本相似，但在该段的进口、三八滩滩头及右汊处的 25.00m 高程线与原型偏离较大，另外太平口过渡段右槽进口处 20m 深槽槽首有所上延，出口处 20m 深槽槽尾也稍有上延。

3）沙市河段下段。沙市河段下段即为金城洲汊道段，江中偏右分布有金城洲，分河道为左、右两汊，近年来基本维持左汊为主汊的河势格局，滩槽相对较为单一。2008 年 11 月至 2011 年 11 月该段演变特点为：以盐卡（荆 49 附近）为界，金城洲左汊上深槽淤积萎缩，槽身缩窄，20m 深槽槽首淤积下移约 1900m，下深槽冲刷发展，20m 深槽扩宽刷深；金城洲洲头冲刷，30.00m 高程线的洲头累积下移约 1330m，洲体右缘沿程冲淤交替变化，洲尾及左缘相对较稳定；金城洲右汊有所冲深，形成低于 20m 的深槽。

该段地形验证结果表明：模型与原型冲淤部位、深泓和洲体位置基本一致，模型局部地形较原型有所偏离，模型上段（荆 46 附近）主流随江中 20m 深槽上延较原型有所左移，荆 48 附近近岸 20m 深槽槽尾与原型相比有所下移，金城洲右汊 20m 深槽槽尾也有所下移。

4）公安河段。公安河段属弯曲分汊型河段，突起洲分河道为左、右汊，多年来右汊一直处于主汊地位。2008—2011 年原型实测资料表明：公安河段进口过渡段深槽部分有所冲刷，在荆 52～荆 55 之间零星出现低于 15m 的深坑。深槽在冲刷下切的同时还向左岸有一定的展宽（荆 55 以上段），即左侧低滩部分遭受一定的冲刷，2008—2011 年 20m 深槽左侧累积最大左移约 230m；突起洲左汊进口处累积有所淤积，以至于 2008 年 11 月伸进突起洲左汊的 25.00m 等高线淤积萎缩上移；突起洲左汊出口则冲刷发展，20.00m 等高线与下游汇流段 20.00m 等高线连为一体，形成一倒套；突起洲右汊整体表现为冲刷发展，仅在右汊进口局部位置（荆 56 以上）稍有淤积；突起洲洲体 30.00m 高程线与 2008 年 11 月相比，洲头左侧有所淤积上延，这与左汊进口处的淤积息息相关；突起洲汇流段深槽冲刷且向左摆动，致使该段主流有所左偏；突起洲汇流段以下部分的冲淤变化主要表现为深槽冲淤变化不大，荆 63 以上左侧低滩部分冲刷下切，荆 63 以下左侧低滩部分淤积抬高，右侧滩体冲淤变幅不大。

验证结果表明：与 2011 年原型地形相比，公安河段进口过渡段、突起洲汇流段及出口杨厂过渡段右岸 20m 深槽有所右移，主流随之有所右偏；突起洲洲头左侧淤积幅度稍有偏小，导致该处 30.00m 高程线有所内收。总体而言，该段深泓位置及滩槽形态原型与模型基本一致。

5）郝穴河段上段。郝穴河段上段上起荆 64，下至荆 75，由杨厂过渡段、郝穴过渡段即其间的弯道段组成。该段左岸主要分布有冲和观、祁家渊、黄林垱、灵官庙、龙二渊、铁牛矶等矶头，因此，该段原型滩槽位置历年相对稳定。原型 2011 年 11 月地形与 2008 年 11 月相比，进口杨厂过渡段中部（荆 66 附近）及荆 72～荆 73 之间河槽淤积，分别形成一高于 20m 的沙埂，使郝穴矶头以上一直贯通的 20m 深槽分割开来；河段内各矶头冲刷坑均累积稍有淤高；杨厂过渡段、郝穴矶头上下段主流均存在一定程度的摆动。

该段地形试验成果表明：模型除进口过渡段上段 20m 深槽有所右移，从而造成该段主流与原型相比稍有右移、铁牛矶深槽槽尾有所上移外，其余各段河床冲淤变化形态及深泓位置与原型吻合较好。

6）郝穴河段下段。郝穴河段下段由郝穴过渡段与蛟子渊过渡段组成，河段内主要分布有周公堤心滩与蛟子渊边滩等洲滩。受上游主流摆动及河段内洲滩冲淤消长影响，该段多年来河床演变较为复杂。2011 年 11 月原型实测资料表明：与 2008 年 11 月相比，郝穴矶头以下过渡段深槽整体表现为淤积，覃家渊以上 20m 深槽逐渐萎缩成一个个小的坑体，且有所左移，致使该段主流也随之左移；覃家渊以下 20m 深槽上段左侧淤积右移，左侧低滩部分也随之淤宽右移，下段冲刷且向右展宽，右侧低滩部分相应地冲刷崩退，该段主流摆动幅度较大；蛟子渊边滩滩头淤积出一新的高于 30m 的心滩，即周公堤心滩，心滩与蛟子渊边滩之间 25m 的倒套有所下移，且倒套呈现刷深的趋势。

该段模型地形验证成果表明：模型深泓位置及滩槽形态基本与原型一致，仅局部位置冲淤幅度与原型稍有差别，主要表现在覃家渊以上 20m 深槽有所右偏，其主流也相应地有所右偏，但幅度不大；蛟子渊边滩滩头倒套冲刷不及原型，倒套的头部有所下移；上游淤积出的心滩与原型相比有所偏小。

7）石首河段。该段河道沿程洲滩分布较为广泛，自上而下依次有天星洲、陀阳树边滩、倒口窑心滩及藕池口心滩，藕池口心滩分河道为左、右两汊，倒口窑心滩分左汊为左、右河槽，以至于该河道在枯水期呈现三汊分流的局面。多年来该段的河床复杂多变，主要表现为洲滩冲淤消长交替变化及过渡段主流的频繁摆动。

原型实测资料表明：2008—2011 年，石首河段进口左岸新厂附近冲刷较为剧烈，15m 深槽冲深且向上下游扩宽伸长，而下游茅林口附近则有所淤积，15m 深槽基本淤失；2008 年 11 月淤积发展起来的陀阳树边滩逐渐冲刷下移至古长堤附近，且由于淤高，迫使该段主流发生较大幅度的左移，最大左移约 630m；石首河段进口右岸边滩淤积上延，天星洲洲头心滩逐渐向右移动，且有向上下延伸的趋势，使藕池口的进流条件有所恶化；天星洲左缘附近深槽冲刷下移；河弯处倒口窑心滩累积表现为淤积抬高，出现高于 30m 的滩体，且 25m 的滩体淤积逐渐向右扩展，与右岸合并，在倒口窑心滩右槽的进出口分别形成一倒套；藕池口心滩滩头有所冲刷后退，其余部位冲淤变幅不大；河弯左汊整体有所冲深；北门口附近深槽及左侧低滩部分均表现出一定的冲刷，以至于该处深泓有所左移，北门口以下右岸冲刷崩退，深泓又稍有右偏；北碾子湾上段深槽萎缩，15.00m 高程线有所下移。

该段地形试验成果表明：与 2011 年原型地形相比，天星洲右缘 15m 深槽及北门口以下 15m 深槽均有所左移，主流随之有所左偏；古长堤处冲刷下移的陀阳树边滩淤积幅度稍有偏小，另外倒口窑心滩与原型相比滩形有所差别。总体而言，该段深泓位置及滩槽形态原型与模型基本一致。

（2）河床冲淤量。根据 2008 年 11 月与 2011 年 11 月原型观测河道地形资料计算对应于沙市站枯水流量（5000m³/s）、多年平均流量（12500m³/s）及平滩流量（27000m³/s）条件下试验河段的河床冲淤变化情况，试验各河段不同流量级水位下河床冲淤量验证成果见表 4.4.5。

表 4.4.5　荆江杨家堖至北碾子湾河段动床模型验证试验冲淤量分段统计表

（2008 年 11 月至 2011 年 11 月）　　冲淤量单位：万 m³；长度单位：km

河段	起始断面	河段长度	沙市流量 5000m³/s（H＝29.18m）冲淤量			沙市流量 12500m³/s（H＝33.98m）冲淤量			沙市流量 27000m³/s（H＝38.58m）冲淤量		
			原型值	模型值	差值	原型值	模型值	差值	原型值	模型值	差值
涴市河段	荆 27～荆 29	6.8	−719.4	−784	−64.6	−798.0	−684	114	−822.0	−710	112
沙市河段	沙市河段上段（荆 29～荆 45）	19.9	−1235.3	−1060	175.3	−1055.6	−952	103.6	−921.9	−835	86.9
	沙市河段下段（荆 45～荆 52）	11.8	−1005.8	−1122	−116.2	−1546.4	−1486	60.4	−1545.5	−1669	−123.5
	合计	31.7	−2241.1	−2182	59.1	−2602.0	−2535.6	164	−2467.4	−2504	−36.6

续表

河段	起始断面	河段长度	沙市流量 5000m³/s（$H=29.18$m）冲淤量			沙市流量 12500m³/s（$H=33.98$m）冲淤量			沙市流量 27000m³/s（$H=38.58$m）冲淤量		
			原型值	模型值	差值	原型值	模型值	差值	原型值	模型值	差值
公安河段	荆52~荆64	20.1	−619.1	−701	−81.9	−440.8	−408	32.8	−230.5	−259	−28.5
郝穴河段	郝穴河段上段（荆64~荆74）	14.8	−1560.1	−1683	−122.9	−1493.0	−1569	−76	−1378.1	−1584	−205.9
	郝穴河段下段（荆74~荆82）	17.8	−1600.7	−1529	71.7	−1375.2	−1501	−125.8	−1351.1	−1179	172.1
	合计	32.6	−3160.7	−3212	−51.2	−2868.2	222.4	−201.8	−2729.2	81.3	−33.8
石首河段	荆82~荆104	27.2	−1029.8	−1100	−70.2	−1068.6	−1194	−125.4	−722.7	−881	−158.3
全河段	荆27~荆104	118.4	−7770.1	−7979	−208.8	−7777.6	−4369.7	−16.4	−6971.8	−5407.3	−145.2

由表 4.4.5 可以看出，2008 年 11 月至 2011 年 11 月全试验河段枯水流量、多年平均流量及平滩流量下河床均表现为冲刷，河床冲淤量分别为 −7770.2 万 m³、−7777.6 万 m³、−6971.8 万 m³，且以枯水河槽的冲刷为主，枯水位与多年平均流量对应水位之间河床也表现为冲刷，但冲刷幅度不及枯水河槽，多年平均流量对应水位与平滩水位之间河床有所淤积。从冲淤量沿程分布来看，在枯水位下全河段均表现为冲刷，沙市河段上段与郝穴河段上段和下段的冲刷最为剧烈，枯水位下的河床冲淤量分别为 −1235.3 万 m³、−1560.1 万 m³ 和 −1600.7 万 m³；多年平均流量对应水位下除涴市河段（荆 27~荆 29）、沙市河段下段（荆 45~荆 52）及石首河段（荆 82~荆 104）表现为冲刷外，其余河段均表现为淤积；平滩水位下除涴市河段（荆 27~荆 29）表现为冲刷外，其余河段均表现为淤积。

1) 涴市河段 2008 年 11 月至 2011 年 11 月河床累积表现为冲刷，且以枯水河槽的冲刷为主，冲刷量为 719.4 万 m³，相应时段内模型冲淤分布与原型基本相似，也主要表现为枯水河槽的冲刷，模型枯水河槽冲刷量为 784 万 m³，比原型多冲刷 64.6 万 m³。模型冲刷量增加部位主要集中在枯水河槽及陈家湾（荆 29 附近）过渡段江心低滩部位。

2) 沙市河段上段原型河床整体以冲刷为主，且冲刷主要发生在枯水河槽，冲刷量为 1235.3 万 m³。冲刷部位主要位于该河段的进口、太平口心滩左河槽进口、右河槽的出口及新三八滩左汊出口附近。由于该段模型未能准确模拟腊林洲边滩滩体部分的崩退，因此，尽管太平口心滩左河槽出口及三八滩左汊进口一带淤积幅度不及原型，三八滩左汊出口处冲刷幅度较原型大，但河床冲刷总量在枯水位下不及原型，比原型少冲刷 175.3 万 m³。

3) 沙市河段下段原型河床整体以冲刷为主，且冲刷主要发生在枯水河槽及多年平均流量与枯水流量对应水位之间的河床，两者的冲刷量分别为 1005.8 万 m³、540.6 万 m³。相应时段内模型冲淤分布也主要表现为枯水河槽的冲刷，模型枯水河槽冲刷量为 1122 万 m³，约比原型多冲刷 116.2 万 m³。模型冲刷量增加的原因主要是该河段左汊进口淤积幅度较原型小，且左汊出口河槽冲刷较原型剧烈，但冲淤部位基本反映滩槽变化格局，与原型比较总体一致。

4）公安河段原型 2008 年 11 月至 2011 年 11 月枯水河床表现为冲刷，且冲刷量不大，为 619.1 万 m³，多年平均流量对应水位与枯水位之间河床及平滩河槽均表现为淤积。相应时段内模型枯水河槽冲刷量为 701 万 m³，约比原型多冲刷 81.9 万 m³。模型冲刷量增加部位主要表现在突起洲汇流段以下左侧低滩部分冲刷幅度较原型略大。

2008 年 11 月至 2011 年 11 月的原型观测资料表明：郝穴河段上段原型河床主要表现为枯水河槽以下冲刷，冲刷量为 1560.1 万 m³，枯水位以上至平滩水位之间累积略有淤积，淤积量为 182 万 m³。从横向冲刷分布来看，以深槽及右侧滩体的冲刷为主要表现方式。与原型相比模型淤积幅度偏大，枯水河槽淤积量为 1683 万 m³，偏离部位主要集中在该段荆 71～荆 73 附近处。

2008 年 11 月至 2011 年 11 月郝穴河段下段在原型各级流量下河床均表现与郝穴河段上段一致，在冲淤量与郝穴河段上段相比也接近，说明该河段的冲刷仍以枯水河槽的冲刷为主，枯水位以上河槽呈现略微淤积的趋势，但幅度不大。相应时段内模型冲淤分布也主要表现为枯水河槽的冲刷，模型枯水河槽冲刷量为 1529 万 m³，约比原型少冲刷 71.7 万 m³。整体而言，该河段河床冲淤部位基本反映滩槽变化格局，与原型比较总体一致。

5）石首河段原型枯水河槽以冲刷为主，冲刷量为 1029.8 万 m³。多年平均流量对应水位以上河床表现为淤积，平滩水位与枯水位之间河床累积冲刷约 722.7 万 m³。与原型相比模型枯水河槽的冲刷幅度偏大，而枯水位以上河床淤积幅度偏小，其主要原因是局部位置深槽冲刷较原型大或淤积较原型小，或洲滩淤积幅度不及原型等。

综上，模型各段不同流量级下河床冲淤量总的变化规律与原型基本一致，模型河床滩槽冲淤部位与原型基本相似，个别河段由于原型冲淤数量较小，采用模型测量资料计算成果与原型相比，存在比尺效应及模型观测精度问题，计算成果有一定误差，但多数河段模型冲淤量与原型冲淤量相对误差在允许误差±25%以内。经过验证试验，最终确定含沙量比尺为 0.75，河床冲淤变形时间比尺为 135。

4.4.2　盐船套至螺山河段

4.4.2.1　验证试验条件

模型平面布置见图 4.4.14。

（1）河道边界条件。验证试验初始河床地形采用 2008 年 10 月底实测 1：10000 水下地形图，26.00m 高程以上部分及临近深槽岸坡按 2011 年 11 月实测河道地形制作，为定床部分；其余为动床部分。模型施放 2008 年 10 月至 2011 年 11 月的水沙过程，以复演 2011 年 11 月实测河床地形。

试验河段已实施的护岸工程基本采用护坡和护底相结合形式，工程布置见图 4.4.15。模型采用细石网袋模拟护岸工程坡脚护底。

（2）水沙条件。模型施放 2008 年 10 月至 2011 年 11 月的水沙过程，以复演 2011 年11 月实测河床地形。

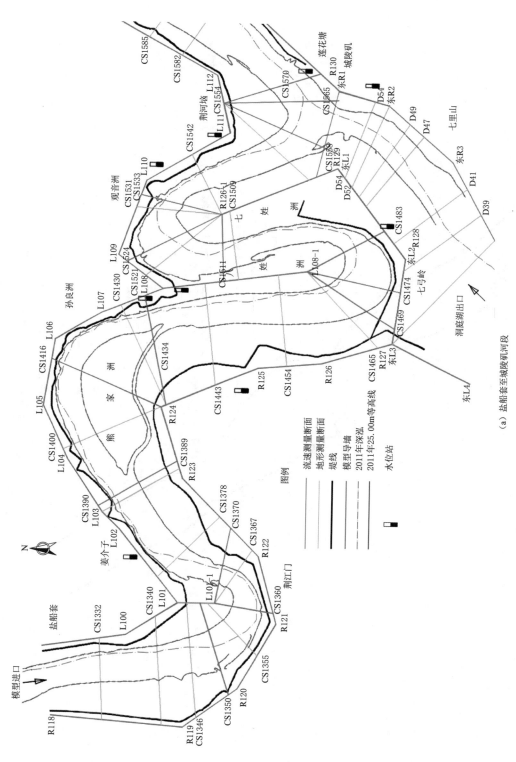

（a）盐船套至城陵矶河段

图 4.4.14（一） 盐船套至螺山河段模型试验平面布置图

213

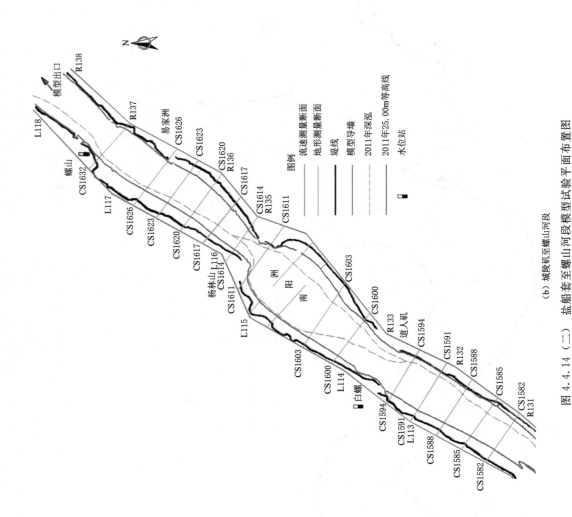

（b）城陵矶至螺山河段

图 4.4.14（二）　盐船套至螺山河段模型试验平面布置图

　　由于动床模型不可避免存在时间变态问题，为减少由此带来的影响，模型将原型非恒定水沙过程概化为不同级别恒定过程，水沙概化主要考虑流量过程，兼顾输沙率及水位变化过程。由于该试验段有洞庭湖汇流，水沙条件概化时兼顾了洞庭湖出口洪道七里山站的水沙条件。模型进出口水沙过程按照 4.3.3 节方法进行控制。

图 4.4.15　熊家洲上段护滩带及护岸工程模拟

4.4.2.2　验证试验成果分析

1. 水位验证

　　定床模型试验中，依次对 2011 年 8 月、2011 年 12 月的实测瞬时水面线进行验证，验证结果见表 4.4.6～表 4.4.7，从表中可以看出，在各验证流量下，模型与原型水面线吻合程度较好，沿程各观测点水位与原型实测值相差一般在 ±0.05m 以内，符合《河工模型试验规程》（SL 99—2012）要求，说明模型水流综合阻力与原型基本相似。

表 4.4.6　　　　水位验证结果（长江流量 7923m³/s，洞庭湖流量 2607m³/s）　　　　单位：m

水文站编号	原型值	模型值	差值	水文站编号	原型值	模型值	差值
荆 175	20.86	20.89	0.03	利 12	19.22	19.22	0.01
荆 178	20.19	20.21	0.02	利 11	19.11	19.12	0.01
荆 179	20.00	20.02	0.02	D55	18.84	18.82	−0.02
利 7	19.86	19.89	0.03	白螺	18.64	18.65	0.01
JJL181.1	19.54	19.56	0.02	螺山	18.00	18.00	0
利 8	19.39	19.41	0.02				

表 4.4.7　　　　水位验证结果（长江流量 19350m³/s，洞庭湖流量 11537m³/s）　　　　单位：m

水文站编号	原型值	模型值	差值	水文站编号	原型值	模型值	差值
荆 175	28.06	28.01	−0.05	利 12	26.56	26.53	−0.03
荆 178	27.48	27.44	−0.04	利 11	26.50	26.49	−0.01
荆 179	27.37	27.35	−0.02	D55	26.40	26.40	0
利 7	27.35	27.31	−0.04	白螺	26.36	26.38	0.02
JJL181.1	26.97	26.94	−0.03	螺山	25.90	25.90	0
利 8	26.72	26.69	−0.03				

2. 河床冲淤变形验证

　　为了便于叙述，将试验观测河段分为盐船套至七弓岭段（利 5～荆 179）、七弓岭至城陵矶段（荆 179～利 11）、城陵矶至螺山段（城螺河段，利 11～螺山）及洞庭湖出口洪道等 4 段。

　　（1）冲淤部位及深泓位置变化。冲淤验证试验的重点内容是检验模型河床滩槽形态及深泓位置变化与原型的相似性。图 4.4.16～图 4.4.18 为模型河床冲淤地形验证试验结果，试验河段沿程各横断面冲淤变化见图 4.4.19～图 4.4.23。

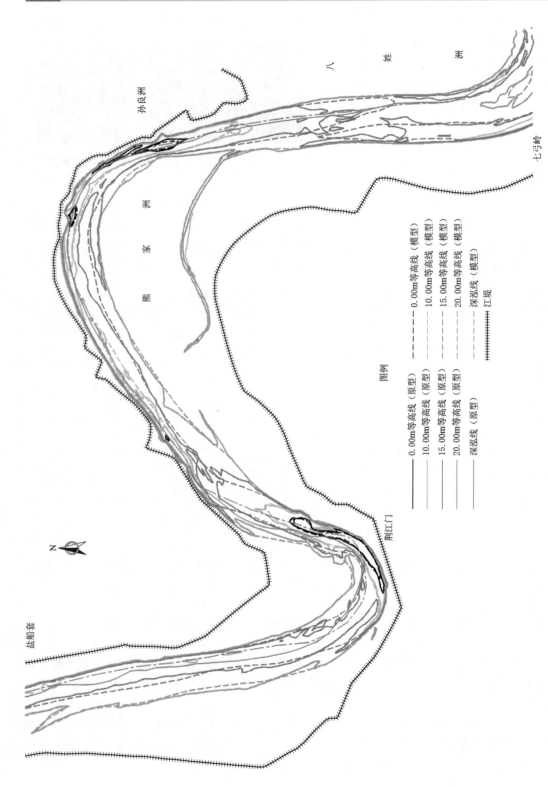

图例

——0.00m等高线（原型）
——10.00m等高线（原型）
——15.00m等高线（原型）
——20.00m等高线（原型）
—·—深泓线（原型）

- - - 0.00m等高线（模型）
- - - 10.00m等高线（模型）
- - - 15.00m等高线（模型）
- - - 20.00m等高线（模型）
—·—深泓线（模型）
——江堤

图 4.4.16　盐船套至七弓岭段验证试验地形对比图

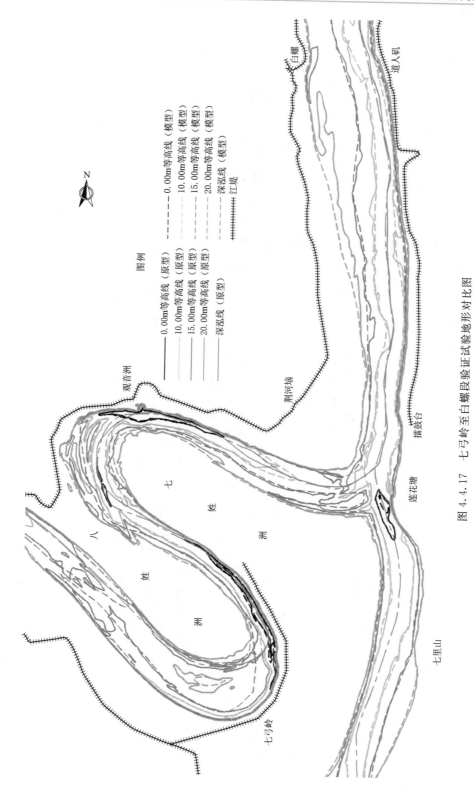

图例

———— 0.00m等高线（原型）
------- 10.00m等高线（原型）
-------- 15.00m等高线（原型）
-------- 20.00m等高线（原型）
———— 深泓线（原型）

———— 0.00m等高线（模型）
------- 10.00m等高线（模型）
-------- 15.00m等高线（模型）
-------- 20.00m等高线（模型）
———— 深泓线（模型）
╫╫╫ 江堤

图 4.4.17 七弓岭至白螺段验证试验地形对比图

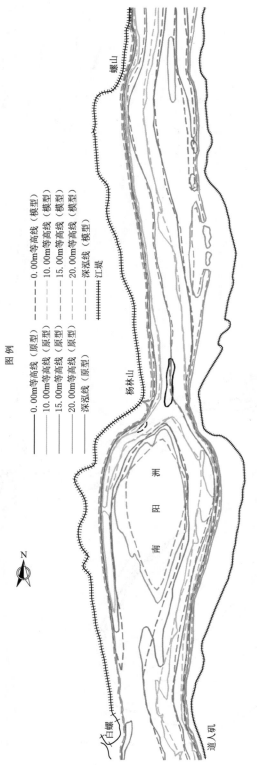

图 4.4.18　白螺至螺山段验证试验地形对比图

图例

———— 0.00m等高线（原型）
———— 10.00m等高线（原型）
———— 15.00m等高线（原型）
———— 20.00m等高线（原型）
———— 深泓线（原型）

- - - - 0.00m等高线（模型）
- - - - 10.00m等高线（模型）
- - - - 15.00m等高线（模型）
- - - - 20.00m等高线（模型）
- - - - 深泓线（模型）
╌╌╌╌ 江堤

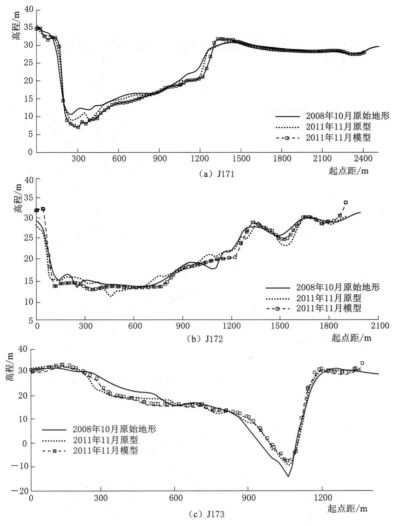

(a) J171

(b) J172

(c) J173

图 4.4.19 荆江门河段典型断面地形验证图

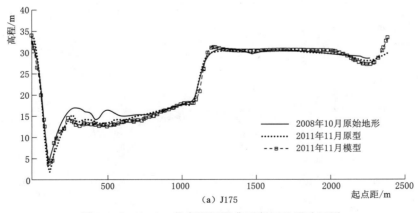

(a) J175

图 4.4.20 (一) 熊家洲河段典型断面地形验证图

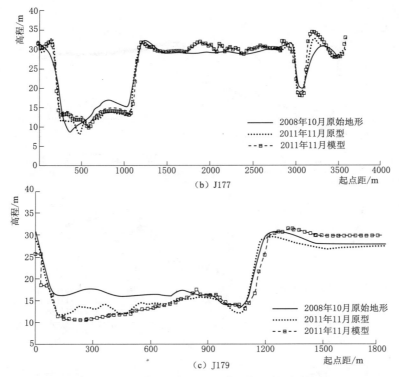

（b）J177

（c）J179

图 4.4.20（二）　熊家洲河段典型断面地形验证图

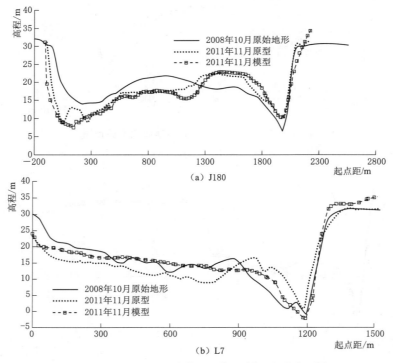

（a）J180

（b）L7

图 4.4.21（一）　七弓岭河段典型断面地形验证图

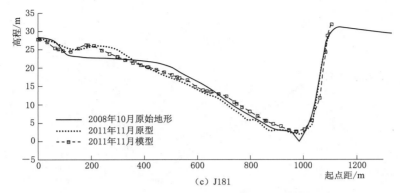

（c）J181

图 4.4.21（二） 七弓岭河段典型断面地形验证图

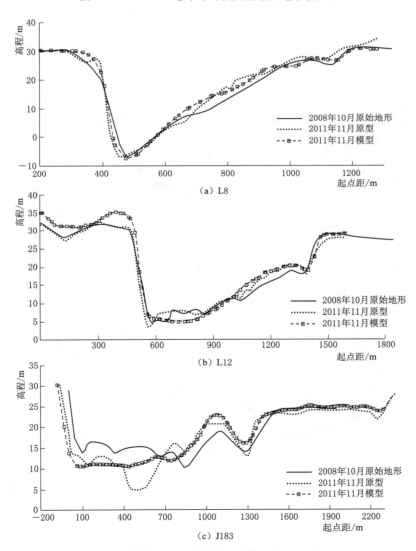

（a）L8

（b）L12

（c）J183

图 4.4.22 观音洲河段典型断面地形验证图

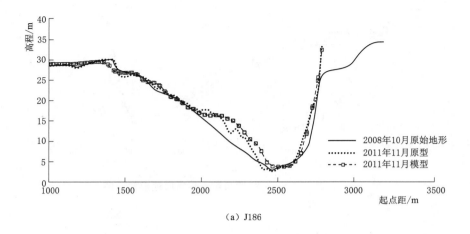

（a）J186

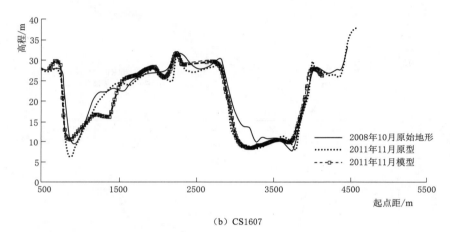

（b）CS1607

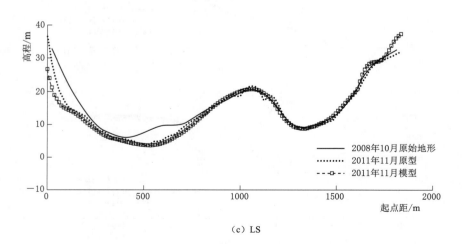

（c）LS

图 4.4.23　城螺河段典型断面地形验证图

1) 盐船套至七弓岭段。该段由荆江门弯道和熊家洲弯道两个弯道组成。主流在盐船套顺直段基本沿左岸下行，2008—2011 年主河槽向右展宽，20.00m 等高线平均右移 120m，深泓线略有右偏，在荆 172 断面逐渐过渡到右岸。荆江门弯道开始有撇弯切滩的趋势，但不明显。其弯道上段贴凸岸一侧岸线略有冲深，河道中间淤起潜洲，弯道形成左右双槽；弯道下段原凹岸深槽略有淤积，而靠凸岸一侧原高滩则冲刷下切，断面形态有从"V"形向"W"形转化的趋势。由于荆江门弯道进口段主流下挫，过渡段下移，弯道主流顶冲点随之下移 1km，相应导致弯道出口处主流过渡段下延，原左岸深槽逐年淤高，河道中部冲刷下切，河道向宽浅方向发展。2008—2011 年熊家洲弯道基本保持稳定，其弯道上段 2008 年后左侧深槽普遍冲深，弯道下段 2008 年后左侧深槽则略有淤高，右汊河道基本保持稳定，2008 年后略有冲深展宽，2008 年后主流出熊家洲弯道后不再向右岸过渡，而是贴左岸深槽下行，而后进入七弓岭弯道，15.00m 等高线与七弓岭右岸不再贯通。

该段地形验证成果表明：模型深泓位置及冲淤部位整体与原型基本一致。其中荆江门弯道上段（荆 173 附近）较原型有所冲深、右侧 15m 浅滩消失；主流出荆江门弯道后过渡段下移，顶冲点也随之下移，15.00m 等高线贯通；熊家洲弯道上段（荆 175～荆 176）贴岸深泓线向右摆动约 50m；主流出熊家洲弯道后贴左岸下行，左侧岸线有所崩退。

2) 七弓岭至城陵矶段。2008—2011 年原型七弓岭弯道凸岸发生冲刷，八姓洲左侧深槽逐年冲刷下切，左侧岸线逐年崩退，弯道段形成左右两槽，荆 180 断面中部形成浅滩，20.00m 等高线面积约 0.4km²，左槽贴岸，15.00m 等高线上溯达 4km，凹岸 0m 深坑范围扩大。弯道出口至观音洲过渡段（荆 181～JJL181.1）主泓右移约 45m，右岸发生崩岸，平均崩退 50m。观音洲弯道主泓右移 50～100m，弯道下段主流顶冲点下移约 300m，受左岸岸线制约，主流出弯道后变化不大。下荆江出口段荆河垴弯道上段凸岸边滩冲刷后退，靠近凸岸深槽冲刷下切，深泓逐年向凸岸边滩摆动。

从模型验证最终观测的地形来看，该段模型总体河势与原型基本一致。七弓岭弯道上段左右双槽形态与原型大体接近，不同点在于：模型凸岸倒套深度不及原型，江中心滩 20.00m 等高线范围仅 0.11km²（原型 0.39km²），弯道出口段 5m 深槽上提约 700m。观音洲弯道深泓与原型一致，河槽较原型略有左移；弯道下段深泓较原型刷深，5m 深槽下延约 570m。下荆江出口段深泓左移，江湖汇流段深泓交汇点下移约 130m。

3) 城陵矶至螺山段。2008—2011 年该段河势总体稳定。城陵矶至道人矶段，主流仍维持贴右岸下行的格局，深泓线平面位置略有左移，该段右岸岸线基本无变化，左岸上段（利 11 以下 2km 范围内）洲滩总体后退，20.00m 等高线后退约 180m，下段 20.00m 等高线有所右移、边坡变陡。

道人矶后河道展宽，右侧深槽 15.00m 等高线左移约 300m。南阳洲分汊段维持右汊为主汊、左汊为支汊的格局。2008 年后南阳洲洲头及洲体右缘冲刷崩退，南阳洲右汊冲深展宽，右侧下段洲体后退约 100m，深泓线左移 30～60m；左汊有所缩窄、刷深，左侧上段洲体展宽，20.00m 等高线左移约 300m。

受龙头山节点制约，左、右汊水流汇合主流逐渐向左岸过渡。2008—2011 年龙头山至螺山段左岸岸线平均左移约 20m，总体河势保持稳定。

验证试验成果表明：城陵矶至螺山段模型滩槽形态与原型基本一致，局部河段深泓线平面位置有所摆动。其中南阳洲洲头及洲体右缘崩退的幅度比原型略大，10m 深槽上下贯通。

4）洞庭湖出口洪道。该段 2008—2011 年河势基本稳定，深泓线进入七里山后基本居中而行，然后逐渐向右摆动，在城陵矶附近与荆江出口段深泓线交汇。2008—2011 年该段岸线无变化，全河段枯水河槽平均冲刷约 0.03m，冲淤变化不明显。

该段验证试验成果表明：模型冲淤地形及深泓位置与原型吻合较好，其中洪道出口 −5m 深坑淤积不复存在，0m 深坑后退，范围由 0.24km² 缩小为 0.06km²。

（2）河床冲淤量。试验各河段不同流量级水位下河床冲淤量验证成果见表 4.4.8，由表可知，模型验证试验同流量级水位下下荆江出口段 2008—2011 年枯水河槽冲刷略大于原型，城螺河段模型冲淤量总的趋势与原型基本一致，洞庭湖出口洪道模型淤积量略大于原型，表明模型试验段河床滩槽冲淤部位与原型基本相似。个别河段由于原型冲淤基本平衡，冲淤量较小。模型计算成果与原型相比，存在比尺效应及模型观测精度问题，计算成果有一定误差，但多数河段不同流量级下模型冲淤量与原型冲淤量相对误差在允许误差 ±25% 以内。

表 4.4.8　　盐船套至螺山段验证试验冲淤量统计（2008 年 10 月至 2011 年 11 月）

| 河段 | 起始断面 | 距离/m | 监利 5000m³/s，七里山 3000m³/s | | | | 监利 11400m³/s，七里山 8900m³/s | | | | 监利 22000m³/s，七里山 13500m³/s | | | |
| | | | 原型 | | 模型 | | 原型 | | 模型 | | 原型 | | 模型 | |
			冲淤量/万 m³	平均冲深/m	冲淤量/万 m³	平均冲深/m	冲淤量/万 m³	平均冲深/m	冲淤量/万 m³	平均冲深/m	冲淤量/万 m³	平均冲深/m	冲淤量/万 m³	平均冲深/m
盐船套至城陵矶段	荆江门段（利5～荆175）	12298	−795.2	−0.70	−650.8	−0.57	−678.1	−0.50	−597.5	−0.44	−734	−0.44	−449.3	−0.30
	熊家洲段（荆175～荆179）	13917	622.7	0.52	479.8	0.42	787.2	0.56	609	0.46	695.8	0.48	477.5	0.32
	七弓岭段（荆179～荆181）	17031	−390	−0.21	−466.5	−0.27	−166	−0.08	−344.2	−0.16	−206.2	−0.09	−348.8	−0.15
	观音洲段（荆181～利11）	12888	82.6	0.07	−18.2	−0.02	−342.2	−0.21	−188.1	−0.12	266.8	0.15	220	0.13
	合计	56134	−479.9	−0.09	−655.7	−0.13	−399.1	−0.06	−520.8	−0.08	22.4	0.00	−100.6	−0.01
城陵矶至螺山河段	利11～南阳洲	11581	−383.1	−0.25	−200.9	−0.13	−122	−0.06	−167.9	−0.09	−108.5	−0.05	−24.3	−0.01
	南阳洲～螺山	17755	525.7	0.22	727.9	0.28	975	0.30	829.5	0.26	1122.7	0.30	1093.3	0.31
	合计	29336	142.6	0.04	527	0.13	853	0.17	661.6	0.13	1014.2	0.17	1069	0.19
洞庭湖出口洪道	岳阳～利10	5219	−9.9	−0.02	1.2	0.00	18.6	0.03	34.8	0.05	49.4	0.06	56	0.07
	利10～城陵矶	2229	8.7	0.05	18.6	0.09	3.3	0.01	19.1	0.08	7.6	0.03	9.9	0.04
	合计	7448	−1.2	0.00	19.8	0.03	21.9	0.02	53.9	0.06	57	0.06	62.9	0.07

4.4.3　验证试验小结

　　杨家垴至北碾子湾河段及盐船套至螺山河段动床模型验证试验研究成果表明：模型沿程水位及垂线平均流速沿河宽的分布与原型基本相似，各段不同流量级下河床冲淤量总的变化规律与原型基本一致，模型深泓位置、断面形态横向分布与原型基本吻合，较好地复演了原型滩槽泥沙运动冲淤规律。因此，模型设计、选沙及各项比尺的确定基本合理。经验证试验确定，模型含沙量比尺为 0.75，河床冲淤变形时间比尺为 135。

4.5　荆江河道再造过程及变化趋势预测试验研究

4.5.1　杨家垴至北碾子湾河段

　　1. 试验条件

　　（1）河道边界条件。三峡工程运用初期荆江杨家垴至北碾子湾河段冲淤变化试验模拟范围与动床验证试验一致，即上起马羊洲头部（荆 27），下迄北碾子湾（荆 104），全长约 121.9km（模型长 305m）。模型的初始地形采用 2011 年 11 月天然实测 1∶10000 河道地形制作而成。与验证试验类似，根据试验河段已实施河道整治工程情况，模型模拟了涴市河弯右岸、沙市河弯左岸、公安河弯左右岸、郝穴河弯左岸及石首河段左右岸等部位的护岸工程，以及三八滩、瓦口子水道、马家咀水道、周天河段、藕池口河段等航道整治工程。另外与验证试验类似，冲淤变化试验过程中仍适当考虑了腊林洲、马家咀及天星洲左缘岸线的变化情况。相关试验模拟照片见图 4.5.1～图 4.5.6。

　　（2）水沙条件。根据三峡工程设计方案，三峡水库 2006 年 10 月至 2008 年 9 月坝前水位按 156.00m—135.00m—140.00m 方式运用；2008 年 10 月至 2009 年 9 月坝前水位按 172.00m—143.00m—155.00m 方式运用，2009 年以后水库按正常蓄水位 175.00m—145.00m—155.00m 运用。长江科学院采用 1991—2000 年系列年进库水沙条件和三峡水库泥沙淤积后出库水沙过程进行坝下游长河段长时段一维水沙数学模型计算，其计算成果为此次模型试验提供边界条件。

图 4.5.1　瓦口子水道航道整治一期工程试验模拟　　图 4.5.2　马家咀水道航道整治一期工程试验模拟
　　　　　（从上游向下游拍摄）　　　　　　　　　　　　　（从下游向上游拍摄）

图 4.5.3　周天河段航道整治控导工程试验模拟
（从上游向下游拍摄）

图 4.5.4　腊林洲崩岸试验模拟
（从上游向下游拍摄）

图 4.5.5　马家咀崩岸试验模拟
（从上游向下游拍摄）

图 4.5.6　天星洲左缘崩岸试验模拟
（从上游向下游拍摄）

模型试验时段为 2011 年 11 月至 2022 年 12 月，共计 11 年 1 个月。试验中 2011—2012 年水沙条件采用实测天然水沙条件，2013—2022 年水沙条件分别对应于典型年系列的 1991—2000 年入库水沙条件。根据一维水沙数学模型提供的成果，模型进口（荆 25）断面 2013—2022 年输沙中值粒径 0.0085～0.01mm，年平均含沙量 0.036～0.297kg/m³。2011—2022 年模型进口断面输沙平均中值粒径 0.009mm，平均含沙量 0.149kg/m³。

根据实测资料和一维水沙数学模型计算成果对试验河段沿程水位、进口流量与输沙量及太平口分流等水沙条件进行不同时段步长概化，其中模型模拟进口的输沙量取粒径大于 0.05mm 以上部分的泥沙。

2. 试验成果分析

（1）河床冲淤量。通过系列年动床模型试验，各分河段系列年试验冲淤量统计见表 4.5.1～表 4.5.2。计算条件分别为沙市流量 5000m³/s、12500m³/s、27000m³/s 三种条件对应的水位以下模型河床冲淤量。为了便于叙述，将试验河段分为浣市河段、沙市河

表 4.5.1　　　　　　系列年 2011—2017 年杨家垴至北碾子湾河段冲淤统计表

河段	起止断面	距离/km	沙市流量 5000m³/s		沙市流量 12500m³/s		沙市流量 27000m³/s		枯水河槽平均冲深/m
			冲淤量/万 m³	累计量/万 m³	冲淤量/万 m³	累计量/万 m³	冲淤量/万 m³	累计量/万 m³	
涴市河段	荆 27～荆 29	6.8	−700	−700	−800	−800	−400	−400	−0.86
沙市河段	荆 29～荆 45	20.0	−1700	−2400	−2400	−3200	−2900	−3300	−0.71
	荆 45～荆 52	11.8	−1200	−3600	−2000	−5200	−2600	−5900	−0.85
公安河段	荆 52～荆 64	20.1	−1000	−4600	−800	−6000	−500	−6400	−0.41
郝穴河段	荆 64～荆 74	14.8	−2600	−7200	−3200	−9200	−3800	−10200	−1.47
	荆 74～荆 82	17.7	−1300	−8500	−1600	−10800	−400	−10600	−0.61
石首河段	荆 82～荆 104	28.6	−2100	−10600	−2400	−13200	−2800	−13400	−0.61

表 4.5.2　　　　　　系列年 2017—2022 年杨家垴至北碾子湾河段冲淤统计表

河段	起止断面	距离/km	沙市流量 5000m³/s		沙市流量 12500m³/s		沙市流量 27000m³/s		枯水河槽平均冲深/m
			冲淤量/万 m³	累计量/万 m³	冲淤量/万 m³	累计量/万 m³	冲淤量/万 m³	累计量/万 m³	
涴市河段	荆 27～荆 29	6.8	−300	−300	−900	−900	−100	−100	−0.37
沙市河段	荆 29～荆 45	20.0	−1000	−1300	−1700	−2600	−2100	−2200	−0.42
	荆 45～荆 52	11.8	−400	−1700	−1000	−3600	−100	−2300	−0.28
公安河段	荆 52～荆 64	20.1	−600	−2300	−1200	−4800	−400	−2700	−0.25
郝穴河段	荆 64～荆 74	14.8	−1500	−3800	−1400	−6200	−1100	−3800	−0.85
	荆 74～荆 82	17.7	−700	−4500	−100	−6300	−500	−4300	−0.33
石首河段	荆 82～荆 104	28.6	−1000	−5500	−1100	−7400	−1600	−5900	−0.29

段、公安河段、郝穴河段及石首河段共 5 段，各河段 2011—2017 年和 2011—2022 年冲淤变化见图 4.5.7～图 4.5.12。

从试验成果可以看出：

1）系列年动床模型试验全河段以冲刷为主。2011—2022 年上荆江荆 27～荆 99 河段枯水河槽累计冲刷 1.61 亿 m³，按平均河宽 1200m 计平均冲深 1.12m；其中 2011—2017 年时间段冲刷最为剧烈，枯水河槽累计冲刷 1.06 亿 m³，占 2011—2022 年冲刷量的 65.8%，平均冲深 0.74m。

2）系列年动床模型试验全河段以枯水河槽冲刷为主，枯水河槽以上河滩冲刷幅度比较小，局部位置还略有淤积。

3）各河段冲刷强度有所不同，涴市河段、沙市河段上段、郝穴河段上段在 2022 年末枯水河槽平均冲刷深度分别为 0.37m、0.42m 和 0.85m，冲刷强度较其他四个河段略大。公安河段冲刷强度相对较弱。

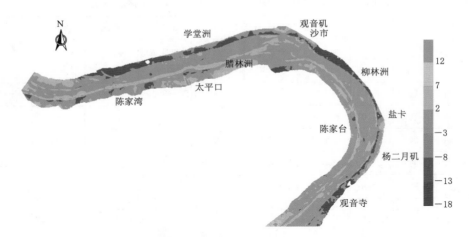

图 4.5.7   2011—2017 年沅市河段及沙市河段冲淤变化图（单位：m）

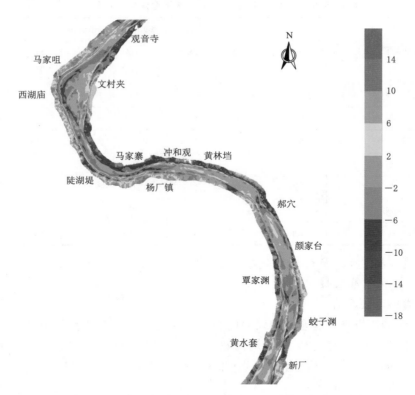

图 4.5.8   2011—2017 年公安河段及郝穴河段冲淤变化图（单位：m）

（2）深泓及近岸冲刷坑变化。模型试验结果表明（图 4.5.13），三峡工程运用至 2022 年，试验河段主河槽大幅度地刷深，即深泓高程整体有所降低，冲刷较为严重的部位主要集中在沅市河段凹岸荆 27～荆 28 一带、沙市河段太平口过渡段左槽学堂洲（荆 32）附近、三八滩汊道出口汇流段（荆 43）附近、公安河段右汊西湖庙（荆 57）附近、公安河

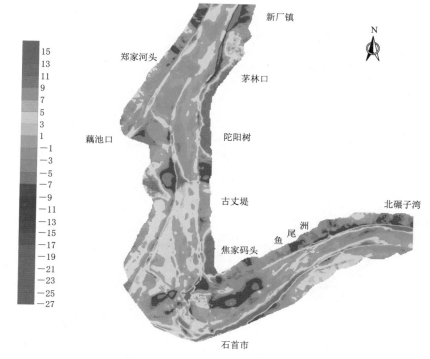

图 4.5.9　2011—2017 年石首河段冲淤变化图（单位：m）

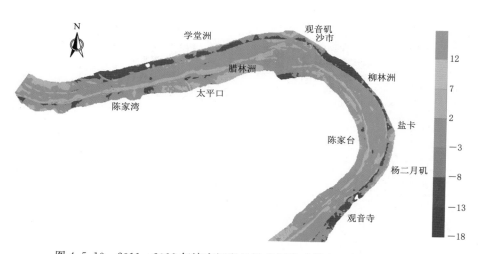

图 4.5.10　2011—2022 年沅市河段及沙市河段冲淤变化图（单位：m）

弯凹岸公安县城（荆 63）附近、郝穴河弯凹岸灵官庙（荆 72）附近及石首河段进口新厂（公 2）附近；太平口过渡段左槽不断地冲刷发展，河床降低，右槽则呈现淤积萎缩地趋势，河床逐步淤积抬高；三八滩汊道段左汊稍有所淤积萎缩，右汊则不断地发展壮大。

模型试验结果还表明，模型试验运行至 2022 年，受上游来沙减少影响，试验河段内各局部河段主流贴岸的部位均整体呈现冲刷的态势，出现较低高程的局部冲刷坑，且冲刷

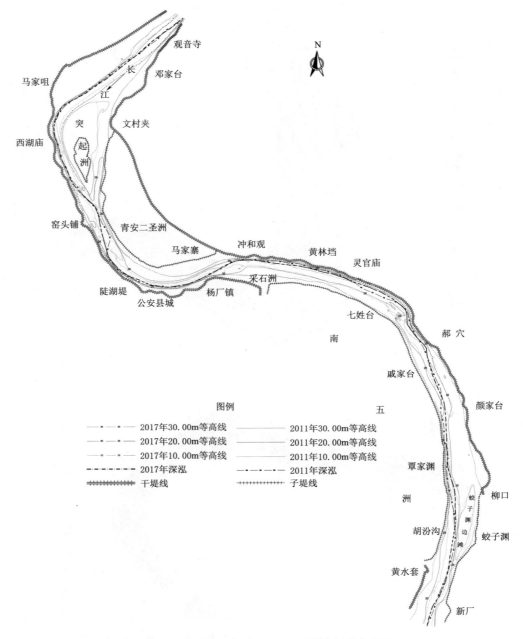

图 4.5.11　公安、郝穴河段 2017 年末河势变化图

坑累计有所刷长、展宽。具体变化分述如下：

　　涴市河段原有弯道凹岸零星分布的 10m 冲刷坑均有所冲刷延长，且上下贯通，至 2022 年末，该弯道处 10m 冲刷坑尾部已下移至荆 28 下游 2.1km 处，15m 冲刷坑也呈现冲刷下延的趋势；另外荆 28 附近的 20m 冲刷坑逐步冲刷向下游延伸，与太平口心滩右槽进口荆 30 附近的 20m 冲刷坑连为一体，但坑尾相对于 2011 年 11 月有所上延。

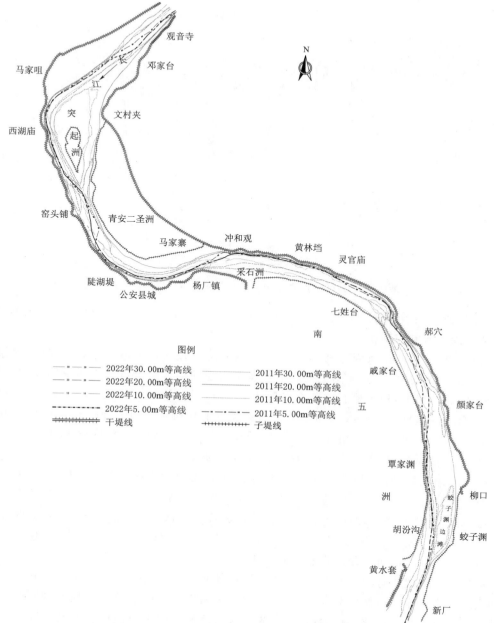

图 4.5.12　公安、郝穴河段 2022 年末河势变化图

　　沙市河段上段太平口心滩左槽一直处于冲刷发展阶段，主河槽冲刷，河床降低，至 2017 年末，左槽沙 4 以上及荆 32～荆 36 一带近岸河床出现 20m 冲刷坑，随后该冲刷坑进一步冲刷降低，至 2022 年末，在沙 4、荆 32 与荆 33 处冲刷形成低于 10m 的冲刷坑，河床高程低于 10.00m，20m 冲刷坑始终存在于荆 31～荆 36 之间。

　　沙市河段下段弯道凹岸近岸河床不断地冲刷发展，河床高程降低，2011 年 11 月原有的零星分布于该弯道凹岸的 15m 冲刷坑刷深，且向上下游延伸，至 2022 年末自刘大巷矶

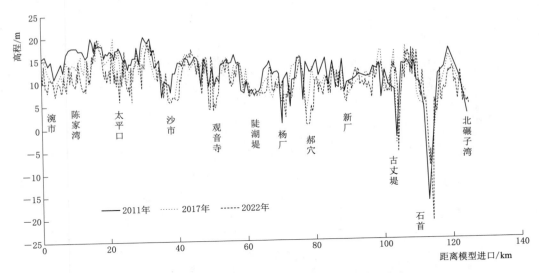

图 4.5.13　动床试验 2011—2022 年杨家垴至北碾子湾河段深泓纵剖面冲淤变化图

至荆 53 附近 15m 冲刷坑全线贯通，另外在荆 42 附近、荆 48～荆 49 与荆 51 附近的 10m 冲刷坑也均有所刷深刷长。

公安河段弯道凹岸急剧冲刷下切，荆 56 及西湖庙附近 15.00m 等高线坑体全线冲刷贯通，并且向上延伸至荆 54 附近，向下发展至突起洲尾部附近，另外西湖庙附近冲刷尤为剧烈，10m 冲刷坑刷深刷长，甚至出现低于 -5m 的冲刷坑；公安河段突起洲汇流段以下近岸河床冲刷也较为严重，15m、10m 冲刷坑均有所刷深且向下游刷长，至 2022 年末，与 2011 年 11 月初始地形相比，公安县城附近 10m、15m 冲刷坑分别下延约 1km、1.8km，且向左有所扩宽，冲刷坑的头部则稍有所淤积下移。

郝穴河段上段左岸荆 66～荆 67 段近岸河床表现为淤积，著名险工段祁冲段内冲和观、祁家渊矶头冲刷坑也相应地发生淤积，冲和观、祁家渊处 10m 冲刷坑均消失；左岸其余段近岸河床沿程整体冲刷下切，黄林垱、灵官庙及铁牛矶矶头群前沿 10m 冲刷坑冲刷贯通，坑尾下延至荆 74 以下，15m 冲刷坑贯穿于整个河段的左岸，上起荆 66、下至荆 75 以下。10m、15m 冲刷坑均向右侧有所扩展。

郝穴河段下段原有的 15m 冲刷坑仅零星分布于覃家渊至胡汾沟一带的左岸及新厂附近的右岸近岸河床，虽然局部位置（荆 78、荆 79 附近）还出现微小的 10m 冲刷坑，但坑体的面积相对较小。三峡工程运用至 2022 年末，该河段的主河槽持续冲刷发展，胡汾沟附近 15m 冲刷坑刷深刷长，坑首上伸至公 1 附近，坑尾冲刷下延，与下游左岸新厂附近冲刷发展的 15m 冲刷坑贯通，致使 15m 冲刷坑贯穿于整个郝穴河段的下段；另外，覃家渊以下冲刷较严重，原有 10m 冲刷坑刷深刷长，与下游左岸新厂附近逐步冲刷形成的 10m 冲刷坑合并，坑体分布于荆 79 以上至公 2 以下。

石首河段主河槽整体呈现冲刷发展的趋势，茅林口附近近岸河床冲刷幅度较大，15m 冲刷坑面积扩大，并向上下游发展，至 2022 年，15m 冲刷坑坑首与上游新厂附近 15m 冲刷坑相并，坑尾已下延至荆 84 以上；天星洲左侧主河槽也不断地遭受冲刷，15m 冲刷坑刷深刷长，至 2022 年，坑首上伸至荆 84 以上，坑尾则下延至石 2 附近，该坑体向左有所扩展，与此同时，天星洲左缘近岸河床不断冲刷崩退，岸坡变陡，15m 冲刷坑向右有所扩宽；受焦家铺过渡段主流下移影响，石首河弯北门口附近 15m、10m 冲刷坑坑体的头部均有所淤积萎缩，分别累计下移约 1.3km、0.87km，坑体尾部则冲刷下延，15m 冲刷坑与下游左岸北碾子湾处 15m 冲刷坑贯通，10m 冲刷坑尾部下延至荆 98 下游 820m；北碾子湾处 10m 冲刷坑则有所冲刷上延，并向右扩展。

（3）典型横断面变化。由荆江杨家垴至北碾子湾河段典型断面 2017 年和 2022 年末冲淤变化情况可以看出，随系列年动床模型试验的进行，该河段河床的冲刷主要发生在 2017 年以前，2017 年以后河床冲刷的幅度均有所减缓，个别断面还略有淤积。各典型断面 2017 年和 2022 年变化见图 4.5.14，具体表现如下：

1）涴市河段（荆 27～荆 29）。动床模型系列年过程中，与 2011 年 11 月初始地形相比，该河段主河槽整体呈刷深拓宽的趋势，至 2022 年末，河槽最大冲深 6.3m，位于涴市河段凹岸荆 27 处。左侧低滩部分也基本表现为冲刷，河床有所降低，至 2022 年末，累计最大冲深 3.5m，位于荆 28 附近。

2）沙市河段上段。沙市河段上段在系列年间断面冲淤变化幅度比较大。河段上段太平口过渡段左、右河槽并存，动床试验过程中，左河槽呈冲刷发展的趋势，河槽冲刷展宽，累计最大冲深 6.9m（沙 4 断面）；右河槽淤积抬高，但横向向左侧有所扩展，即太平口心滩右缘有所冲刷后退；太平口心滩整体有所刷低，并且以滩体上半部分冲刷降低最为明显，滩体上半部分（沙 4 断面）最高点由初始地形的 35.9m 左右降低至 2022 年末的 31m 左右。河段（沙市河段上段）下段三八滩汊道段断面冲淤变化较为复杂，左汊进口（荆 39～荆 42）以淤积为主，左汊出口则呈冲刷发展的趋势，冲刷深度约 4m；三八滩中下段守护工程实施后，三八滩的尾部高程稳定，冲刷幅度较小；三八滩右汊全线冲刷发育，受沙市河段航道整治一期工程的影响，三八滩右汊上段（荆 40～荆 41）左侧冲刷幅度不大，同时由于受右岸腊林洲低滩中部护滩带守护工程约束，右汊冲刷扩展幅度不大。三八滩汇流段左槽冲刷，右槽淤积，断面形态由初始地形宽浅"U"形转化为偏左的"V"形，至 2022 年，左槽累计最大冲深约 7.5m（荆 43 断面）。

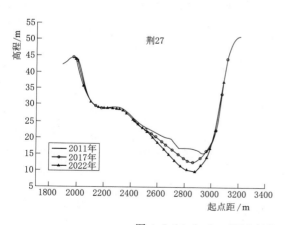 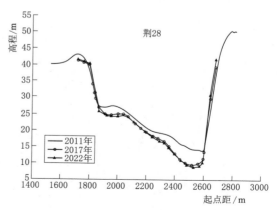

图 4.5.14（一） 2017 年和 2022 年河段典型断面变化图

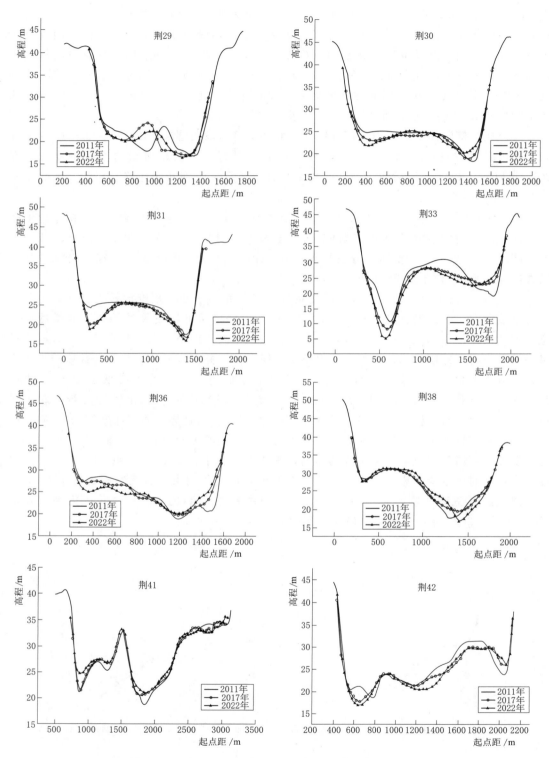

图 4.5.14（二）　2017 年和 2022 年河段典型断面变化图

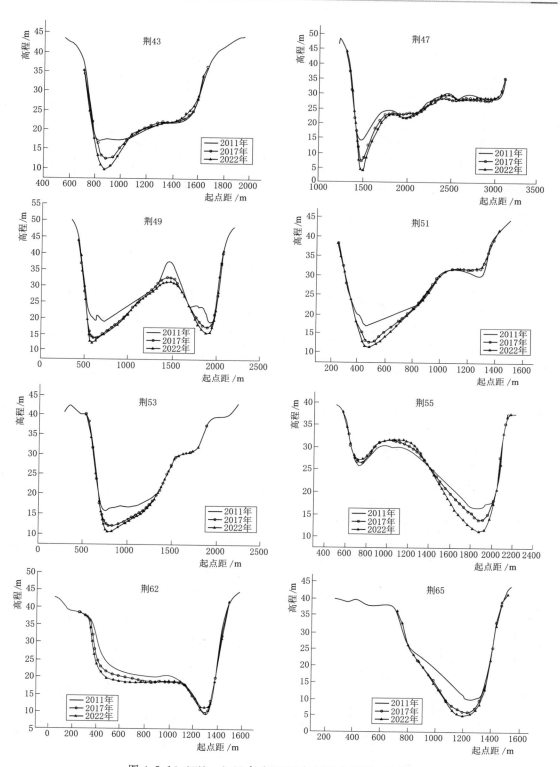

图 4.5.14（三）　2017 年和 2022 年河段典型断面变化图

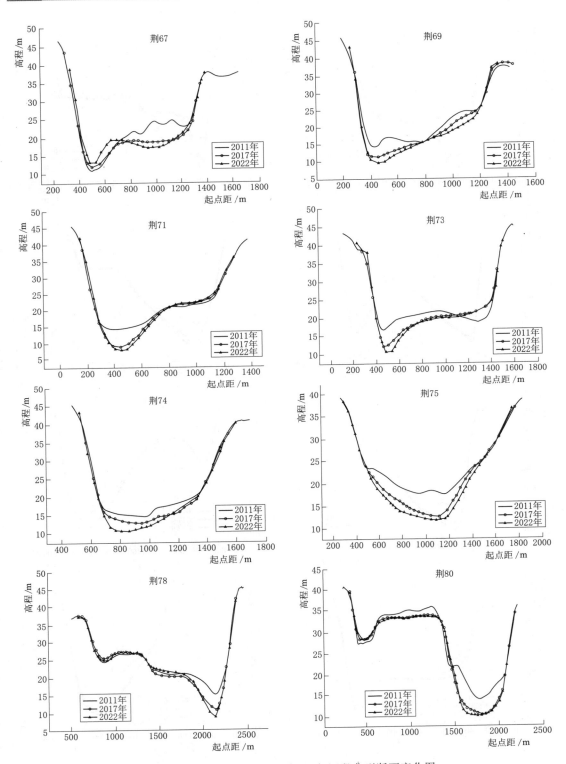

图 4.5.14（四）　2017 年和 2022 年河段典型断面变化图

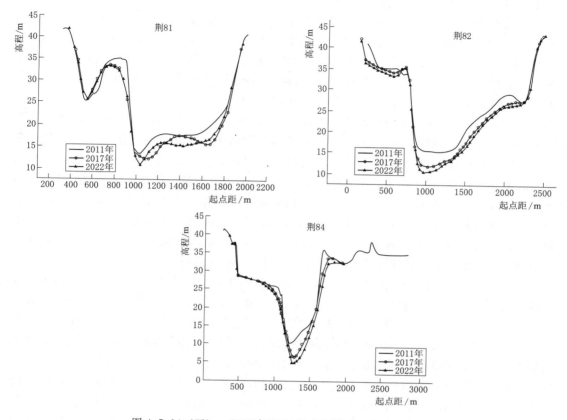

图 4.5.14（五）　2017 年和 2022 年河段典型断面变化图

3）沙市河段下段。从沙市河段下段典型横断面的冲淤变化情况可以看出，预测试验系列年间，该河段上段（荆 50 以上）左右河槽均整体呈冲刷发展的趋势，且以左河槽的冲刷为主，局部位置冲刷较严重，累计最大冲深约 9.9m（荆 47），右河槽冲刷主要集中在中下段金城洲尾部，金城洲右缘冲刷崩退，串沟发展，至 2022 年末累计最大冲深约 8.1m（荆 49 断面）；下段（荆 50～荆 52）断面形态基本为偏左的"V"形，主河槽冲刷下切，至 2022 年末累计最大冲深约 5.6m，位于荆 51 断面处，并且向右有所展宽。2022 年末，金城洲洲体（30.00m 高程线）总体冲淤变化并不大，洲顶高程稍有所降低，但幅度较小，洲左右缘均有所冲刷崩退，洲尾有所上提。

4）公安河段。动床模型试验系列年间，与 2011 年 11 月相比，公安河段进口过渡段上段（荆 53 以上）左侧低滩部分冲刷下切较为严重，至 2022 年末，累计最大冲深 5.7m（荆 53 断面），断面形态由 2011 年 11 月的"U"形转化为偏左的"V"形，即该段主流呈现左偏下移的趋势；进口过渡段下段（荆 53～荆 55）左侧低滩部分也以冲刷为主，右侧主河槽部分稍有冲刷，变幅不大，断面形态由原有的偏右的"V"形向"U"形转化，但主河槽仍位于右侧。突起洲汊道段断面的冲淤变化以主河槽（右汊河槽）的冲深向左展宽及左汊河槽的淤积抬高为主要表现形式，与 2011 年 11 月初始地形相比，左汊河槽形态较稳定，整体淤高幅度不大，右汊河槽累计最大刷深 10.2m（CS550，荆 56 下游 2500m 处断面）。荆 59 以下至荆 64 之间的弯道凹岸段上段与下段断面变化形式略有不同，上段（荆 62 以上的过渡段）的断面变化主要表现为左侧 30m 以下低滩部分的冲刷崩退，主槽则略有淤高；下段（荆 62～荆 64）主流长期贴岸，深槽部分冲刷下切，至 2022 年末，深槽累计最大刷深 4.9m，位于荆 64 断面处，同时深槽左侧有所冲刷展宽，最深点位置有所左移，致使该段主流也稍有左移，但幅度不大。

　　5）郝穴河段上段。从断面形态变化来看，与 2011 年 11 月相比，郝穴河段进口过渡段上段（荆 65 以下至荆 66 上游 800m）在系列年间河床的变化以主河槽冲刷下切且向左摆动，进口过渡段下段（荆 67 以上）主河槽有所淤积抬高，右侧低滩急剧冲刷，河床高程大幅度降低，至 2022 年末，主河槽最大淤高 1.9m，低滩最大刷深 7.3m（荆 66 断面）；进口过渡段以下（荆 67 以下）至公 3 段，河床则在主河槽纵向冲刷下切的同时横向也有所展宽，即右侧低滩部分也有所冲刷，至 2022 年末，主河槽累计最大冲深约 6.8m，位于荆 69 断面下游 700m 处，低滩累计最大冲刷约 4.4m（荆 68 断面）；公 3 以下段河床冲刷以冲槽淤滩为主，主河槽累计最大冲刷 6.6m，位于荆 71 附近。

　　6）郝穴河段下段。与 2011 年 11 月初始地形相比，动床模型试验系列年，郝穴河段下段进口处（荆 74 附近）主河槽左侧低滩部分冲刷下切较为严重，累计最大刷深 3.9m（荆 74 断面），断面形态呈偏左的"V"形，进口以下过渡段（荆 75～荆 76）由于受下游左岸周天河段航道整治控导工程制约影响，左侧低滩部分冲刷下切的幅度及影响范围均有所减缓，相应的主河槽及右侧低滩部分则冲深，断面形态呈"U"形。进口过渡段以下（公 1～荆 81）断面的冲淤变化以主河槽（右汊河槽）的冲深向左展宽及左汊河槽的淤积抬高为主要表现形式，与 2011 年 11 月初始地形相比，右汊河槽累计最大刷深 6.6m（荆 80 断面）。荆 81 以下至荆 82 之间断面变化主要表现在蛟子渊边滩右缘冲刷崩退，边滩整体高程刷低约 2m。

　　7）石首河段。从石首河段典型断面的冲淤变化情况可以看出，与 2011 年 11 月相比，石首河段进口过渡段（荆 82 以下至荆 84）在系列年间河床的变化主要表现为主河槽冲刷下切且向右展宽，至 2022 年末，主河槽累计最大冲深 5.1m，位于荆 82 下游 980m 处，右侧天星洲洲头心滩稍有所淤积上延；进口过渡段以下（荆 84～荆 89），天星洲左缘近岸主河槽大幅度冲刷，河床降低，累计最大冲深 8.8m（荆 84 下游 1330m），且向右侧展宽，以至于天星洲左缘岸线大幅度崩退，以荆 85＋1 断面以上 1300m 范围内岸线崩退尤为严重，30m 岸线累计最大崩退约 100m；由于受陀阳树边滩护滩带守护工程以及倒口窑心滩守护工程制约的影响，主河槽贴近左侧护滩带头部，冲淤变化幅度不大，靠近左侧护滩带处近岸河床有一定幅度淤积抬高，倒口窑心滩左缘高程也较稳定，没有大幅度的冲刷崩退；藕池口心滩以下至北门口之间河床主要以冲槽淤左滩为主，北门口以下至荆 99 段河槽冲刷较严重，至 2022 年末，累计最大冲深约 12.8m，位于荆 95 断面上游 1000m 处，荆 99 以下主河槽冲刷且向右移动，即该过渡段主流有所下移，过渡段以下则主要表现为冲槽淤右滩。

　　（4）河势变化。由系列年动床模型试验 2017 年及 2022 年末荆江杨家垴至北碾子湾河

段各分河段河势平面变化情况，可看出系列年动床模型试验第 4 年及第 10 年末总体河势
与试验初始（2011 年 11 月）基本一致，随系列年动床模型试验的进行，河床整体呈沿程
逐步冲刷下切的趋势，深槽刷深拓展，过渡段主流整体有所下移，过渡段间主流平面摆动
较大，局部区域江心洲滩及汊道段变化较为剧烈。系列年动床模型试验 2017 年及 2022 年
末地形图见图 4.5.15～图 4.5.27，各河段河床形态及河势变化主要特征分述如下：

　　1）涴市河段（荆 27～荆
29）。系列年动床模型试验运行
至 2017 年及 2022 年末，涴市河
段河势仍维持现有格局，即主流
由大埠街过渡至涴市河段后贴右
岸下行，在陈家湾附近再分左右
两股水流过渡到下游沙市河段上
段。与初始地形（2011 年 11 月）
比较，试验系列年内，该河段河
床冲淤变化特征总体表现为深槽
沿程冲刷，左侧洲滩也呈现不同
程度的冲刷。

图 4.5.15　动床模型试验涴市河段 2022 年
末地形变化示意图（从下游向上游拍摄）

　　2017 年末地形主要特点：该河段内深槽沿程冲刷较为剧烈，且均呈现向左扩宽的趋
势。原有弯道凹岸仅有一处 10m 深槽冲刷延长，并呈零星分布；15m 深槽则基本贯穿河
段右岸近岸河床并逐渐向上下游延伸。马羊洲中部右缘（荆 27 附近）稍有淤积，下
部（荆 28 以下）则有所冲刷崩退，30.00m 高程线最大崩退约 80m。与地形相适应，
2017 年末该河段主流平面摆幅较小，仅下段过渡段分流点有所下移，且左、右槽主流均
有所左偏。

　　2022 年末地形主要特点：系列年 2022 年末，与 2017 年末地形相比，除 10m 深槽在
荆 28 上游 1.5km 左右贯通，连成一片外，其余滩槽形态与 2017 年基本一致，深槽也呈
现向下游冲刷发展的趋势，15m 深槽槽尾较 2017 年末下移约 580m，10m、20m 深槽槽尾
下移幅度不大。左侧低滩部分的冲淤变化规律与 2017 年类似，呈中段（荆 27 附近）淤积
向河心展宽，下段（荆 28 以下）冲刷崩退。2022 年本河段主流位置仅在弯道下游过渡段
左右槽段有所左偏，其余部位变化不大。

　　2）沙市河段上段（荆 29～荆 45）。系列年动床模型试验运行至 2017 年及 2022 年末，
与初始地形（2011 年 11 月）比较，该河段深槽、洲滩位置与形态均发生较大的变化，但
主流走向依旧维持太平口心滩左右两槽并存，至荆 37 附近走三八滩左右汊格局。随着上
游来水来沙及河势变化，太平口心滩目前南北双槽且南槽为主槽的河道形态逐步向双槽且
北槽为主槽转变；三八滩汊道呈现洲体右侧切割、右汊扩大、左汊进口淤积的发展趋势。

　　2017 年末地形主要特点：太平口心滩北槽冲刷发育，在学堂洲荆 31～沙 4 近岸河床
20m 深槽均上提下延，但尚未完全贯通，荆 32～荆 35 段近岸河床形成较为完整的 20m 深
槽；太平口心滩北槽与三八滩右汊之间原有的高于 25m 的沙埂遭受冲刷，河床降低，太
平口心滩滩体冲刷萎缩，三八滩左汊进口附近滩体上部冲刷后退，30.00m 等高线较 2011

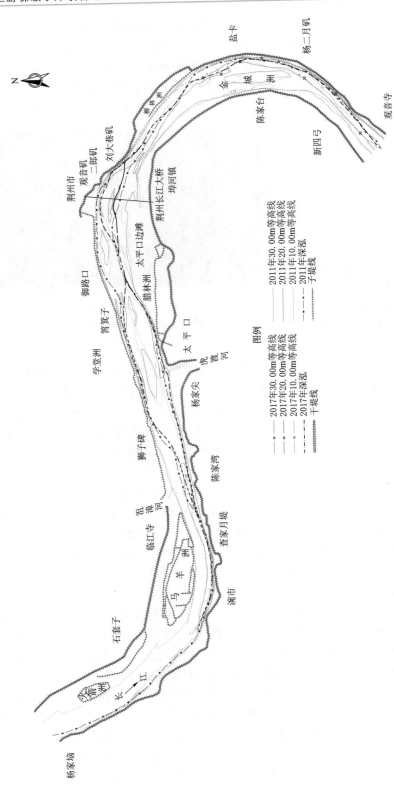

图 4.5.16　涴市、沙市河段 2017 年末河势变化图

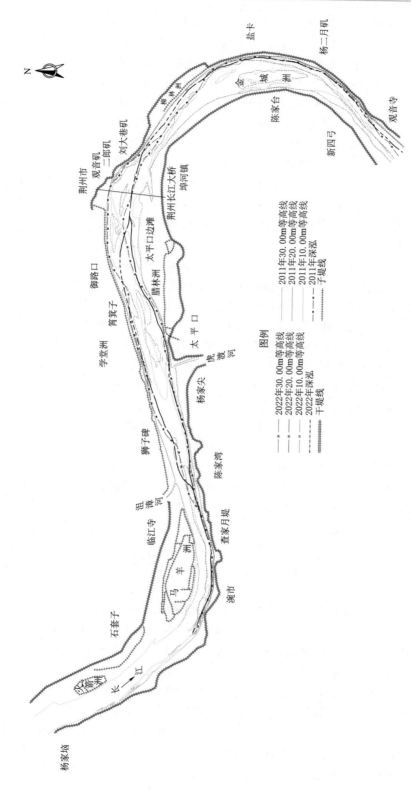

图 4.5.17　涴市、沙市河段 2022 年末河势变化图

年后退约 530m；太平口心滩右槽相应萎缩，太平口口门上游 20m 深槽淤积上移，右槽出口处 20m 深槽萎缩消失，但在三八滩右汊进口处冲刷形成新的 20m 深槽。与初始地形（2011 年 11 月）比较，太平口心滩（30m 等高线）冲刷萎缩，滩体中段被水流冲开一分为二，形成上下一大一小两个滩体，滩体 30.00m 等高线面积比 2011 年缩小 50%，上段滩首冲刷下移约 400m，下段滩尾右侧向下稍有延伸，但幅度不大，心滩右缘高滩部分则有所冲刷崩退，累计最大崩退约 140m。三八滩左汊上、中段河床发生淤积，观音矶前沿 20m 深槽淤积，消失殆尽，下段刘大巷矶附近及其下游冲刷坑刷深展宽，15m、20m 深槽均冲刷下延，且呈向左岸靠近的态势，与初始地形（2011 年 11 月）相比，15m 深槽下移约 250m，20m 深槽下延与下游金城洲左汊 20m 深槽连为一体；三八滩滩体左侧中上部淤长左移，右缘上段受沙市河段航道整治一期工程制约冲刷幅度较小，中下部则受三八滩中下段守护工程制约，三八滩左侧及尾部 30.00m 等高线有一定幅度淤积，25.00m 高程线向下延伸约 200m。2017 年主流由上游涴市河段过渡进入该河段后，沿太平口心滩南北两槽（其中北槽为主槽）下行至荆 37 附近后，再走三八滩的左右汊（其中右汊为主汊），于荆 43 附近汇流后贴左岸下行出本河段，汇流点与 2011 年 11 月相比稍有所下移。

2022 年地形主要特点：与 2017 年地形相比，2022 年太平口心滩头部继续遭受冲刷，25.00m、30.00m 高程线出现较大幅度的崩退，其中 30.00m 高程线后退幅度达 1400m。心滩北槽沙 4 附近继续冲刷发展，出现 15m 深槽，并向下游扩展，槽尾已发展至荆 32 附近，且在沙 4 处河床高程低于 10m；荆 35 附近近岸河床则有所淤积，原有的 15m 深槽淤失。太平口心滩右河槽在太平口口门以下部分基本处于淤积状态，河床有所抬高，局部位置太平口心滩 25.00m 高程线与右岸 25.00m 高程线连为一片，形成一沙埂，另外出口右岸荆 37～荆 38 一带边滩向河心淤长，右槽出流条件有恶化趋势。太平口心滩仍在不断地冲刷萎缩，上段滩体 30.00m 高程线整体冲刷下移，滩体面积也急剧缩小，下段滩体右缘 30.00m 高程线向太平口右槽略有淤长发展。三八滩左汊进口处有所冲刷，25.00m 高程线向左汊延伸，左汊出口观音矶附近深槽均呈现淤积状态，但出口下游刘大巷矶及荆 44 附近则冲刷发育，15m 及 20m 深槽均向下游延伸，15m 深槽槽尾下延约 1200m；三八滩右汊冲刷向右岸扩展，主流趋直，埠河 20m 深槽继续不断萎缩。2022 年主流位置与 2017 年相比，在左汊出口荆 38 附近有所左移，最大左移约 150m，另外，三八滩汊道段右汊主流有所右偏，荆 42 断面处右偏 140m，汇流处汇流点相应有所下移，累计下移约 160m，其余部位主流变化较小。

3）沙市河段下段（荆 45～荆 52）。该段河道滩槽相对分明单一，系列年动床模型试验运行至 2017 年及 2022 年末，与初始地形相比，该河段深槽及洲体总体形态相对稳定，金城洲左汊一直为主汊的河势格局没有发生变化，主流沿金城洲左汊贴岸下行，至荆 53 附近逐渐向右过渡进入下游公安河段，过渡段主流整体有所下移。

2017 年地形主要特点：盐卡弯道凹岸近岸河床冲刷发展，在荆 47～荆 52 一段的 15m 深槽均上提下延，局部地段荆 50～荆 51 附近出现较大范围的 10m 深槽，杨二月矶以上段零星分布的若干个 10m 深槽；受瓦口子—马家咀水道航道整治工程制约，金城洲洲头 30.00m 等高线较为稳定，洲体下部串沟冲刷发展，洲尾 30.00m 高程线冲刷萎缩；金城洲右汊整体呈现冲刷发展的趋势，25.00m 等高线槽体刷长，且向左侧及下游扩宽。该河段主流与 2011 年初始地形相比，在河段进口处（荆 47 以上）主流有所左摆，最大摆幅约 300m，由该河段过渡至下游公安河段时，过渡段主流有所下移，由初始地形时的荆 52 下移至荆 53 附近向右岸过渡，累计下移约 2100m。

2022 年地形主要特点：2022 年弯道凹岸河床继续冲刷，河床高程进一步降低，金城洲左汊 25.00m 高程线与上下游深槽均连接贯通，其中荆 48～荆 53 断面间 15m 深槽全线贯通，滩槽形态及相对位置与 2017 年相比基本一致，金城洲洲头及左、右缘均有所崩退；金城洲右汊整体有所冲刷。2022 年该河段主流的位置与 2017 年相比变化不大，马家咀过渡段主流稍有所下移，但幅度不大。

4）公安河段（荆 52～荆 64）。该河段上接沙市河段，下连郝穴河段，河道平面形态历年稳定，主流由上游左岸观音寺附近逐渐向对岸过渡，于马家咀边滩荆 54 附近顶冲右岸，随后贴右岸下行至杨厂附近再向左岸过渡出本河段。试验运行至 2017 年及 2022 年末，公安河段由于实施马家咀水道航道整治工程及右岸护岸工程，突起洲右汊为主汊的河势格局没有发生变化，弯道中下段滩槽位置相对稳定，但河槽、洲滩冲淤变化及局部段河势调整仍较剧烈，弯道凸岸边滩冲刷崩退，主流走向基本维持现有格局，但上下游过渡段主流整体有所下移，突起洲汇流段主流有所左摆。

2017 年地形主要特点：2017 年末与 2011 年 11 月初始地形相比，公安河段进口段左岸冲刷发展，左岸 25.00m、20.00m 等高线均冲刷左移，荆 54 断面处 25.00m、20.00m 等高线分别左移约 260m、200m，右岸稍有所淤积，河床高程抬高；由于受左汊进口处实施的马家咀航道整治工程影响，突起洲左汊进口有所淤积萎缩，25.00m 等高线及下游 20.00m 等高线均有所淤积下移，但左汊出口（荆 59 以上）稍有冲刷，15m 深槽冲刷展宽；突起洲右汊急剧冲刷下切，20m 深槽冲刷下延，与左汊出口及下游右岸 20m 连为一体，荆 56～荆 58 一带的 15.00m 等高线全线冲刷贯通，西湖庙附近的 10m 深槽冲刷，面积扩大；突起洲洲头及左右缘均有所冲刷崩退，洲头 30.00m 等高线崩退约 180m，洲体面积缩小；突起洲汇流段以下冲刷也较为严重，15m、10m 深槽均有所刷深、刷长，与初始地形相比，公安县城附近 10m、15m 深槽分别下延约 850m、800m，且深槽左侧低滩部分均遭受不同程度的冲刷，荆 63 处 20.00m、25.00m 等高线与 2011 年相比分别冲刷崩退约 100m、90m，30m 冲淤交替变化，但幅度不大。与 2011 年 11 月初始地形相比，2017 年公安河段进口过渡段主流位置有所下移左摆，最大摆幅 340m，受汇流段凸岸边滩冲刷后退影响，突起洲汇流段主流在荆 59 以下有所左偏，最大摆幅约 150m，其余段基本与 2011 年一致。

2022 年地形主要特点：2022 年末，突起洲汊道左汊进一步萎缩，下段 15m 深槽淤积消失，20m、25m 槽首均有所下移；右汊进口荆 55～荆 56 一带近岸河床冲刷下切，上下游 15m 深槽连为一片，西湖庙附近深槽冲深，出现

图 4.5.18　动床模型试验沙市河段上段 2022 年末地形变化试验模拟图（从上游向下游拍摄）

图 4.5.19　动床模型试验沙市河段下段 2022 年末地形变化试验模拟图（从上游向下游拍摄）

5m 的深槽，且深槽向左侧扩展，以至于该处附近 25m 等高线冲刷崩退；与 2017 年末相比，突起洲洲体冲淤变幅不大，仅左缘稍有所冲刷崩退；汊道汇流区荆 59～荆 61 深槽相对 2017 年呈现冲刷发展的趋势，15m 深槽上提下延，与下游公安 15m 深槽连成一片，荆 60 稍上处出现 10m 深槽；弯道下段荆 61～荆 65 处河床冲淤变化及滩槽形态与 2017 年相比基本一致，但整体有所冲深，荆 63 处 25.00m 高程线继续冲刷后退，比 2017 年崩退约 50m。2022 年公安河段主流位置与 2017 年无大的变化。

5）郝穴河段上段（荆 64～荆 74）。该河段近期主流在杨厂附近由右岸过渡至左岸后贴荆江大堤河岸下行，至荆 74 附近经铁牛矶挑

流作用再逐渐向右岸南五洲过渡。至 2022 年末，郝穴河段其间滩槽相对位置未发生较明显变化，主流走向与 2011 年初始地形情况基本一致，河床演变主要表现为杨厂过渡段主流下移、郝穴过渡段主流累计有所上提以及河槽冲刷下切与展宽。

2017 年地形主要特点：2017 年末，杨厂过渡段荆 65 附近 15m、10m 深槽与起始地形（2011 年 11 月）相比均有所下延及展宽，较 2011 年分别下移约 800m、850m，该过渡段主流随之下挫，平面最大摆幅约 440m。河段左岸沿程整体冲刷下切，15.00m 高程线贯穿于整个河段，黄林垱、灵官庙矶头群前沿 10m 冲刷坑由 2011 年较为分散发展成 2017 年末沿近岸连为一体，形成连续 10m 深槽，槽首位于荆 69 附近，铁牛矶矶头 10m 冲刷坑也有所冲刷扩大，并向下游延伸；另外，左岸近岸河床受护岸工程影响，20.00m 高程以上岸线冲淤变化不大。河段右岸近岸河床较 2011 年变化较大，其中荆 66～公 3 范围内低滩部分以冲刷下切为主，25.00m、30.00m 高程线均整体有所冲刷崩退；黄林垱以上岸线的变化主要表现为：20m 深槽冲刷，右侧展宽，及 25.00m 高程线冲刷崩退，最大崩退约 180m，位于荆 69 附近；黄林垱以下至公 3 范围内近岸河床的变化规律略有不同，20m 深槽萎缩，槽右侧有所左移，近岸河床以 30.00m 高程线冲刷崩退为主要表现形式，最大崩退约 150m（荆 70 上游 700m），25.00m 高程线稍有崩退，但幅度略小。公 3 以下右岸近岸河床低滩部分主要表现为淤积，25.00m 高程线向河心淤长，最大淤宽 150m（荆 71），20m 深槽线与上段类似，向河心萎缩，30.00m 高程线变化不大。2017 年末该河段主流位置与初始地形相比，进口过渡段主流有所下移右摆，最大摆幅 440m，出口过渡段主流上提右摆，最大摆幅 490m（公 1），两过渡段之间贴岸的部位主流整体略有所右移，仅荆

71～荆 73 段有所左摆,最大摆幅 150m(荆 72)。

2022 年地形主要特点:至 2022 年末,杨厂过渡段荆 65 附近 15m、10m 深槽仍继续下延及展宽,均较 2017 年末分别下移约 950m、450m,主流随之下挫。河段左岸荆 66～荆 67 段近岸河床较 2017 年末又有所淤积,河床高程略有抬高,15m 深槽槽首有所下移;荆 67～荆 75 段近岸河床全线冲刷,原有的位于荆 68～荆 69 之间及荆 70～荆 71 之间的 10m 深槽贯通连为一体,且向上下游延伸,荆 73 附近 10m 深槽冲深展宽,与此同时向上下游扩展,与 2017 年槽首上延约 670m,槽尾下延约 580m。河段右岸近岸河床冲淤变化较 2017 年有所减缓,25.00m 高程线仅在荆 69～公 3 段有所冲刷崩退,其余段变化不大。20.00m 高程线仅在铁牛矶对岸有所冲刷崩退,最大崩退约 50m,在其上下段均呈向河心淤长的趋势,最大淤宽 240m(荆 75)。与 2017 年相比,该河段内两过渡段主流均有所下移,但幅度均比较小,其余段主流位置变化不大。

6)郝穴河段下段(荆 74～荆 82)。系列年动床模型试验运行至 2017 年及 2022 年末,郝穴河段下段由于左岸沿线实施了周天河段航道整治工程及清淤应急工程,河段内蛟子渊右汊一直为主汊,滩槽相对位置较为稳定,主流走向基本维持现有格局,但进口郝穴过渡段下段及下游蛟子渊过渡段主流整体有所上提。

2017 年末地形主要特点:2017 年末,铁牛矶矶头处及河段右岸近岸河床均不同程度地遭受冲刷,深槽冲刷展宽,并向上下游伸长,左岸铁牛矶矶头处 10m、15m 深槽均冲刷下延,槽尾分别下延约 730m、410m,荆 75 与公 1 之间江中的 15m 深槽随着该段主流的上提基本淤失,右岸荆 77 附近分布的 20m 深槽冲刷,并向上下游延伸,与上游铁牛矶附近及下游荆 78～荆 83 段的 20m 深槽相连,形成一连续的 20m 深槽,至 2017 年末,槽尾下延出本河段,与下游石首河段内茅林口附近深槽贯通,并且在荆 81 以上槽体呈向左扩宽的趋势,在公 2 以下又向右有所展宽;15m 深槽贯通于荆 77 至荆 82 附近的左右岸;荆 79 附近 10m 深槽冲刷扩大,面积由初始地形的 0.62km² 增大为 2017 年末的 0.79km²,新厂附近冲刷发育,形成一长 1000m 的 10m 冲刷坑,坑首位于公 2 上游 450m。另外,受左岸郝穴至蛟子渊段航道整治工程及清淤应急工程影响,该河段左岸滩体部分基本呈现淤积状态,颜家台下游张家湾附近原有的 20m 冲刷坑淤积消失。蛟子渊滩体头部有所淤积扩宽,并有所上延,30.00m 高程线累计上延 120m,右缘受过渡段主流左摆影响,有所崩退,最大崩退约 160m,位于荆 80 上游 600m 处。蛟子渊边滩滩面及左汊河床冲淤变幅不大,累积稍有所冲刷。与 2011 年 11 月初始地形相比,郝穴段主流贴右岸的部位有所上提,累计上提约 890m,蛟子渊过渡段主流贴左岸的部位上提幅度不大,荆 77～荆 79 附近主流有所左摆,其余段主流位置变化不大。

2022 年末地形主要特点:2022 年末,与 2017 年末相比,该河段河槽进一步冲刷,铁牛矶矶头处 10m、15m 深槽继续冲刷下延;覃家渊附近 15m 深槽向上游冲刷发展,并且有所扩宽;荆 79 附近 10m 深槽扩宽,且向下游延伸,蛟子渊—新厂段 10m 深槽连为一体,形成连续的 10m 深槽。蛟子渊边滩滩头 30.00m 高程线稍有所冲刷下移。主流位置与 2017 年末基本一致,仅在郝穴过渡段主流有所下移左摆,但幅度不大。

7)石首河段(荆 82～荆 99)。石首河段多年来河床复杂多变,主要表现为洲滩冲淤消长交替变化及过渡段主流的频繁摆动。2022 年末,该河段依然维持石首河弯原有格局,

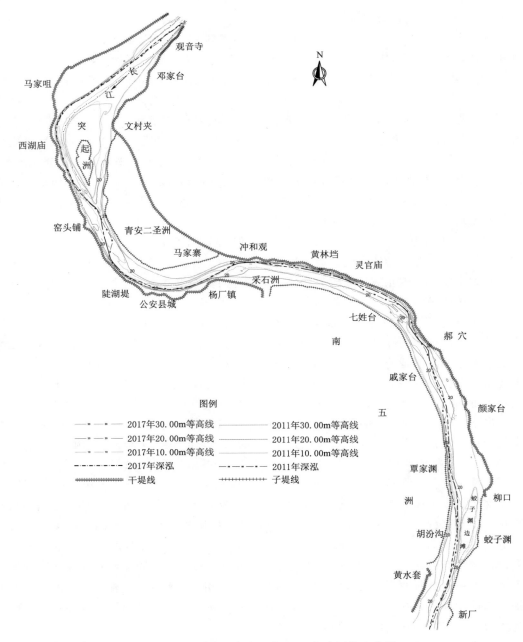

图 4.5.20　公安、郝穴河段 2017 年末河势变化图

但局部位置滩槽仍有一定程度的调整，主要是由右岸天星洲过渡至左岸焦家铺一带时及由右岸北门口以下过渡至左岸北碾子湾一带时过渡段主流整体有所下移。

　　2017 年末地形主要特点：2017 年末，石首河段整体呈现冲刷发展的趋势，茅林口附近、天星洲左侧及河弯凹岸 20m 深槽均冲刷下切，并贯通形成一连续的 20m 深槽；茅林口附近近岸河床冲刷幅度较大，15m 深槽冲刷，面积扩大，并向下游发展，至 2017 年，

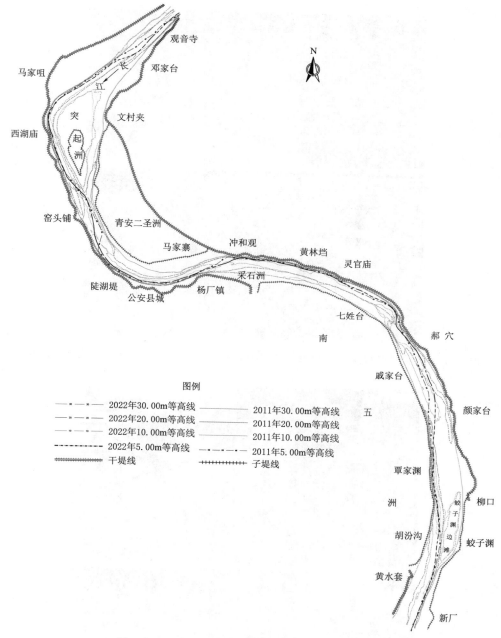

图 4.5.21 公安、郝穴河段 2022 年末河势变化图

15m 深槽槽尾已下延至荆 84 以上，茅林口处甚至冲刷形成 10m 深槽；天星洲左侧近岸河
床也不断地冲刷发育，15m 深槽槽尾稍有所下移，槽首向江中扩宽，并向上游伸展，该
处原有高于 20m 的沙埂已冲刷消失；受焦家铺过渡段主流下移影响，河弯上段 15m、
10m 深槽槽首均有所淤积萎缩，分别累计下移约 1500m、1100m，槽尾则冲刷下延，15m
深槽与下游左岸北碾子湾处 15m 深槽连为一体，10m 深槽槽尾下延至荆 98 下游 350m，

图 4.5.22　动床模型试验公安河段 2022 年末地形变化试验模拟图 （从上游向下游拍摄）

图 4.5.23　动床模型试验郝穴河段上段 2022 年末地形变化试验模拟图 （从上游向下游拍摄）

图 4.5.24　动床模型试验郝穴河段下段 2022 年末地形变化试验模拟图

北碾子湾处 10m 深槽也呈冲刷上延的趋势。天星洲洲体左缘冲刷崩退，30.00m 高程线最大崩退 150m（荆 84），洲头淤积上延，与初始地形相比，30.00m 高程线累计上移约 640m，藕池口口门有所淤积。受陀阳树边滩护滩带守护工程以及倒口窑心滩守护工程制约的影响，倒口窑心滩滩体整体较稳定，右缘向右淤长，右槽相应的淤积萎缩。藕池口心滩冲淤变化不大。与初始地形相比，2017 年石首河段在由右岸天星洲过渡至左岸焦家铺一带时及由右岸北门口以下过渡至左岸北碾子湾一带时过渡段主流均有所下移，分别下移约 690m、570m，弯道处（荆 95 以上）主流有所右移，其余部位主流变化不明显。

2022 年末地形主要特点：至 2022 年末，石首河段滩槽形态与 2017 年基本一致，仅在天星洲左侧，深槽冲刷向上下游伸长，弯道凹岸 20m、15m、10m 深槽槽首进一步萎缩下移；焦家铺近岸 2017 年形成的倒套上段逐渐萎缩，下段与右侧河槽冲刷贯通，该处 20m 深槽相应地扩宽；随着主流的不断下移，左岸古长堤附近淤积形成一新的高于 25m 的心滩；倒口窑心滩进一步冲刷下移，右河槽急剧萎缩。与 2017 年比较，2022 年该河段主流在焦家铺过渡段下段有所左移，其余部位主流变化不大。

（5）汊道分流比变化。根据太平口心滩汊道段、三八滩汊道段、突起洲汊道段三峡工程运用以来实测的分流比资料分析可知，太平口心滩北槽在沙市流量 7400m³/s 时分流比为 39.2%（2015 年 3 月 23 日实测值）；三八滩汊道在沙市流量 5000～15000m³/s 时左汊分流比基本稳定在 32%～46% 之间，即左汊为支汊，右汊则为主汊，沙市流量 17100m³/s 下三八滩左汊分流比为 44.4%（2011 年 7 月实测值）；突起洲汊道在沙市流量 5000m³/s 时

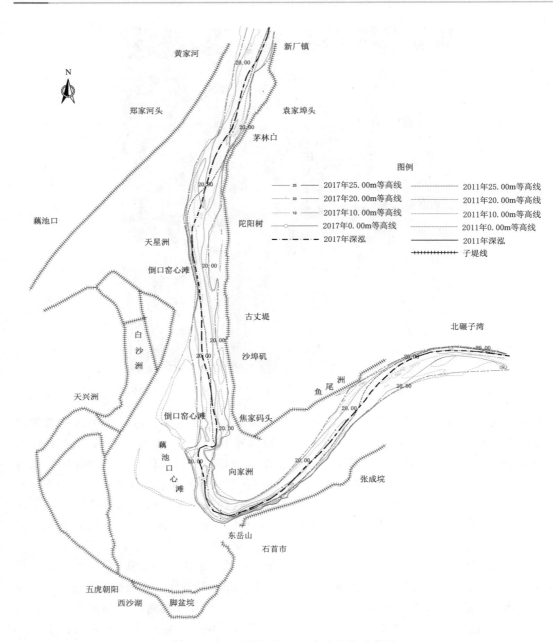

图 4.5.25　石首河段 2017 年末河势变化图

左汊分流比较小，仅有 15% 左右，在沙市流量 10000～15000m³/s 时左汊分流比在 33%～42% 之间，马家咀航道整治一期工程实施以后，突起洲左汊分流比有所减少，但洪水期分流比仍有 35.2%（2011 年 7 月沙市流量 17100m³/s 下的实测值），枯水期分流比 11%（2009 年 2 月沙市流量 6522m³/s 下的实测值）。

　　表 4.5.3 为荆江杨家垴至北碾子湾河段动床模型试验系列年末段典型汊道分流比统计表，模型试验成果表明：经过系列年水沙连续作用后，太平口心滩北槽分流比呈现增大趋

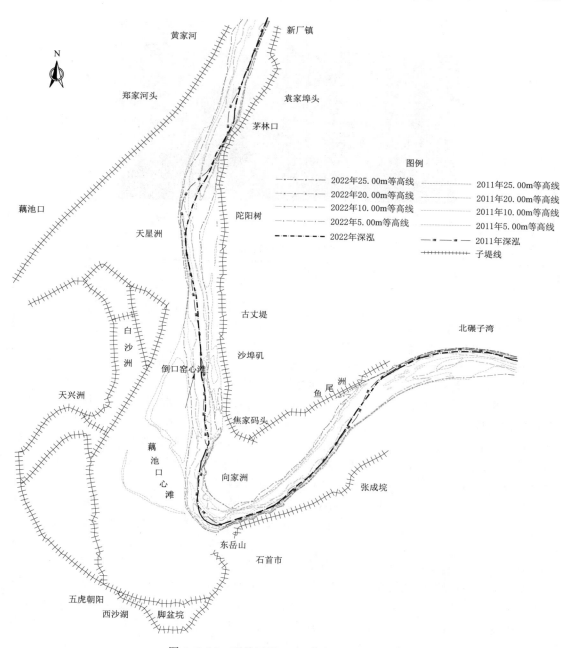

图 4.5.26 石首河段 2022 年末河势变化图

势，南槽分流比相应逐年减小；三八滩左汊分流比在中水流量下，2022 年左汊分流比相比 2011 年实测值减少约 14%，相应的右汊分流比有所增大；受金城洲右汊进口、突起洲左汊进口已实施的航道整治工程影响，中水流量下金城洲右汊分流比有所减小，但幅度不大，而突起洲左汊分流比则大幅度减小，至 2022 年末，16272m³/s 流量下，突起洲左汊分流比只有 27.8%，比 2011 年 7 月减小了 7.4%。

图 4.5.27　动床模型试验石首河段 2022 年末地形变化试验模拟图

表 4.5.3　　　　　　　　　　系列年试验河段汊道分流比统计表

系列年	进口流量 /(m³/s)	太平口心滩分流比/%		三八滩分流比/%		金城洲分流比/%		突起洲分流比/%	
		北槽	南槽	左汊	右汊	左汊	右汊	左汊	右汊
2017 年	17191	44.1	55.9	36.7	63.3	66.7	33.3	39.2	60.8
2020 年	18026	49.1	50.9	34.6	65.4	71.9	28.1	35.1	64.9
2022 年	16272	49.4	50.6	30.4	69.6	72.8	27.2	27.8	72.2

3. 河道再造过程及变化趋势预测试验研究小结

（1）动床模型试验运行至 2017 年及 2022 年后，与初始地形（2011 年 11 月）比较，沙市河段上段深槽、洲滩位置与形态均发生较大的变化，但主流走向依旧维持太平口心滩左右两槽并存，至荆 37 附近走三八滩左右汊格局。随着上游来水来沙及河势变化，太平口心滩目前左右双槽且右槽为主槽的河道形态逐步向双槽且左槽为主槽转变；三八滩汊道呈现洲体右侧切割、右汊扩大、左汊进口淤积的发展趋势。

（2）动床模型试验运行至 2022 年，石首河段依然维持石首河弯左、右两汊的分汊格局，左汊为主汊，左汊中的左右两槽并存，左槽右摆，右槽淤积，但局部位置滩槽仍有一定程度的调整，主要是由于右岸天星洲过渡至左岸焦家铺一带时及由右岸北门口以下过渡至左岸北碾子湾一带时过渡段主流整体有所下移。

（3）动床模型试验运行至 2017 年及 2022 年年杨家垴至北碾子湾河段总体河势与初始地形（2011 年 11 月）基本一致，随运行年限延长，河床呈沿程逐步整体冲刷下切的趋势，深槽刷深拓展，过渡段主流整体有所下移，过渡段间主流平面摆动较大，局部段江心洲滩及汊道段变化较为剧烈，以沙市河段上段（荆 29～荆 45）、石首河段（荆 82～荆 104）变化尤为显著。

（4）动床模型试验运行至 2022 年，试验河段主河槽仍将大幅度地刷深，即深泓高程整体有所降低，冲刷较为严重的部位主要集中在涴市河段凹岸荆 27～荆 28 一带、沙市河段太平口过渡段左槽学堂洲（荆 32）附近、三八滩汊道出口汇流段（沙 6）附近、公安河段右汊西湖庙（荆 57）附近、公安河段右汊公安县城（荆 63）附近及石首河段进口新厂（公 2）附近。

（5）动床模型试验运行至 2017 年末和 2022 年末全河段以枯水河槽冲刷为主，枯水河槽累计冲刷量分别为 1.06 亿 m³、1.61 亿 m³，枯水河槽平均下切分别为 0.74m、1.12m，枯水河槽以上河滩冲刷幅度比较小，局部位置还略有淤积。全河段内各分河段冲刷强度有所不同，沱市河段、沙市河段上段、郝穴河段上段冲刷强度较其他四个河段略大，公安河段冲刷强度相对较弱。

（6）动床模型试验至 2022 年，试验河段内典型汊道的分流比稍有调整，太平口心滩北槽分流比呈现增大趋势，三八滩汊道段左汊分流比呈现减少的趋势，但减少幅度不大，相应的右汊分流比有所增大；受金城洲右汊进口、突起洲左汊进口已实施的航道整治工程影响，金城洲左汊分流比略有增大，突起洲左汊分流比减小幅度稍大。

4.5.2 盐船套至螺山河段

1. 试验条件

（1）河道边界条件。长江盐船套至城陵矶段河道冲淤试验模拟范围与动床模型验证试验范围一致。试验初始地形采用 2013 年 10 月实测 1:10000 河道地形。根据试验河段已实施河道整治工程和航道整治工程，模型对荆江门、熊家洲、七弓岭、观音洲等部位护岸工程和已实施航道工程以及岳阳洞庭湖大桥、荆岳长江公路大桥等进行了模拟，见图 4.5.28。

（2）水沙条件。根据三峡工程设计方案，三峡水库 2006 年 10 月至 2008 年 9 月坝前水位按 156.00m—135.00m—140.00m 方式运用；2008 年 10 月至 2009 年 9 月坝前水位按 172.00m—143.00m—155.00m 方式运用，2009 年以后水库按正常蓄水位 175.00m—145.00m—155.00m 运用。长江科学院采用 1991—2000 年系列年进库水沙条件和三峡水库泥沙淤积后出库水沙过程进行坝下游长河段长时段一维水沙数学模型计算，其计算成果为此次模型试验提供边界条件。

模型试验时段为 2013 年 10 月至 2022 年 12 月，共计 10 年。试验中 2013—2022 年水沙条件分别对应于典型年系列的 1991—2000 年入库水沙条件。根据一维水沙数学模型提供的成果，2013—2017 年模型进口断面输沙中值粒径 0.12～0.15mm，年平均含沙量 0.129～0.383kg/m³；2018—2022 年模型进口断面输沙中值粒径 0.12～0.14mm，年平均含沙量 0.140～0.281kg/m³。

根据一维水沙数学模型计算成果对试验河段沿程水位、进口流量与输沙量及太平口分流等水沙条件进行不同时段步长概化。

2. 试验成果分析

（1）河床冲淤量。三峡工程运用初期（2013—2022 年）动床模型各河段试验冲淤量统计见表 4.5.4 和表 4.5.5。计算条件分别为监利流量 5000m³/s（洞庭湖流量 3000m³/s）、监利流量 11400m³/s（洞庭湖流量 8900m³/s）和监利流量 22000m³/s（洞庭湖流量 13900m³/s）三种条件对应的水位下的模型河床冲淤量。为便于叙述，将试验河段分为荆江门河段、熊家洲河段、七弓岭河段、观音洲河段共 4 段。

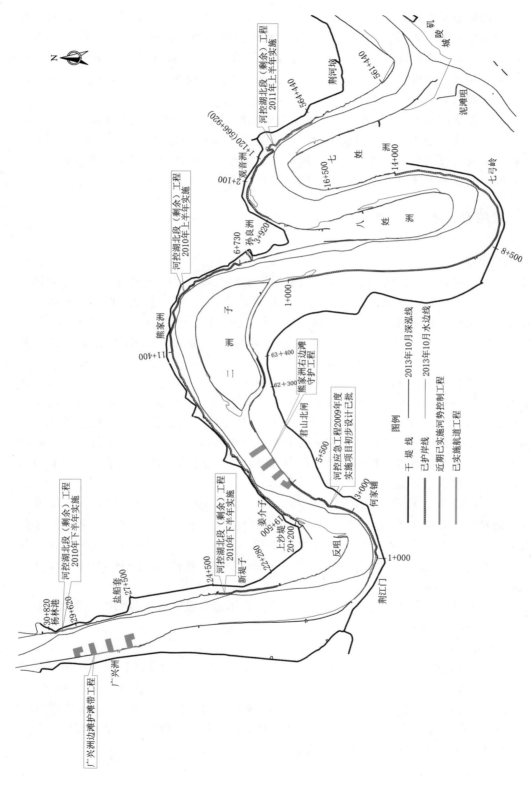

图 4.5.28　盐船套至城陵矶河段已实施航道工程及护岸工程平面布置

表 4.5.4　　　系列年第 5 年（2017 年）末长江盐船套至城陵矶段冲淤量统计

河段	起止断面	距离/km	监利 5000m³/s，洞庭湖 3000m³/s		监利 11400m³/s，洞庭湖 8900m³/s		监利 22000m³/s，洞庭湖 13900m³/s	
			冲淤量/万 m³	平均冲深/m	冲淤量/万 m³	平均冲深/m	冲淤量/万 m³	平均冲深/m
荆江门河段	利5～荆175	12.3	−481	−0.47	−212	−0.17	−323	−0.21
熊家洲河段	荆175～荆179	13.9	+710	+0.69	+220	+0.14	−1630	−0.82
七弓岭河段	荆179～荆181	17.0	−97	−0.07	+307	+0.15	−730	−0.23
观音洲河段	荆181～利11	12.9	−1268	−1.05	−1268	−0.78	−2142	−0.98
合计	利5～利11	56.1	−1136	−0.20	−953	−0.15	−4825	−0.55

表 4.5.5　　　系列年第 10 年（2022 年）末长江盐船套至城陵矶段冲淤量统计

河段	起止断面	距离/km	监利 5000m³/s，洞庭湖 3000m³/s		监利 11400m³/s，洞庭湖 8900m³/s		监利 22000m³/s，洞庭湖 13900m³/s	
			冲淤量/万 m³	平均冲深/m	冲淤量/万 m³	平均冲深/m	冲淤量/万 m³	平均冲深/m
荆江门河段	利5～荆175	12.3	−1302	−1.26	−1043	−0.82	−985	−0.71
熊家洲河段	荆175～荆179	13.9	−362	−0.32	−1287	−0.80	−3145	−1.68
七弓岭河段	荆179～荆181	17.0	−400	−0.28	−38	−0.02	−161	−0.08
观音洲河段	荆181～利11	12.9	−1886	−1.60	−1751	−1.14	−1777	−1.02
合计	利5～利11	56.1	−3950	−0.82	−4119	−0.65	−6068	−0.81

从试验成果可以看出：三峡工程运用后试验河段累积以冲刷为主。盐船套至城陵矶 2013—2017 年枯水河槽累计冲刷 1136 万 m³，冲刷强度 227.2 万 m³/a，平均冲深 0.2m。2013—2022 年枯水河槽累计冲刷 3950 万 m³，冲刷强 395 万 m³/a，平均冲深 0.82m。

2017 年末，全河段在监利流量 11400m³ 中水位以下河床冲刷量均与枯水河槽（监利流量 5000m³ 低水位的河槽）冲刷量接近，全河段在监 22000m³ 对应高水位以下河床冲刷量均明显大于中、枯水河槽冲刷量，说明全河段中枯水河槽冲刷较小，洲滩冲淤变化较大。

2022 年末，全河段在监利流量 11400m³ 和 22000m³ 对应中、高水位以下河床冲刷量均与枯水河槽（监利流量 5000m³ 低水位的河槽）冲刷量接近，说明全河段以枯水河槽冲刷为主，而洲滩冲淤变化不大。

下荆江出口各段冲淤强度有所差别，第 5 年末荆江门河段、观音洲河段在第五年末枯水河槽平均冲深分别为 0.47m、1.05m，熊家洲河段枯水河槽淤高 0.69m、七弓岭河段枯水河槽微冲；第 10 年末荆江门河段、熊家洲河段、七弓岭河段、观音洲河段枯水河槽平均冲深分别为 1.26m、0.32m、0.28m 和 1.6m，其中荆江门、观音州河段冲刷强度较大，熊家洲河段、七弓岭河段冲刷强度较小。第 10 年末河段冲淤分布见图 4.5.29。

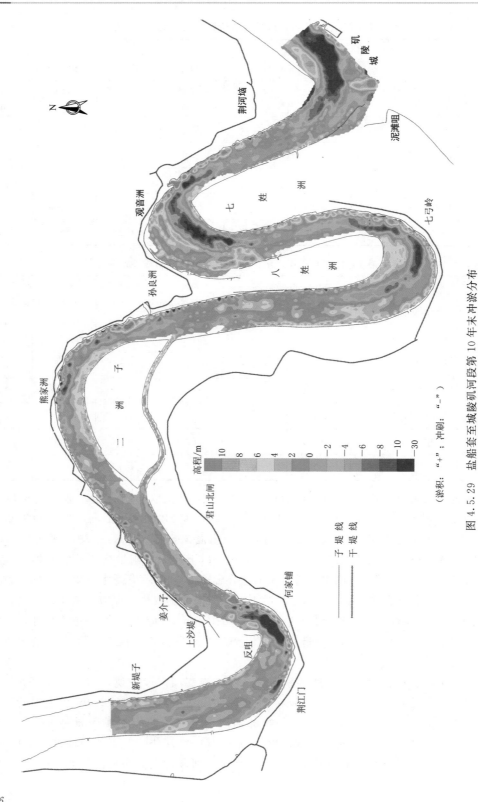

图 4.5.29　盐船套至城陵矶河段第 10 年末冲淤分布

（2）深泓及近岸冲刷坑变化。盐船套至城陵矶河段 2013 年、2017 年末、2022 年末模型深泓高程变化试验成果见图 4.5.30。

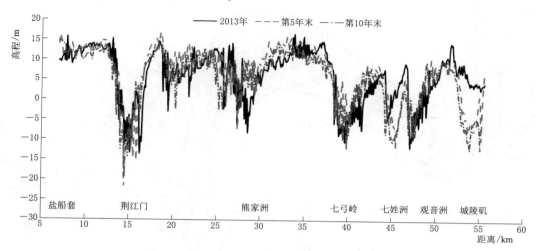

图 4.5.30　盐船套至城陵矶河段深泓高程变化

系列年 2017 年末和 2022 年末，盐船套至城陵矶段深泓高程变化总体表现为沿程继续冲刷下切，特别是城陵矶江湖汇流段附近，河床下切幅度明显。各河段深泓平面变化主要表现为深泓贴岸特别是弯道段贴岸距离调整、弯道的迎流顶冲点变化以及深泓过渡段位置下移。冲刷坑范围有所扩大。其中 2022 年末近岸部分冲刷坑变化情况见表 4.5.6。

表 4.5.6　　　　　　　　　盐船套至城陵矶河段冲刷坑变化统计表

部位 （冲刷坑高程）	2013 年			2022 年		最大冲刷深度 /m
	冲刷坑范围	冲刷坑大小 /万 m²	最低高程 /m	冲刷坑大小 /万 m²	最低高程 /m	
荆江门（−5m）	1+180～3+400	13.9	−16.30	28.7	−20.40	−4.1
姜介子（10m）	18+500～12+000	121.1	−5.10	80	−4.40	+0.7
熊家洲（10m）	11+200～3+600	179.5	−7.90	160.6	−4.00	+3.9
七弓岭（5m）	10+500～16+000	104.9	−10.60	79.2	−13.90	−3.3
七姓洲（0m）	弯道中上部	6.1	−6.70	53.4	−11.20	−5.5
观音洲（0m）	1+600～564+100	30.5	−12.50	20.4	−11.40	+1.1
城陵矶（0m）	江湖汇流口	27.3	−7.20	102.2	−13.70	−6.5

荆江门弯道冲深显著，但冲刷坑向河中及上下游发展，范围明显扩大，−5.00m 高程冲刷坑向上下游分别延长 500m 左右，范围较 2013 年扩大约 15 万 m²；熊家洲弯道上段姜介子 10m 冲刷坑范围缩小，冲刷坑整体有所淤积熊家洲弯顶附近 10m 冲刷坑长度有所缩窄，宽度有所增大，面积变化不大，冲刷坑整体有所淤积；七弓岭弯道冲刷坑下延并向左侧发展，但面积有所减小，最大冲深约 3.3m，观音洲弯道中上部与下部 0.00m 高程冲刷坑均有所发展并相互靠近，但还未贯通，弯道中上部深槽冲刷明显，最大冲深约 5.5m，中下部深槽有所淤积。深泓平面变化见图 4.5.31～图 4.5.34。

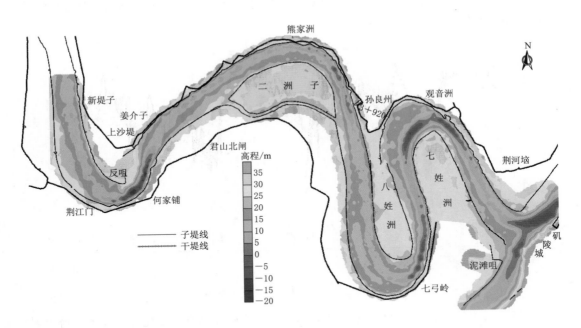

图 4.5.31　盐船套至城陵矶河段模型预测 2017 年末河势图

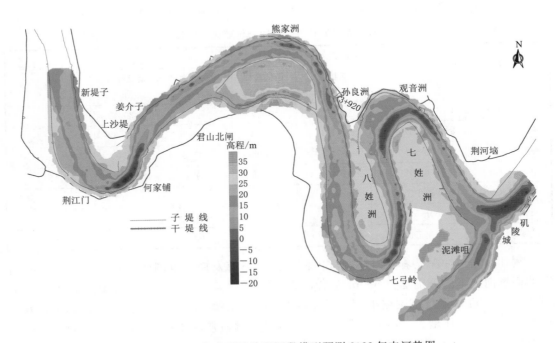

图 4.5.32　盐船套至城陵矶河段模型预测 2022 年末河势图

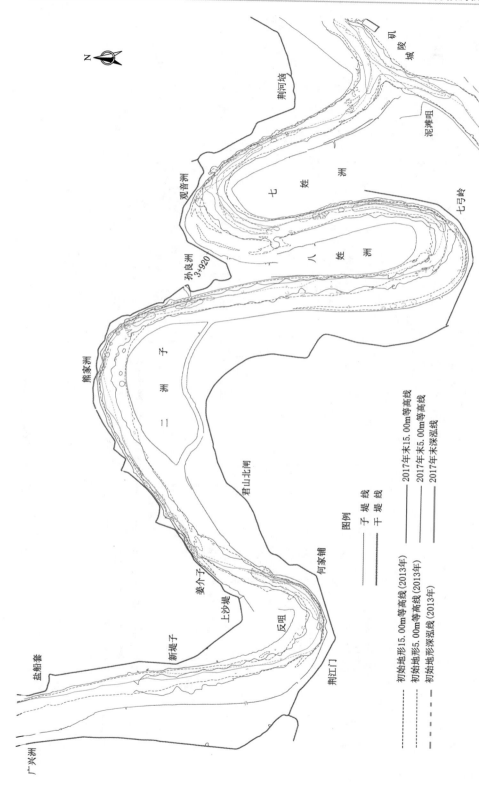

图 4.5.33 盐船套至城陵矶河段模型预测 2017 年末河势变化图

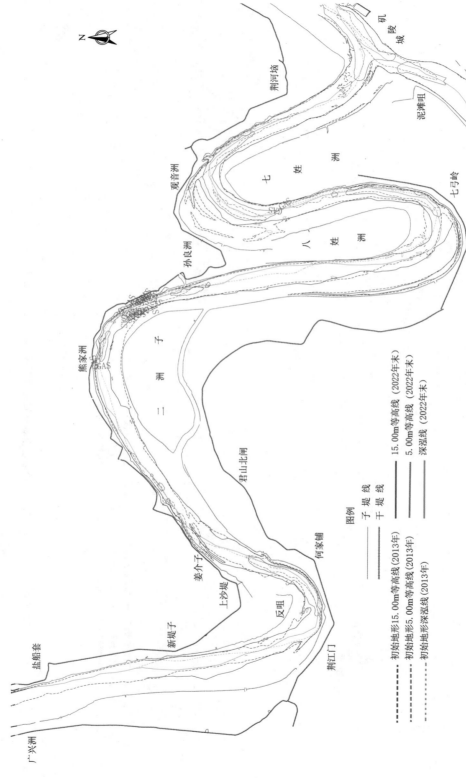

图 4.5.34　盐船套至城陵矶河段模型预测 2022 年末河势变化图

　　（3）典型横断面变化。系列年动床模型试验 2017 年末和 2022 年末不同时期试验河段典型断面冲淤变化见图 4.5.35～图 4.5.38。表 4.5.7 列出了试验河段典型断面的形态特征值。各典型断面形态及冲淤变化分述如下。

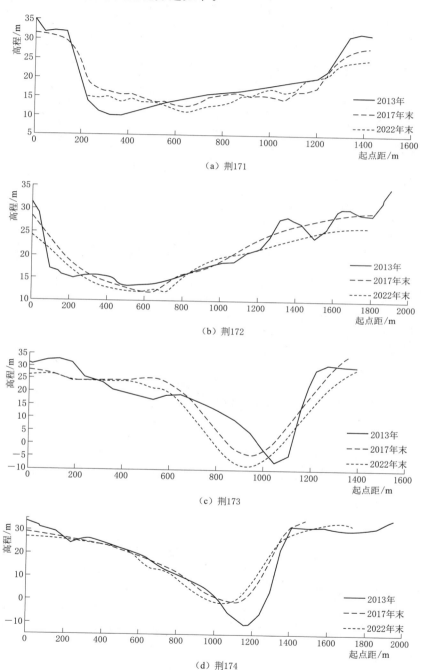

（a）荆171

（b）荆172

（c）荆173

（d）荆174

图 4.5.35　盐船套至城陵矶河段典型断面冲淤变化图（荆江门河段）

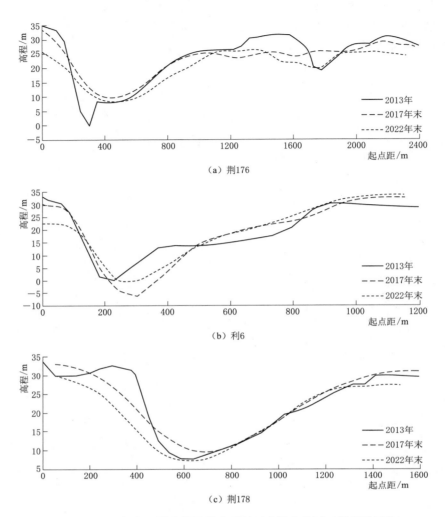

(a) 荆176

(b) 利6

(c) 荆178

图 4.5.36　盐船套至城陵矶河段典型断面冲淤变化图（熊家洲河段）

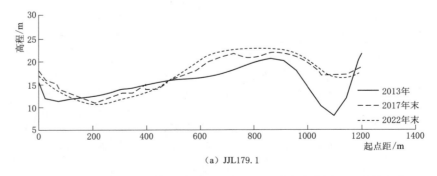

(a) JJL179.1

图 4.5.37（一）　盐船套至城陵矶河段典型断面冲淤变化图（七弓岭河段）

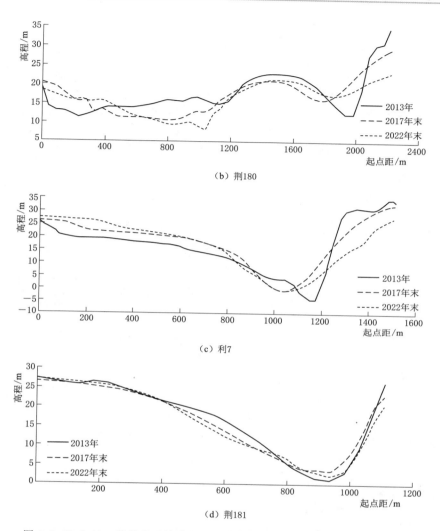

（b）荆180

（c）利7

（d）荆181

图 4.5.37（二） 盐船套至城陵矶河段典型断面冲淤变化图（七弓岭河段）

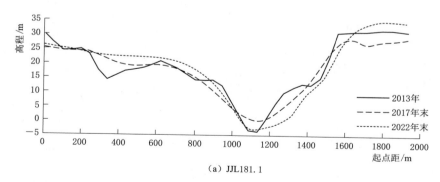

（a）JJL181.1

图 4.5.38（一） 盐船套至城陵矶河段典型断面冲淤变化图（观音洲河段）

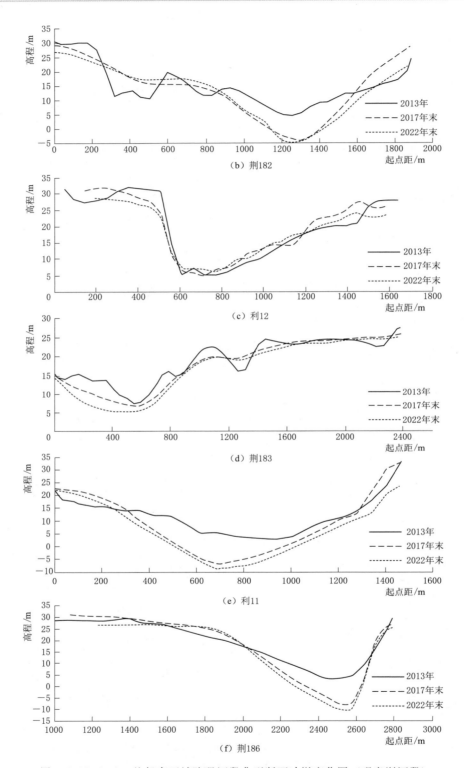

图 4.5.38（二）　盐船套至城陵矶河段典型断面冲淤变化图（观音洲河段）

表 4.5.7　　　　　系列年动床模型试验河段典型断面的形态特征值

河段	断面编号	年份	断面面积 A /m²	河宽 B /m	水深 H /m	宽深比 $\sqrt{B}/H$
荆江门段	荆171	2013年	10726	1105	9.7	3.43
		2017年末	10413	1099	9.5	3.50
		2022年末	10633	1040	10.2	3.15
	荆172	2013年	10156	1145	8.9	3.81
		第5年末	9166	1092	8.4	3.94
		第10年末	11437	1390	8.2	4.53
	荆173	2013年	11058	876	12.6	2.34
		第5年末	10652	734	14.5	1.87
		第10年末	14223	869	16.4	1.80
	荆174	2013年	12694	898	14.1	2.12
		第5年末	11853	872	13.6	2.17
		第10年末	13087	907	14.4	2.09
熊家洲段	荆176	2013年	8101	741	10.9	2.49
		第5年末	8490	1249	6.8	5.20
		第10年末	12248	1338	9.2	4.00
	利6	2013年	9200	737	12.5	2.17
		第5年末	11073	1114	9.9	3.36
		第10年末	10567	1215	8.7	4.01
	荆178	2013年	9416	854	11.0	2.65
		第5年末	8618	768	11.2	2.47
		第10年末	10127	839	12.1	2.40
七弓岭段	JJL179.1	2013年	10850	1212	8.9	3.89
		第5年末	9403	1231	7.6	4.59
		第10年末	9403	1231	7.6	4.59
	利7	2013年	13190	1388	9.5	3.92
		第5年末	11906	1315	9.1	4.00
		第10年末	12425	1157	10.7	3.17
	荆180	2013年	14155	1837	7.7	5.56
		第5年末	14586	1787	8.2	5.18
		第10年末	14518	1789	8.1	5.21
	荆181	2013年	9365	818	11.5	2.50
		第5年末	9218	815	11.3	2.52
		第10年末	10018	763	13.1	2.11

续表

河段	断面编号	年份	断面面积 A /m²	河宽 B /m	水深 H /m	宽深比 $\sqrt{B}/H$
观音州河段	JJL181.1	2013 年	15245	1383	11.0	3.37
		第 5 年末	14807	1419	10.4	3.61
		第 10 年末	15909	1391	11.4	3.26
	荆 182	2013 年	17424	1651	10.6	3.85
		第 5 年末	20462	1574	13.0	3.05
		第 10 年末	20060	1569	12.8	3.10
	利 12	2013 年	10851	954	11.4	2.71
		第 5 年末	9565	865	11.1	2.66
		第 10 年末	9810	1043	9.4	3.43
	荆 183	2013 年	11917	1606	7.4	5.40
		第 5 年末	14735	1767	8.3	5.04
		第 10 年末	15598	1684	9.3	4.43
	利 11	2013 年	20300	1600	12.7	3.15
		第 5 年末	23181	1264	18.3	1.94
		第 10 年末	24999	1300	19.2	1.87
	荆 186	2013 年	12384	1116	11.1	3.01
		第 5 年末	16204	891	18.2	1.64
		第 10 年末	17143	861	19.9	1.47

注　计算条件为长江干流监利站流量 22000m³/s、洞庭湖城陵矶站流量 13900m³/s。

1）荆江门河段。

荆 171 断面：位于盐船套顺直过渡段，断面形态为偏"V"形，2002 年以来，断面年际间冲淤变化不大，右侧边滩略有冲刷，断面形态基本稳定，深槽居于左侧，但有展宽居中发展的趋势。左侧深槽 2017 年有所淤积，2022 年末又有所冲刷。2017 年末、2022 年末断面中部及右侧边滩有所冲刷，主流有所居中，但断面形态仍为偏"V"形，断面宽深比变化不大，在 3.15～3.5 之间。

荆 172 断面：位于盐船套向荆江门弯道的过渡段，断面形态为偏"V"形，深槽居于左侧。20 世纪 90 年代以来，由于上游团结闸段的岸线崩退，过渡段下移，导致荆 172 断面深槽左移。2008 年以来，荆江门弯道上段贴凸岸一侧岸线略有冲深，原凹岸深槽逐年淤高，即荆江门弯道有发生"撇弯切滩"的趋势。系列年动床模型试验 2017 年末和 2022 年末不同时期，左侧仍为深槽，且冲深展宽，边滩有所淤积，断面宽深比有所增大。

荆 173 断面：位于荆江门弯道的弯顶附近，断面形态为偏"V"形，深槽居于右侧；系列年动床模型试验 2017 年末和 2022 年末不同时期，断面形态仍为偏"V"形，但深槽有所左移，深槽不断冲刷。同时左岸凸岸边滩累积有所淤积，滩槽高程差有所增大。断面宽深比有所减小。

荆 174 断面：位于荆江门弯道的出口段，断面形态为偏"V"形，深槽居于右侧。1967—1972 年荆江门 12 个护岸矶头的实施基本抑制了凹岸的崩退，近年来荆 174 断面基本稳定。系列年动床模型试验 2017 年末和 2022 年末不同时期，该断面形态基本保持不变，右侧深槽有所冲深，断面宽深比在 2.09～2.17 之间。

2）熊家洲河段。

荆 176 断面：位于熊家洲弯道的上段洲头，左汊断面形态为偏"V"形，深槽紧靠左侧。由于凹岸护岸工程的实施，近年来弯道河势基本稳定。系列年动床模型试验 2017 年末和 2022 年末不同时期，左汊边滩有所冲刷，右汊深槽有所展宽，熊家洲洲头有所冲刷，断面形态有所调整。

利 6 断面：位于熊家洲弯顶下段，左汊断面形态为偏"V"形，系列年动床模型试验 2017 年末和 2022 年末不同时期，左侧深槽冲刷并有所右移，右侧边滩平均淤高 3～4m，断面宽深比有所增大。

荆 178 断面：位于熊家洲弯道的出口段，断面形态为偏"V"形，深槽仍靠左侧。弯道作用使主流始终贴岸。2008 年以来，主流出熊家洲弯道后不再向右岸过渡，而直接贴八姓洲左侧岸线下行，致使主流贴岸冲刷八姓洲左岸深槽，八姓洲左岸岸线逐年崩退。系列年动床模型试验 2017 年末和 2022 年末不同时期，左侧靠岸线持续崩退，断面形态变化不大，宽深比在 2.4～2.65 之间。

3）七弓岭河段。

JJL179.1 断面：位于七弓岭弯道的上游段，20 世纪 90 年代，深槽居于河槽右侧，断面形态为偏"V"形。三峡工程运用以来，主流逐渐向左岸摆动，左右槽均有所冲刷下切，且左槽发展大于右槽。2008 年以来，主流出熊家洲弯道后不再向右岸过渡，而直接在七弓岭弯顶处向右岸过渡，七弓岭弯道上段凸岸边滩发生冲刷下切，形成深槽，与原凹岸深槽形成双槽格局，而原凹岸深槽逐渐淤积萎缩，断面形态转变为"W"形。系列年动床模型试验 2017 年末和 2022 年末不同时期，断面右槽逐渐淤积萎缩，左侧不断冲刷和向右展宽，并逐渐发展为主槽。断面中部有所淤高，仍然维持双槽分流的格局，断面宽深比变化不大。

荆 180 断面：位于七弓岭弯道上段，断面形态为"W"形，其断面变化与 JJL179.1 断面变化类似。系列年动床模型试验 2017 年末和 2022 年末不同时期，断面右槽逐渐淤积萎缩，左侧向右展宽、冲刷，并逐渐发展为主槽。断面宽深比变化不大，在 5.18～5.56 之间。

利 7 断面：位于七弓岭弯道的顶部，断面形态为偏"V"形，深槽紧靠右岸。主流长期贴岸及上游河势变化导致七弓岭弯道岸线崩退、弯顶下移，护岸工程的实施抑制了岸线的进一步崩退。三峡工程运用以来，利 7 断面右侧岸线稳定，断面深槽左侧淤积而使深槽变窄，断面左侧边滩则发生大幅度冲刷。系列年动床模型试验 2017 年末和 2022 年末不同时期，断面右侧深槽扩大并有所左移，左侧边滩持续淤积，而断面面积无显著变化。

荆 181 断面：位于七弓岭弯道下段，断面形态为偏"V"形，深槽紧靠右岸。三峡工程运用以来，由于上游河势变化，水流出七弓岭弯道后主流贴岸距离加长，该断面下游右岸发生崩塌，岸线后退，深槽右移约 50m。系列年动床模型试验 2017 年末和 2022 年末不同时期，断面深槽左侧岸坡略有冲刷，断面过水面积略有增加，断面形态基本不变。

4）观音洲河段。

JJL181.1 断面：位于观音洲弯道入口处，1980 年断面形态为"V"形，深槽居左侧；1998 年以来，随着观音洲弯道主流顶冲点大幅下移，主流过渡段延长，JJL181.1 断面的深槽逐渐向右侧摆动，而原居于左侧的深槽逐渐淤高萎缩，断面形态变为"W"形。系列年动床模型试验第 5 年末和第 10 年末不同时期，左侧深槽持续淤积，断面形态又逐渐变为偏"V"形，右侧边滩冲刷，深槽右移展宽，而深槽最深点高程变化不大，断面宽深比 3.26～3.61。

荆 182 断面：位于观音洲弯道顶端，断面形态为"W"形，其断面变化与 JJL181.1 断面类似，系列年动床模型试验 2017 年末和 2022 年末不同时期，凸岸边滩不断冲刷下切，断面深槽不断冲深，但深槽位置无明显变化，不再向右摆动，"撇弯切滩"趋势放缓，而原左岸深槽逐渐淤积萎缩，断面形态向"V"形变化。

利 12 断面：位于观音洲弯道下游出口段，断面形态为"V"形，深槽靠近左岸。三峡工程运用以来，左侧深槽不断冲刷且向右展宽，至 2013 年深槽展宽至 600m 左右，深槽平均冲深约 4m。系列年动床模型试验 2017 年末和 2022 年末不同时期，断面深槽无明显变化，左侧岸线略有崩退，深槽右侧边坡则略有淤积。断面形态基本稳定。

荆 183 断面：位于荆江出口附近，断面形态为"W"形，右侧存在倒套；系列年动床模型试验 2017 年末和 2022 年末不同时期，左侧深槽冲刷展宽，右侧倒套有所淤积，断面宽深比有所减小。

利 11 断面：位于城陵矶汇流口，断面形态为偏"U"形，深槽居中；系列年动床模型试验 2017 年末和 2022 年末不同时期，左侧边滩有所淤积，深槽明显冲深，初始地形、2017 年末、2022 年末断面宽深比分别为 3.15、1.94、1.87。

荆 186 断面：位于江湖汇流口城陵矶下游，断面形态为偏"V"形，深槽靠近右岸，多年来河床冲淤变化较小。三峡工程运用后，左岸仙峰洲边滩有所冲刷，但深泓及右岸线均相对稳定。系列年动床模型试验 2017 年末和 2022 年末不同时期，该断面均发生较大程度的冲刷，右侧深泓右移而更加靠近右岸，至 2022 年末深泓冲刷下降约 10m。左侧边滩有所淤积，断面宽深比有所减小。

（4）河势变化。三峡水库修建后采用"蓄清排浑"运行方式，初期拦蓄了上游大量泥沙，改变了下游来水来沙条件，水库下游河道将在较长一段时期内发生冲淤变化，各河段河势随之发生相应的调整。图 4.5.33 和图 4.5.34 分别为第 5 年末（即 2017 年）、第 10 年末（即 2022 年）盐船套至城陵矶河段滩槽变化情况，图 4.5.39～图 4.5.43 为研究河段动床模型试验第 10 年末地形情况。

由图 4.5.33 和图 4.5.34 可以看出，2017 年、2022 年盐船套至城陵矶河段总体河势与近期（2013 年）相比变化不大，随着三峡工程的蓄水运用及其上游干支流水库溪洛渡、向家坝的陆续建设，河床未来呈沿程逐步整体冲刷下切的趋势，深槽有所刷深拓展，边滩有所淤积，弯道间过渡段主流贴岸距离变化，弯道顶冲点有所调整，部分弯道"撇弯切滩"现象有所放缓，局部河段主流平面摆动明显，局部河势变化较大，以弯道段和江湖汇流段河势变化较显著。各河段河势变化主要特征分述如下。

1）荆江门河段（利5～荆175）。系列年动床模型试验第5年末和第10年末，荆江门段总体处于持续冲刷阶段。该河段河势仍维持现有格局，即主流继续沿盐船套左岸下行，新堤子一带水流趋直，左岸主河槽刷深展宽，主流由左岸向右岸过渡的位置上提。荆江门河弯水流顶冲点下移，荆江门凹岸深槽展宽，凸岸中下部高滩有所淤积。弯道出口主流贴岸距离下延，深泓冲刷发展。

第5年末地形主要特点：左岸新堤子及上游主流趋直，深泓最大右移约200m，下游向荆江门过渡段（荆172附近）深泓左移约100m，过渡段左、右岸15.00m高程线均有所右移展宽，平均展宽约50m。荆江门弯道进口段左侧15.00m等高线有所缩窄，最大缩窄约200m；荆江门弯道顶部（荆173）附近2013年的2个−5m冲刷坑变为3个，冲刷坑面积略有增大，主要表现为冲刷坑长度减小，宽度增大，冲坑有所左移居中；凸岸弯顶段15m洲滩后退约100～120m、弯顶下段洲滩略有淤积；荆江门至熊家洲过渡段（荆174～荆175）深泓向左岸过渡位置上提，主流顶冲河岸，深泓左移约80m。荆江门弯道出口段15.00m等高线冲刷发展，中间浅包消失并与熊家洲弯道15.00m高程线贯通，10.00m等高线仍然断开。

第10年末地形主要特点：断面形态和深槽位置较2017年均有所发展。左岸团结闸及下游向荆江门过渡段（荆172附近）深泓左移约80m，过渡段左、右岸15.00m高程线均有展宽，左侧最大展宽约200m。荆江门弯道进口段右侧边滩冲刷后退，贴岸"倒套"萎缩；弯道凹岸冲刷坑上提下移并展宽、范围有所扩大，凸岸边坡淤积，边滩与深槽间边坡变陡；弯道下游过渡段下移，相比初始地形，深泓右移约70m。左岸熊家洲主流顶冲点下移约400m至荆175断面附近。

2）熊家洲河段（荆175～荆179）。系列年动床模型试验2017年末和2022年末，与初始地形（2013年）比较，熊家洲段累积处于冲刷阶段。深槽和洲体总体形态相对稳定，河段河势保持现有格局。全河段左汊横断面呈偏"V"形，深槽紧靠左岸。弯道总体深槽刷深、展宽，右岸边滩局部有淤积，滩槽形态基本不变。主流紧贴弯道左岸而行，弯道出口段主流贴左岸距离下延。

第5年末地形主要特点：弯道上段（荆175～荆177）深槽有所淤积，10m冲刷坑变为多个不连续10m冲刷坑，熊家洲凸岸15m边滩淤积，弯顶附近（荆177）15.00m等高线缩窄约300m；下段深槽（荆177～荆178）槽首冲刷展宽，最大展宽约150m，但深槽尾部淤积，10m深槽面积减少约50km²，最深点高程淤高约3m。弯道出口段主流贴岸距离下延，深泓最大右移（荆178与荆179断面之间）约200m；八姓洲西侧岸线崩退明显。

第10年末地形主要特点：洲滩和深槽形态与2017年基本一致，深槽和洲体总体相比2017年末冲刷发展。弯道上段（荆175～荆177）深槽有所展宽，但仍有不连续10m冲刷坑，利6断面附近出现−5m冲刷坑，中下段深槽冲深展宽，但相比初始地形，最深点高程仍有淤积；出口段深泓贴岸距离增大，深泓线贴岸位置相比2017年末上提约600m。

3）七弓岭河段（荆179～荆181）。系列年动床模型试验2017年末和2022年末，七弓岭河段总体处于持续冲刷阶段，与初始地形（2013年）比较，该河段洲滩和深槽位置有较大变化。随着上游来水来沙变化及河势变化，主流出熊家洲弯道后不再从荆178～荆179处向右岸过渡，而继续沿左岸下行。弯道上游虽继续维持左右双槽形态，但右槽逐渐

图 4.5.39　动床模型试验荆江门弯道第 10 年末地形

淤积萎缩，左槽进一步冲刷、上提、右移、展宽而逐渐发展为主槽，即发生"撇弯切滩"现象。弯道主流顶冲点下移，弯顶冲刷坑有所淤积、展宽。

第 5 年末地形主要特点：出熊家洲弯道后，深槽沿左岸向下游冲刷发展，在 JJL179.1 处过渡到七弓岭弯道凹岸，相比初始地形，深泓线向凹岸过渡位置上提约 800m，15.00m 等高线向右侧移动约 200m，主流"撇弯切滩"趋势放缓；过渡段近岸右槽逐渐淤积萎缩。弯道水流顶冲点较 2013 年地形上移，弯道凹岸心滩尾部冲刷，2017 年末心滩尾部大约在荆 180 断面附近，同时原来凹岸侧的两个 20m 心滩连成一体，并且向上游发展。凸岸侧 20.00m 等高线向河道内延伸，较初始地形最大右移约 250m；深泓线过弯顶后，10m 深槽有所左移扩宽（利 7 断面附近），使七弓岭弯道出口段弯曲半径减小，弯道出口段左侧边滩有所冲刷，右岸近岸深槽有所淤积，左岸滩体冲蚀，左岸 20.00m 等高线左移约 90m，河道展宽，深泓略有左移。

图 4.5.40　动床模型试验熊家洲弯道第 10 年末地形

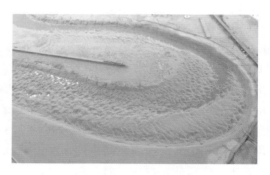

图 4.5.41　动床模型试验七弓岭弯道第 10 年末地形

第 10 年末地形主要特点：与 2017 年末相比，2022 年七弓岭段洲滩和深槽形态没有显著的变化。主要区别在于：进口段深槽进一步右移居中，右槽进一步淤积萎缩，深泓线向凹岸过渡位置进一步上提，"撇弯切滩"现象进一步减弱；并且 2017 年末连成一体的 20m 心滩又从中间冲刷断开，但 20m 心滩的范围和宽度与 2017 年末相比无明显变化。弯道附近深槽进一步冲深，出口段左岸边滩与 2017 年末相比无明显冲刷。

4）观音洲河段（荆 181～利 11）。水流出七弓岭弯道后逐渐向左岸过渡进入观音洲弯道。系列年动床模型试验 2017 年末和 2022 年末，与 2013 年相比，该段河势变化主要表现为弯道中部深槽冲刷下切、弯道凹岸进一步淤积，而滩槽位置相对稳定，主流走向基本维持现有格局。

图 4.5.42　动床模型试验七姓洲弯道　　　　图 4.5.43　动床模型试验江湖汇流段
第 10 年末地形　　　　　　　　　　　　　第 10 年末地形

第 5 年末地形主要特点：上游水沙条件及河势变化的影响，主流出七弓岭弯道后继续沿右岸下行，在 JJL181.1 处逐渐过渡到观音洲弯道中部。弯道进口段荆 181.1 处河槽刷深，主泓右移约 50m。弯道中部荆 181.1～利 8 之间的 5.00m 高程深槽冲刷发展与上下游连通形成完整的 5.00m 高程深槽，而凹岸洲滩明显淤积，15.00m 等高线消失；弯道下段（荆 182～利 12）河道冲淤变化不大，深泓位置变化不明显。弯道出口段（利 12～利 11）河槽冲刷下切，10.00m 高程深槽下延至荆 183 附近，口门两侧的 15.00m 高程"拦门坎"冲刷消失或后退，深泓逐渐向河槽左侧偏移，荆 183 处深泓左移约 80m。

第 10 年末地形主要特点：全河段滩槽形态及河势与 2017 年末年基本一致。弯道进口深槽进一步冲深，凹岸侧进一步淤积，但冲淤幅度均不大。弯道下段河槽主流平面位置基本保持不变；出口段河槽冲深，深泓线略有左移，"撇弯切滩"继续发展但有所放缓。

3. 河道再造过程及变化趋势预测试验研究小结

（1）长江盐船套至城陵矶河段系列年动床模型试验表明，预测时段内该河段处于持续冲刷阶段，中、枯水河槽冲淤变化较大。其中 2013—2017 年枯水河槽平均冲深 0.2m，2013—2022 年枯水河槽平均冲深 0.82m。预测时段 2022 年末荆江门河段、熊家洲河段、七弓岭河段、观音洲河段枯水河槽平均冲深分别为 1.26m、0.32m、0.28m 和 1.6m，其中荆江门、观音州河段冲刷强度较大，熊家洲河段、七弓岭河段冲刷强度较小。

（2）盐船套至城陵矶段深泓高程变化总体表现为沿程继续冲刷下切，特别是城陵矶江湖汇流段附近，河床下切幅度明显。

（3）系列年动床模型试验表明，河段不同部位断面形态均发生变化，主要表现为过渡段深泓向左或向右偏移，弯道段凸岸崩退趋势放缓，"撇弯切滩"有所减弱。

（4）系列年动床模型试验不同时期盐船套至螺山河段总体河势与近期（2013 年）变化不大。随着三峡工程的蓄水运用及其上游干支流水库溪洛渡、向家坝的陆续建设，该河段河床未来呈沿程逐步整体冲刷下切的趋势，深槽有所刷深拓展，弯道顶冲点调整，主流贴岸距离变化，局部河段深泓有所摆动。

（5）荆江门弯道进口团结闸一带主河槽刷深展宽，荆江门弯道上段凸岸边滩冲刷崩退，过渡段主流下挫，水流顶冲点下移，弯道下段凹岸深槽展宽，凸岸中下部高滩有所淤积。弯道出口主流贴岸距离下延，深泓冲刷发展；熊家洲弯道段深槽刷深、展宽，右岸边滩局部有淤积，出口段深槽冲刷下延；七号岭弯道上游继续维持左右双槽形态，但右槽逐渐淤积萎缩，左槽进一步冲刷，心滩尾部冲刷，头部淤积，心滩整体向上游延伸、展宽，弯道顶冲点有所上提，主流有所居中，"撇弯切滩"现象有所放缓；弯顶冲刷坑有所淤积展宽；水流出七号岭弯道后逐渐向左岸过渡进入观音洲弯道，弯道中部深槽冲刷下切、弯道凹岸进一步淤积，过七姓洲弯道后，主流贴左岸下行在城陵矶附近与洞庭湖出流交汇后进入下游河段。

4.6 小结

分别选择荆江杨家垴至北碾子湾段和盐船套至螺山段开展典型河段河道再造过程及变化趋势实体模型试验研究。在河道演变分析、模型设计及验证基础上，研究预测了溪洛渡、向家坝、亭子口等水库与三峡水库联合运用后研究河段河床再造过程及冲淤变化情况，主要结论如下。

1. 杨家垴至北碾子湾河段动床模型试验结果

（1）自 2011 年末至 2017 年末和 2022 年末全河段以枯水河槽冲刷为主，枯水河槽累计冲刷量分别为 1.06 亿 m³、1.61 亿 m³，枯水河槽平均下切分别为 0.74m、1.12m，枯水河槽以上河滩冲刷幅度比较小，局部位置还略有淤积。全河段内各分河段冲刷强度有所不同，涴市河段、沙市河段上段、郝穴河段上段冲刷强度较其他四个河段略大，公安河段冲刷强度相对较弱。

（2）至 2017 年及 2022 年杨家垴至北碾子湾河段总体河势与初始地形（2011 年 11 月）条件基本一致，随运行年限的延长河床呈沿程逐步整体冲刷下切的趋势，深槽刷深拓展，过渡段主流整体有所下移，过渡段间主流平面摆动较大，局部段江心洲滩及汊道段变化较为剧烈，以沙市河段上段（荆 29～荆 45）、石首河段（荆 82～荆 104）变化尤为显著。

（3）在模型预测时段内，沙市河段上段主流走向将依旧维持太平口心滩左右两槽并存，至荆 37 附近走三八滩左右汊的河势格局，但深槽、洲滩位置与形态将会发生较大的变化。随着上游来水来沙及河势变化，太平口心滩由目前左右双槽且右槽为主槽的河道形态逐步向双槽且左槽为主槽转变，右槽会有所淤积萎缩；三八滩汊道呈现洲体右侧切割、右汊发展扩大、左汊进口淤积、左汊稍有萎缩的发展趋势。

（4）在模型预测时段内，石首河段仍然维持左右两汊，左汊为主汊的格局，左汊又分左右两槽且左槽为主槽；由于该河段两岸岸线主流顶冲的部位基本已守护稳定，并且上游河势较为稳定，溪洛渡、向家坝、亭子口等水库与三峡水库联合运用后，该河段的总体河势不会发生大的改变，石首河弯分汊且左汊为主汊的河势格局将基本不变。陀阳树边滩将继续冲刷下移，左侧窜沟将有可能发展，倒口窑心滩左缘继续冲刷右摆，右缘淤积，有与下游藕池口心滩并靠的趋势，即石首河弯左汊右槽呈淤积萎缩的趋势。

（5）至 2022 年，试验河段内典型汉道的分流比稍有调整，太平口心滩北槽分流比呈现增大趋势，三八滩汉道段左汉分流比呈现减少的趋势，但减少幅度不大，相应的右汉分流比有所增大；受金城洲右汉进口、突起洲左汉进口已实施的航道整治工程影响，金城洲左汉分流比略有增大，突起洲左汉分流比减小幅度稍大。

2. 盐船套至螺山河段动床模型试验结果

（1）在模型预测时段内，盐船套至城陵矶河段处于持续冲刷阶段，中、枯水河槽冲淤变化较大。其中盐船套至城陵矶段 2013—2017 年枯水河槽平均冲深 0.2m，2013—2022 年枯水河槽平均冲深 0.82m。2022 年末荆江门河段、熊家洲河段、七号岭河段、观音洲河段枯水河槽平均冲深分别为 1.26m、0.32m、0.28m 和 1.6m，其中荆江门、观音州河段冲刷强度较大，熊家洲河段、七号岭河段冲刷强度较小。

（2）在模型预测时段内，盐船套至城陵矶段深泓高程变化总体表现为沿程继续冲刷下切，特别是城陵矶江湖汇流段附近，河床下切幅度明显。

（3）试验河段不同部位断面形态均发生变化，主要表现为过渡段深泓向左或向右偏移，弯道段凸岸崩退趋势放缓，"撇弯切滩"有所减弱。

（4）试验不同时期盐船套至螺山河段总体河势与近期（2013 年）变化不大。随着三峡工程的蓄水运用及其上游干支流水库溪洛渡、向家坝、亭子口的陆续建设运行，该河段河床未来呈沿程逐步整体冲刷下切的趋势，深槽有所刷深拓展，弯道顶冲点调整，主流贴岸距离变化，局部河段深泓有所摆动。

（5）荆江门弯道进口团结闸一带主河槽刷深展宽，荆江门弯道上段凸岸边滩冲刷崩退，过渡段主流下挫，水流顶冲点下移，弯道下段凹岸深槽展宽，凸岸中下部高滩有所淤积。弯道出口主流贴岸距离下延，深泓冲刷发展；熊家洲弯道段深槽刷深、展宽，右岸边滩局部有淤积，出口段深槽冲刷下延；七号岭弯道上游继续维持左右双槽形态，但右槽逐渐淤积萎缩，左槽进一步冲刷，心滩尾部冲刷，头部淤积，心滩整体向上游延伸、展宽，弯道顶冲点有所上提，主流有所居中，"撇弯切滩"现象有所放缓；弯顶冲刷坑有所淤积展宽；水流出七号岭弯道后逐渐向左岸过渡进入观音洲弯道，弯道中部深槽冲刷下切、弯道凹岸进一步淤积，过七姓洲弯道后，主流贴左岸下行在城陵矶附近与洞庭湖出流交汇后进入下游河段。

第 5 章

荆江河道再造过程对防洪形势的影响研究

本章采用江湖河网水流数学模型和长江防洪实体模型，分别选取典型的洪水流量过程和典型的洪水流量级，分别在 2011 年原型实测河道地形和溪洛渡、向家坝、亭子口等水库与三峡水库联合运用至 2022 年末预测河道地形上，研究了荆江典型河段的洪水演进特性、洪水位、流量和流速等的变化情况，并分析了荆江河道再造过程对防洪形势的影响。

5.1 荆江河段洪水演进特性数值模拟研究

三峡工程具有防洪、发电、航运、供水和发展库区经济等巨大的综合效益，是治理和开发长江的关键工程。依据《长江流域防洪规划》，现阶段长江中下游防洪标准以总体防御 1954 年洪水为目标，确定荆江河段的防洪标准为 100 年一遇。

本节以 1998 年洪水为典型，按照三峡工程的防洪调度方式进行调度，采用江湖河网非恒定流数学模型，模拟洪水在长江中下游的演进过程，从而分析研究三峡工程运用后荆江河段的洪水演进特性、防洪形势及荆江河道再造过程对防洪形势的影响。

5.1.1 1998 年洪水特点

长江洪水主要由降雨形成。历史上，长江区域型洪水常见，全流域型洪水较稀遇。1998 年长江洪水是 1954 年以来的又一次全流域型洪水。洪水发生之早、来势之猛、水量之大、水位之高、持续时间之长，为历史罕见。其洪水特点如下。

（1）洪水发生范围广。1998 年长江流域上中游干流及洞庭湖四水和鄱阳湖五河均发生了较大洪水，长江中游干流多处主要站和支流发生超过实测记录最高水位和最大流量的洪水，波及范围广。

（2）洪水发生时间早。1—3 月，长江中下游干流出现历史同期最高水位，洞庭湖水系湘江和鄱阳湖水系赣江 3 月中旬的洪峰流量居全年最大。

（3）洪峰次数多、洪水量级大。长江宜昌水文站发生 8 次洪峰流量超过 $50000\mathrm{m}^3/\mathrm{s}$ 的洪水过程。各次洪峰流量和最高水位见表 5.1.1。1998 年宜昌站实测最大洪峰流量 $63300\mathrm{m}^3/\mathrm{s}$，重现期小于 10 年，最大 30 天洪量重现期近 100 年，最大 60 天洪量重现期超过 100 年；螺山、汉口站最大 30 天洪量重现期均为 30 年左右，最大 60 天洪量的重现期为 50 年左右。

（4）洪峰水位高，高水位持续时间长。1998 年洪水洪峰水位高，洪水持续时间长。长江中下游江段沙市至螺山、武穴至九江水文（位）站水位均超过历史最高水位，超过幅度达 0.55～1.25m。其中：沙市自 7 月 11 日超过警戒水位 43.00m，至 9 月 3 日，其间有长达 48 天水位在警戒水位以上。汉口超警戒水位 27.30m 的时间长达 75 天。洞庭湖和鄱阳湖水系的大部分地区也普遍超过历史最高水位，两湖控制站城陵矶和湖口水文站超过历史最高水位持续时间均长达 29 天。

表 5.1.1 　　　　　　　　　　　1998 年宜昌站各次洪峰情况

序号	洪 峰 流 量		最 高 水 位	
	峰值/(m³/s)	时间	水位值/m	时间
第一次	54500	7 月 2 日 23 时	52.91	7 月 3 日 0 时
第二次	55900	7 月 17 日 20 时	53.00	7 月 18 日 1 时
第三次	51700	7 月 24 日 7 时	52.45	7 月 24 日 20 时
第四次	63200	8 月 7 日 21 时	53.91	8 月 7 日 22 时
第五次	62600	8 月 12 日 14 时	54.03	8 月 12 日 15 时
第六次	63300	8 月 16 日 14 时	54.50	8 月 17 日 4 时
第七次	56100	8 月 25 日 7 时	53.29	8 月 25 日 10 时
第八次	56800	8 月 30 日 23 时	53.52	8 月 31 日 2 时

（5）洪水遭遇恶劣。1998 年长江上中下游洪水和洞庭湖、鄱阳湖洪水发生恶劣遭遇。6 月中旬至 7 月下旬，两湖洪水叠加，长江中下游水位持续偏高，8 月长江上游干流又连续发生多次洪水过程，特别是第六次洪水在向下游行进过程中，先与三峡区间、清江洪水相遇，又与洞庭湖沅江、澧水洪水碰头，经武汉江段时，与同期到达的汉江洪水又相遭遇，情形尤为恶劣。干支流洪水多次遭遇、叠加组合成峰高量大的多峰型洪水过程，造成中下游干支流防汛形势异常严峻的局面。

（6）多处分洪、溃垸。每逢长江大洪水期，长江中下游沿岸众多的洲滩民垸都有溃口或主动扒口分洪的情况发生。1998 年洪水期，据湖北、湖南、江西、安徽四省统计，共溃口（或漫溢）分洪的民垸总数为 1975 个，其中耕地面积万亩以上的圩垸共 57 个，总分洪水量近 100 亿 m³。根据在洪水期实时作业预报的分析，1998 年汛期中对长江干流水位发生较大影响的主要溃垸有：7 月 4 日 16 时 30 分，武汉天兴洲主动扒口行洪；7 月 25—27 日，武穴站附近接连多个圩垸溃决（或漫溢），其中较大者为戴家洲圩、新洲圩、双沟垸、黄冈市西洲头圩、新洲垸、团风血防垸等；8 月 1 日 20 时，嘉鱼簰洲湾合镇垸自然溃决；8 月 5 日，石首、监利县附近多个圩垸溃决（扒口或漫溢），其中较大者为六合垸、永合垸、北碾垸、张智垸、西洲垸、监利血防垸、监利新洲垸等；8 月 7 日公安县孟溪垸自然溃决；8 月 9 日 16 时有计划地对监利三洲联垸扒口分洪。

5.1.2　洪水演进计算条件

（1）计算工况。三峡工程运用后的防洪效益主要体现在两方面：一是水库通过调度直接拦蓄部分超额洪量，从而减轻下游防洪压力；二是坝下游河床冲刷造成水位下降，进而增加河道泄量。因此，本节在研究三峡工程运用后洪水演进特性时，既考虑水库防洪调度方式的影响，又考虑河床冲淤的影响，计算工况分别为：①工况 1：现状条件下（2011 年地形），无三峡水库的调度；②工况 2：现状条件下（2011 年地形），考虑三峡水库的防洪调度方式；③工况 3：水库蓄水运行至 2022 年末地形条件下，考虑三峡水库的防洪调度方式。

工况 1 典型年的上边界宜昌站流量过程采用实测值，工况 2 和工况 3 典型年的上边界宜昌站的流量过程相同，均采用考虑三峡水库防洪调度后的流量过程。

通过比较工况 1 和工况 2，可分析三峡水库防洪调度对洪水演进特性的影响；通过比较工况 2 和工况 3，可分析三峡水库蓄水运用后坝下游河床冲刷再造对洪水演进特性及防洪形势的影响。

（2）三峡工程防洪调度方式。三峡工程的防洪作用与其调度方式密切相关。三峡工程的防洪调度方式分为两种：对荆江补偿调度方式和对城陵矶补偿调度方式。

1）对荆江补偿调度方式。遇 100 年一遇及其以下洪水时，通过三峡水库调洪，控制荆江（枝城站）流量不大于 56700m³/s，沙市水位不超过 44.50m，不启用荆江分洪区；遇 100 年一遇至 1000 年一遇洪水，控制枝城最大流量不超过 80000m³/s，配合荆江分洪区，控制沙市水位不超过 45.00m，三峡水库调洪控制最高水位 175.00m。达到 175.00m 后则以保证大坝安全为主，对洪水适当调节下泄。

2）对城陵矶补偿调度方式。为了既保证荆江地区的防洪安全又尽可能减少城陵矶附近的分洪量，控制城陵矶水位不超过 34.40m。将三峡工程的防洪库容 221.5 亿 m³ 划分为三部分：第一部分库容 100 亿 m³ 用于城陵矶和荆江防洪补偿；第二部分库容 85.5 亿 m³ 用于荆江防洪补偿；第三部分 36 亿 m³ 用于对荆江特大洪水补偿。在对城陵矶防洪补偿时，由于宜昌至城陵矶区间洪水可能很大，考虑完全的补偿调节，三峡水库下泄流量往往很小。

本节主要采用对荆江补偿调度方式对 1998 年型洪水进行调度。

（3）模型计算河段及地形资料。模型计算范围和地形条件与河道冲淤计算采用的条件相同，详见第 3.1.4 节。

工况 1 和工况 2 的地形为 2011 年实测河道地形；工况 3 的地形为三峡水库及上游控制性水库联合运用至 2022 年末的数模预测计算河道地形。

（4）计算边界条件。根据调度原则，三峡水库调蓄后的 1998 年洪水期宜昌站流量过

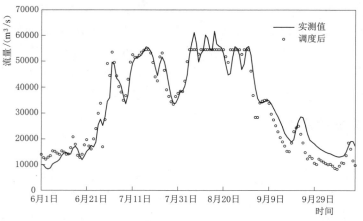

图 5.1.1　1998 年型洪水经三峡水库调度前后宜昌站流量过程

程见图 5.1.1，由图可知，三峡水库的防洪调度对 1998 年型的洪水具有较明显的削峰作用。清江、汉江、洞庭湖四水采用实测的 1998 年 6—9 月流量过程，分别见图 5.1.2 和图 5.1.3。

计算河段下游水位控制为大通站断面。大通站水位流量关系较稳定，故采用大通站多年水位-流量关系作为下边界条件。

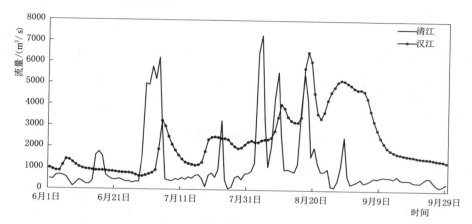

图 5.1.2　1998 年汛期清江和汉江流量过程

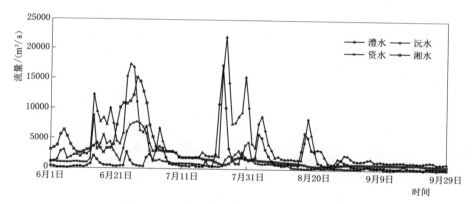

图 5.1.3　1998 年汛期洞庭湖四水流量过程

5.1.3　荆江沿程洪峰流量变化

在此次研究中，假设洪水全部归槽（堤防无限高），且长江中游各蓄滞洪区不参加分蓄洪运用。以下计算成果中的水位均采用冻结吴淞基面。

（1）干流洪峰流量比较。对于 1998 年洪水，采用对荆江补偿调度方式进行三峡水库的调洪调度。对比调度前后的流量过程可知，宜昌站在 8 月 5—20 日期间的削峰效果最明显（期间包含 1998 年实测过程的三次洪峰，即 8 月 7 日、8 月 12 日、8 月 16 日）。

统计 8 月 5—20 日期间三次洪峰时各水文站的流量变化情况，见表 5.1.2～表 5.1.4。枝城、沙市、监利、螺山等站汛期的流量过程见图 5.1.4～图 5.1.7。

表 5.1.2　　　长江干流各控制站 1998 年洪水洪峰流量表（1998 年 8 月 5 日）

测站	洪峰流量/(m³/s)			工况 2—工况 1		工况 3—工况 2	
	工况 1	工况 2	工况 3	流量变化值/(m³/s)	变幅/%	流量变化值/(m³/s)	变幅/%
宜昌	60200	54519	54519	−5681	−9.4	0	0.0
枝城	62967	56103	56108	−6864	−10.9	5	0.0
沙市	50609	45212	45673	−5398	−10.7	462	1.0
监利	44396	41063	42479	−3333	−7.5	1416	3.4
莲花塘	71788	70543	70349	−1244	−1.7	−194	−0.3
螺山	71735	70614	70409	−1120	−1.6	−205	−0.3

表 5.1.3　　　长江干流各控制站 1998 年洪水洪峰流量表（1998 年 8 月 12 日）

测站	洪峰流量/(m³/s)			工况 2—工况 1		工况 3—工况 2	
	工况 1	工况 2	工况 3	流量变化值/(m³/s)	变幅/%	流量变化值/(m³/s)	变幅/%
宜昌	60200	54519	54519	−5681	−9.4	0	0.0
枝城	60915	55140	55155	−5775	−9.5	15	0.0
沙市	49004	44624	45085	−4380	−8.9	461	1.0
监利	43646	40156	41519	−3490	−8.0	1363	3.4
莲花塘	68654	67157	67136	−1498	−2.2	−20	0.0
螺山	67812	66328	66304	−1484	−2.2	−25	0.0

表 5.1.4　　　长江干流各控制站 1998 年洪水洪峰流量表（1998 年 8 月 16 日）

测站	洪峰流量/(m³/s)			工况 2—工况 1		工况 3—工况 2	
	工况 1	工况 2	工况 3	流量变化值/(m³/s)	变幅/%	流量变化值/(m³/s)	变幅/%
宜昌	61700	54519	54519	−7181	−11.6	0	0.0
枝城	64954	57678	57665	−7276	−11.2	−13	0.0
沙市	51452	45991	46444	−5461	−10.6	453	1.0
监利	45256	41895	43302	−3361	−7.4	1407	3.4
莲花塘	68861	66519	66558	−2341	−3.4	39	0.1
螺山	69499	67383	67313	−2116	−3.0	−71	−0.1

1）水库调度的影响。在 8 月 5—20 日期间，与无水库调度情况（工况 1）相比，考虑水库调度之后（工况 2），长江干流各站 3 次洪峰流量的削减比例约为 1.6%～11.6%，其中监利及以上各站削减比例较大，莲花塘以下削峰效果不明显。以 1998 年 8 月 16 日洪峰为例，枝城、沙市、监利站的削峰比例分别为 11.2%、10.6% 和 7.4%，由此可见，

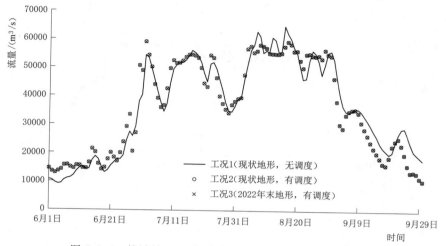

图 5.1.4　枝城站 1998 年洪水各计算工况下流量过程对比

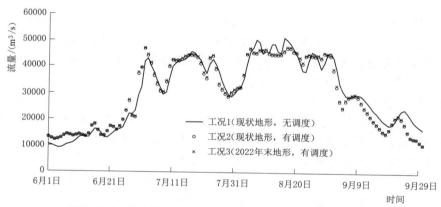

图 5.1.5　沙市站 1998 年洪水各计算工况下流量过程对比

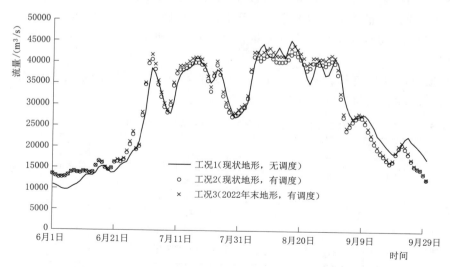

图 5.1.6　监利站 1998 年洪水各计算工况下流量过程对比

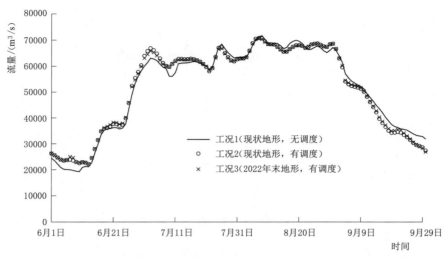

图 5.1.7　螺山站 1998 年洪水各计算工况下流量过程对比

三峡水库"削峰滞蓄"的调度方式对荆江特别是上荆江河段起到了很大的防洪作用。

2）河道再造的影响。在三峡水库调度方式和下泄流量过程相同条件下，比较河道冲刷发育对洪峰流量的影响。由 8 月 5—20 日期间的流量对比成果来看：与现状情况相比（工况 2），当水库运用至 2022 年末时（工况 3），宜昌站、枝城站洪峰流量变化不大，沙市站洪峰流量增加为 453～462m³/s，增加幅度为 1％；监利站洪峰流量相对变化略大，增加量为 1363～1416m³/s，增加幅度约为 3.4％；莲花塘以下变化很小。

宜昌至枝城段，流量没有分出，两种情况下宜昌站和枝城站的洪峰流量变化不大。

沙市站和监利站洪峰流量变化的主要原因是三峡等长江上游控制性水库运用后荆江河道再造后的影响。溪洛渡、向家坝等控制性水库与三峡水库联合运用后，荆江及其上游的宜昌至枝城、下游的城陵矶至武汉河段均呈持续冲刷趋势。2013—2022 年末，宜昌至枝城河段平均冲深为 0.69m，上荆江河段平均冲深为 1.74m，下荆江河段平均冲深为 2.04m。荆江河段河道持续冲刷再造后，干流尤其是荆江三口口门附近大流量下水位也有所降低，导致三口分流量减少，荆江流量相对增大，因此，工况 3 中沙市站和监利站的洪峰均有所增加。

（2）荆江三口分流量。不同工况下 1998 年 8 月 5—20 日的荆江三口分流量见表 5.1.5 和图 5.1.8。汛期三口分流过程见图 5.1.9。

表 5.1.5　　　　　荆江三口分流量变化表（1998 年 8 月 5—20 日）

荆江三口	分流量/亿 m³			工况 2－工况 1		工况 3－工况 2	
	工况 1	工况 2	工况 3	分流量变化值 /亿 m³	变幅 /％	分流量变化值 /亿 m³	变幅 /％
松滋口	120	119	120	−1	−0.9	1	1.0
太平口	32	31	23	−1	−3.1	−8	−26.1
藕池口	70	66	53	−3	−4.9	−14	−20.7
合计	221	216	196	−5	−2.5	−20	−9.5

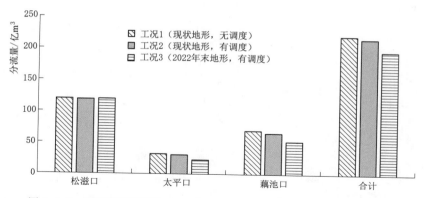

图 5.1.8 不同工况下荆江三口分流量对比图（1998 年 8 月 5—20 日）

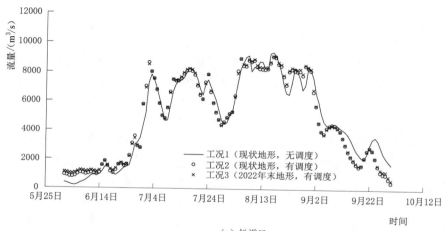

（a）松滋口

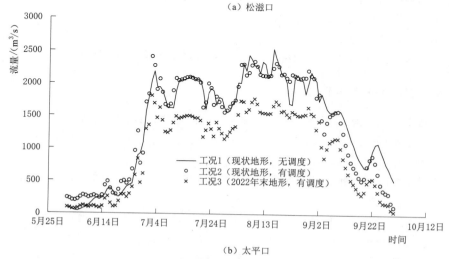

（b）太平口

图 5.1.9（一） 1998 年汛期各计算工况下荆江三口流量过程对比图

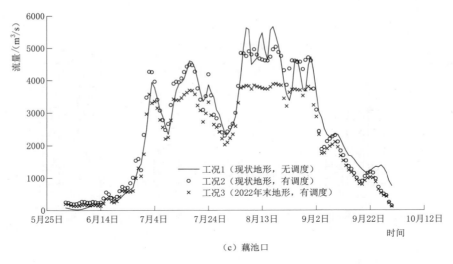

（c）藕池口

图 5.1.9（二）　1998 年汛期各计算工况下荆江三口流量过程对比图

1）水库调度的影响。对 1998 年洪水进行调度后，汛期下泄到枝城的洪峰流量被削平，荆江河段来流量减少，荆江三口分流量也随之减少。与不调度情况（工况 1）相比，三峡水库进行洪水调度后（工况 2）在 8 月 5—20 日荆江三口分流量相对减少 2.5%，其中藕池口减少相对较多，约为 4.9%。

2）河道再造的影响。随着水库的拦沙运行，下泄沙量减少，坝下游河床冲刷，沿程水位下降。随着三口口门水位的下降，三口分流量进一步减少。与现状情况（工况 2）相比，水库运行至 2022 年后（工况 3），荆江三口分流量减少 9.5%。对于松滋口而言，受干流口门附近水位降低与松滋河口门段发生冲刷的双重影响，其分流量变化不大。而太平口、藕池口受荆江河段的强烈冲刷影响，分流量减少相对较大，减少幅度分别为 26.1% 和 20.7%。

由此可知，三峡水库运行之后，汛期经荆江三口进入洞庭湖的水量减少，同时，进入的沙量也随之减少，从而减缓了湖区的淤积，也减轻了洞庭湖区的防洪压力。

5.1.4　荆江沿程洪水水位变化

（1）洪峰水位的变化。三峡工程运用后，对其下游河道洪水位变化的影响主要体现在两个方面：一是水库通过防洪调度直接拦蓄部分洪量，削减洪峰，降低沿程洪水位；二是坝下游河床冲刷造成水位下降。

统计 8 月 5 日至 8 月 20 日期间三次洪峰时各水文（位）站的水位变化情况见表 5.1.6～表 5.1.8。

1）水库调度的影响。比较工况 1 和工况 2 可知，对 1998 年洪水进行防洪调度之后，枝城、沙市、莲花塘的洪峰流量有所减少，因而对应最高洪水位有所降低。以 1998 年 8 月 16 日洪峰为例，枝城、沙市、莲花塘各站洪峰流量分别减少 7276m³/s、5461m³/s、2341m³/s，减少幅度分别为 11.2%、10.6%、3.4%；最高洪水位分别降低 0.18m、0.52m、0.25m，由此可见，荆江河段洪峰水位降低较为明显。

表 5.1.6　　　长江干流各控制站 1998 年洪峰最高水位表（1998 年 8 月 5 日）　　　单位：m

测站	洪峰水位			工况2-工况1	工况3-工况2
	工况1	工况2	工况3	变化值	变化值
枝城	48.46	48.28	48.24	−0.18	−0.04
沙市	43.84	43.30	43.28	−0.54	−0.02
莲花塘	34.92	34.82	34.83	−0.10	0.01

注　水位为冻结吴淞基面。

表 5.1.7　　　长江干流各控制站 1998 年洪峰最高水位表（1998 年 8 月 12 日）　　　单位：m

测站	洪峰水位			工况2-工况1	工况3-工况2
	工况1	工况2	工况3	变化值	变化值
枝城	48.31	48.16	48.11	−0.15	−0.05
沙市	43.69	43.19	43.15	−0.50	−0.04
莲花塘	34.62	34.48	34.50	−0.14	0.02

注　水位为冻结吴淞基面。

表 5.1.8　　　长江干流各控制站 1998 年洪峰最高水位表（1998 年 8 月 16 日）　　　单位：m

测站	洪峰水位			工况2-工况1	工况3-工况2
	工况1	工况2	工况3	变化值	变化值
枝城	48.62	48.44	48.40	−0.18	−0.04
沙市	43.87	43.35	43.31	−0.52	−0.04
莲花塘	34.53	34.28	34.29	−0.25	0.01

注　水位为冻结吴淞基面。

2）河道再造的影响。在三峡水库调度方式和下泄流量过程相同条件下，比较河道冲刷发育对洪峰最高水位的影响。前述分析已知，与现状情况相比（工况2），当水库运用至2022年末时（工况3），宜昌站、枝城站洪峰流量变化不大，沙市站洪峰流量增加约453～462m³/s，增加幅度为1%，莲花塘及以下变化很小。

枝城站位于宜昌至枝城段，三峡工程运用后的2013—2022年，洪峰流量变化不大，该段河床平均冲深0.69m，冲刷量尽管不大，但该段水位除受本河段的河床冲刷影响外，还受下游河床冲刷、水位下降的影响，因此最高洪水位下降0.05m。

沙市站位于枝城至藕池口河段之间，三峡工程运用至2022年末，该段河床平均冲深1.74m，与现状地形下的最高洪水位相比，尽管洪峰流量有所增加，但沙市站最高洪水位下降0.04m。

由此可见，三峡工程运用至2022年末，尽管沙市站、监利站洪峰流量有所增加，但增加幅度不大，加上受河道冲刷的影响，荆江河段大流量下水位也有所降低，因此荆江河段洪峰最高水位略有降低，降低幅度为0.02～0.05m。

（2）汛期洪水过程的变化。根据《长江流域防洪规划》，长江中游干流各主要站的防洪设计水位为：沙市 45.00m、城陵矶（莲花塘）34.40m。

为了分析三峡工程运用后的防洪形势，将遭遇 1998 年洪水时各站水位过程与警戒水位和堤防设计水位进行对比，结果见图 5.1.10～图 5.1.13。

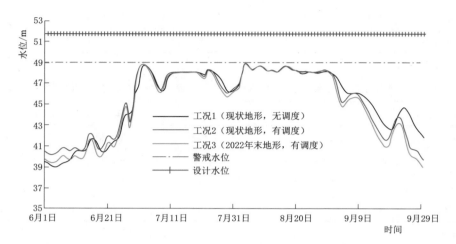

图 5.1.10　枝城站 1998 年洪水各工况计算水位过程对比

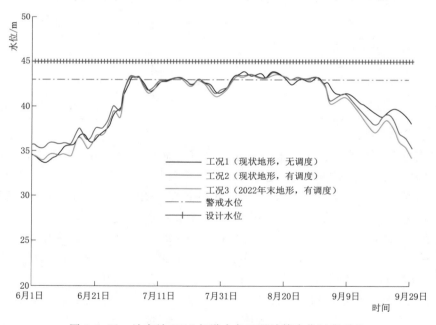

图 5.1.11　沙市站 1998 年洪水各工况计算水位过程对比

对枝城站而言，上述 3 种工况的最高洪水位均未超过其设计洪水位（51.75m），也未超过警戒水位，最高水位低于警戒水位 0.06～0.32m。

对沙市站而言，在此次计算采用的调度方式下，3 种工况下的最高洪水位均未超过其

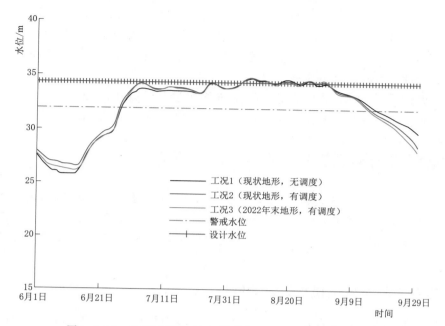

图 5.1.12　莲花塘站 1998 年洪水各工况计算水位过程对比

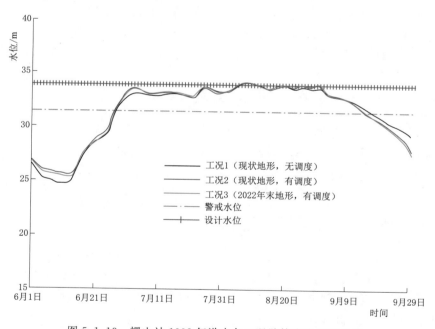

图 5.1.13　螺山站 1998 年洪水各工况计算水位过程对比

设计洪水位（45.00m）。因此，三峡工程运用后，可以大大减缓荆江河段的防洪压力，遇 1998 年型洪水，不需启用荆江分洪区；但是各工况下洪水位超过警戒水位仍有 28～37 天。

对城陵矶（莲花塘）站而言，3 种工况下的最高洪水位均超过其设计洪水位（34.40m），时长为 18～24 天；3 种工况下的洪水过程超过警戒水位的时间更长，主要集中在 6 月 27 日至 9 月 16 日。需要说明的是，由于此次计算假设洪水全部归槽，不考虑分洪、溃垸，故此处洪水计算值应该是偏高的。

对螺山站而言，3 种工况下的最高洪水位均超过其设计洪水位（34.01m），时长为 6～10 天；洪水过程超过警戒水位的时间更长，主要集中在 6 月 27 日至 9 月 16 日。

5.2　荆江河段洪水特性定床模型试验研究

选取荆江杨家垴至北碾子湾河段，分别在 2011 年末原型河道地形和第 4 章动床模型试验预测得到的 2022 年末河道再造地形基础上，选取四级典型流量级，开展定床模型试验，预测研究河段洪水位和流速等的变化情况，分析河道再造过程对防洪形势的影响。

5.2.1　定床模拟范围及模型设计与制作

（1）定床模拟范围。荆江杨家垴至北碾子湾河段定床模型模拟范围为火箭洲尾部（浣 2 上游 630m）至北碾子湾（石 4），原型全长约 127.7km，主要包括浣市河弯、沙市河弯、公安河弯、郝穴河弯、石首河弯及各弯道之间的过渡段。

（2）定床模型设计。与动床模型试验相似，定床模型需按照《河工模型试验规程》（SL 99—2012）要求进行设计，同时也应满足几何相似和水流运动相似条件。模型的各物理量相似比尺见表 5.2.1。

表 5.2.1　　　　　　　　　　　　定床模型比尺汇总表

相似条件	比尺名称	比尺符号	比值
几何相似	平面比尺	α_L	400
	垂直比尺	α_H	100
水流运动相似	流速比尺	α_V	10
	糙率比尺	α_n	1.08
	流量比尺	α_Q	400000
	水流时间比尺	α_t	40

（3）定床模型制作。在模型区域建立 3 等平面控制网和 4 等水准控制网，分别依据 2011 年末原型河道地形和第 4 章动床模型试验预测得到的 2022 年末河道再造地形，采用断面法使用水泥砂浆刮制而成。

定床模型试验条件采用计算机自动控制，其中模型进口流量由 3 台电磁流量计交互控制，最大供水能力为 316L/s；模型出口水位由 1 台差动式尾门调节，精度控制±0.1mm；太平口与藕池口分流流量由 2 个三角堰通过调节堰顶水头控制出流。

模型量测设备主要包括自动水位仪、手动水位计、多点式光电流速仪等，以观测模型沿程水位、断面流速分布等。

5.2.2　定床模型验证

（1）2011 年末原型河道地形定床模型验证。选择试验河段 2011 年实测洪、中、枯 3 级流量进行水面线验证，试验河段布设陈家湾（荆 29）、沙市（荆 42）、观音寺（荆 52）、公安（荆 62）、郝穴（荆 74）、新厂（公 2）、茅林口（荆 83）、石首（荆 95）及尾门北碛子湾（石 4）9 个水位观测站，其中陈家湾、沙市、郝穴、新厂、石首测站为原型水文站（水位站），观音寺、公安、茅林口、尾门为模型水位添加测站，其原型水位通过相邻水位站实测水位插值求得。水面线验证结果见表 5.2.2。

由表 5.2.2 可以看出，总体来说，模型与原型的水面线吻合程度较好，误差在模型允许的差值范围内，符合中华人民共和国行业标准《河工模型试验规程》（SL 99—2012）要求（模型允许的差值为 ±2mm，相当于原型值 ±0.20m），表明模型河床综合阻力与原型基本相似。

表 5.2.2　**2011 年末原型河道地形定床模型验证水位对比表**　　单位：m

站名	进口流量 $Q=6104\text{m}^3/\text{s}$			进口流量 $Q=12008\text{m}^3/\text{s}$			进口流量 $Q=22478\text{m}^3/\text{s}$		
	原型水位	模型水位	误差	原型水位	模型水位	误差	原型水位	模型水位	误差
陈家湾	30.27	30.36	0.09	33.64	33.71	0.07	37.98	37.92	−0.06
沙市	29.40	29.41	0.01	32.89	32.76	−0.13	37.32	37.16	−0.16
观音寺	28.78	28.95	0.17	32.29	32.35	0.06	36.65	36.52	−0.13
公安	27.98	27.90	−0.08	31.50	31.33	−0.17	35.78	35.66	−0.12
郝穴	27.26	27.08	−0.18	30.80	30.67	−0.13	35.00	34.85	−0.15
新厂	26.54	26.54	0	30.18	30.21	0.03	34.44	34.28	−0.12
茅林口	26.40	26.29	−0.11	30.05	29.91	−0.14	34.31	34.22	−0.09
石首	25.58	25.71	0.13	29.29	29.32	0.03	33.56	33.52	−0.04
尾门	24.33	24.33	0	28.82	28.82	0	32.36	32.36	0

注　模型水位值为已换算成 1985 国家高程基准的原型水位值，"−"表示比原型值低，"+"表示比原型值高，下同。

（2）2022 年末河道再造地形定床模型验证。选择该河段动床模型试验过程中 2022 年末测得的洪、中、枯 3 级流量进行水面线验证，同样布设陈家湾（荆 29）、沙市（荆 42）、观音寺（荆 52）、公安（荆 62）、郝穴（荆 74）、新厂（公 2）、茅林口（荆 83）、石首（荆 95）及尾门北碛子湾（石 4）9 个水位观测站，其中陈家湾、沙市、郝穴、新厂、石首测站为原型水文站（水位站），观音寺、公安、茅林口、尾门为模型水位添加测站。

由表 5.2.3 可以看出，总体来说，模型与原型的水面线吻合程度较好，误差在模型允许的差值范围内，符合中华人民共和国行业标准《河工模型试验规程》（SL 99—2012）要求（模型允许的差值为 ±2mm，相当于原型值 ±0.20m），表明模型河床综合阻力与原型基本相似。

表 5.2.3　　　　　　2022 年末河道再造地形定床模型验证水位对比表　　　　　单位：m

站名	进口流量 $Q=7306\text{m}^3/\text{s}$			进口流量 $Q=16272\text{m}^3/\text{s}$			进口流量 $Q=26297\text{m}^3/\text{s}$		
	原型水位	模型水位	误差	原型水位	模型水位	误差	原型水位	模型水位	误差
陈家湾	29.39	29.36	−0.03	34.02	33.91	−0.11	37.12	37.02	−0.1
沙市	28.71	28.58	−0.13	33.63	33.56	−0.07	36.69	36.56	−0.13
观音寺	28.1	28.01	0.09	33.27	33.25	−0.02	36.31	36.22	−0.09
公安	27.55	27.43	−0.12	32.92	32.93	0.01	35.94	35.86	−0.08
郝穴	27.06	27.08	0.02	32.62	32.67	0.05	35.6	35.55	−0.05
新厂	26.25	26.14	−0.11	32.05	32.01	−0.04	34.97	34.88	−0.09
茅林口	25.92	25.89	−0.03	31.78	31.66	−0.12	34.69	34.62	−0.07
石首	25.26	25.21	−0.05	31.06	30.99	−0.07	33.94	33.92	−0.02
尾门	25.13	25.13	0	30.85	30.85	0	32.72	32.72	0

5.2.3　典型流量级定床模型试验研究

（1）2011 年末原型河道地形条件下典型流量模型试验。选取四级典型流量级开展试验。四级典型流量包括该河段保证通航流量 $5500\text{m}^3/\text{s}$（三峡工程运用后）、多年平均流量 $12500\text{m}^3/\text{s}$、平滩流量 $32000\text{m}^3/\text{s}$ 和河道安全泄量 $50000\text{m}^3/\text{s}$。四级流量下试验河段进出口控制条件见表 5.2.4。

表 5.2.4　　　　　2011 年末原型河道地形试验河段进口流量及出口水位表

模型进口流量/(m^3/s)	5500	12500	32000	50000
尾门出口水位（黄海基面）/m	24.64	29.09	34.40	38.39

模型进口流量以电磁流量计控制，模型尾门水位按石首站及上游新厂站实测水位推算以自动差动尾门进行控制。

1）沿程水位变化。四级典型流量级下沿程水位变化的模型试验成果见表 5.2.5 及图 5.2.1。

表 5.2.5　　　　　　2011 年末原型河道地形定床模型试验水位成果表

流量级/(m^3/s)	各水位站水位/m								
	陈家湾	沙市	观音寺	公安	郝穴	新厂	茅林口	石首	尾门
5500	30.23	29.25	28.85	27.82	27.01	26.25	25.91	25.24	24.64
12500	33.94	33.27	32.90	32.00	31.02	30.42	30.08	29.64	29.09
32000	40.00	39.58	38.95	38.01	36.44	35.71	35.43	34.91	34.40
50000	42.67	42.42	41.79	40.94	39.42	38.86	38.65	38.55	38.39

2）水面纵比降变化。四级典型流量级下水面纵比降的模型试验成果见表 5.2.6 及图 5.2.2。

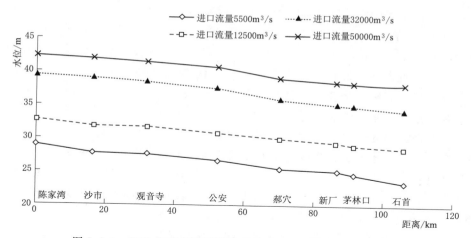

图 5.2.1 2011 年末原型河道地形定床模型试验水面线变化图

表 5.2.6　　　　　　　　　　**2011 年末原型河道地形定床模型试验水面纵比降成果表**

流量级 /(m³/s)	各河段纵比降/×10⁻⁴							
	陈家湾—沙市 (16.5km)	沙市—观音寺 (15.7km)	观音寺—公安 (20.1km)	公安—郝穴 (18.6km)	郝穴—新厂 (15.3km)	新厂—茅林口 (5.1km)	茅林口—石首 (16.8km)	石首—尾门 (10.4km)
5500	0.60	0.26	0.51	0.45	0.47	0.67	0.40	0.58
12500	0.41	0.24	0.44	0.54	0.37	0.67	0.26	0.53
32000	0.26	0.40	0.46	0.87	0.45	0.55	0.31	0.49
50000	0.15	0.40	0.42	0.84	0.35	0.41	0.06	0.15

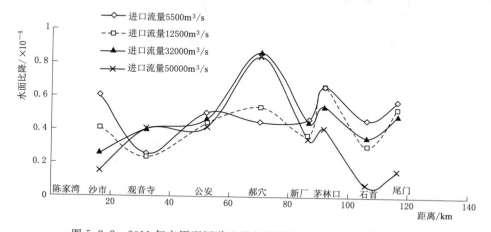

图 5.2.2 2011 年末原型河道地形定床模型试验水面纵比降变化图

　　水面纵比降是影响河道输水能力的重要水力因素之一，影响河段水面纵比降的主要因素包括河床的边界条件、流量变化的调整等。由表 5.2.6 和图 5.2.2 可见，在不同流量级下试验河段沿程水面纵比降多在（0.06～0.87）×10⁻⁴范围变动，具体表现如下。

陈家湾—沙市河段水面纵比降随流量增大而减小；沙市—观音寺河段在流量较小（沙市流量 5000m³/s 和 12500m³/s）时，河段水面纵比降比较小，随流量的增大，水面纵比降也增大，在洪水（沙市流量 50000m³/s）情况下，河段水面纵比降最大为 0.40×10⁻⁴；不同流量级下，观音寺—公安河段水面纵比降变化不大，在（0.42～0.51）×10⁻⁴ 之间；公安—郝穴河段水面纵比降变化与沙市—观音寺河段类似，即流量较小时水面比降比较小，随流量的增大，水面纵比降也增大，但该河段水面纵比降均大于沙市—观音寺河段，其中沙市流量 32000m³/s 时，该段水面纵比降达 0.87×10⁻⁴；郝穴—新厂河段与观音寺—公安河段类似，水面纵比降变化不大，且两河段水面纵比降值也相差不大；新厂—茅林口河段水面纵比降在不同流量级下均较其上、下游河段有明显增大，且随流量增大，水面纵比降逐渐减小；茅林口—石首河段及石首—尾门河段水面纵比降变化规律与上段类似，即随流量增大，水面纵比降逐渐减小。

（2）2022 年末河道再造地形条件下典型流量模型试验。对于 2022 年末河道再造地形条件下的定床模型试验，同样选取 5500m³/s、12500m³/s、32000m³/s 和 50000m³/s 四级典型流量，模型尾门水位由一维数学模型根据 2022 年末预测河道地形给出各级流量下的对应水位进行控制。四级流量下试验河段进出口控制条件见表 5.2.7。

表 5.2.7 2022 年末河道再造地形试验河段进口流量及出口水位表

模型进口流量/(m³/s)	5500	12500	32000	50000
尾门出口水位（黄海基面）/m	23.24	28.20	34.09	38.29

1）沿程水位变化。四级典型流量级下沿程水位变化的模型试验成果见表 5.2.8 及图 5.2.3。

表 5.2.8 2022 年末预测地形定床试验 4 级流量定床模型试验水位成果表

流量级 /(m³/s)	各站水位/m								
	陈家湾	沙市	观音寺	公安	郝穴	新厂	茅林口	石首	尾门
5500	29.08	27.96	27.69	26.87	25.63	25.23	24.79	23.63	23.24
12500	32.91	32.09	31.87	30.95	30.20	29.65	29.14	28.67	28.20
32000	39.63	39.26	38.67	37.72	36.12	35.34	35.1	34.47	34.09
50000	42.53	42.23	41.61	40.92	39.38	38.73	38.57	38.47	38.29

由表 5.2.8 和图 5.2.3 可以看出，2022 年末预测河道地形条件下与 2011 年末原型河道地形条件下的试验成果相比，各水位站枯水位有较明显下降，降幅均在 1m 左右，其中石首站水位降幅最大，达到 1.61m；随着流量级增大，各站水位下降幅度有所降低，其中流量 50000m³/s 时，2022 年末预测河道地形条件下与 2011 年末原型河道地形条件下相比，水位略有下降，降幅均不超过 0.2m；各水位站沿程下降幅度与各河段枯水河槽冲刷结果相应，即枯水河槽冲刷较大的河段，枯水位降幅也较大；各水位站洪水位（50000m³/s 流量级下）整体下降幅度不大。可见，仅从河道冲刷对洪水位的影响角度来看，河道再造过程对该河段洪水位的下降有一定作用，但影响不甚明显。

2）水面比降变化。四级典型流量级下水面纵比降的模型试验成果见表 5.2.9 及

图 5.2.4。

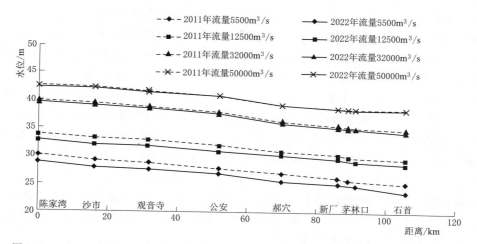

图 5.2.3 2022 年末预测河道地形和 2011 年末原型河道地形定床试验水面线变化对比

表 5.2.9 2022 年末预测河道地形条件下定床模型试验水面纵比降成果表

流量级 /(m³/s)	各河段纵比降/×10⁻⁴							
	陈家湾— 沙市 (16.5km)	沙市— 观音寺 (15.7km)	观音寺— 公安 (20.1km)	公安— 郝穴 (18.6km)	郝穴— 新厂 (15.3km)	新厂— 茅林口 (5.1km)	茅林口— 石首 (16.8km)	石首— 尾门 (10.4km)
5500	0.69	0.17	0.40	0.69	0.25	0.86	0.80	0.38
12500	0.50	0.14	0.45	0.41	0.34	1.00	0.32	0.45
32000	0.23	0.38	0.47	0.88	0.48	0.47	0.43	0.37
50000	0.18	0.40	0.31	0.88	0.40	0.31	0.07	0.17

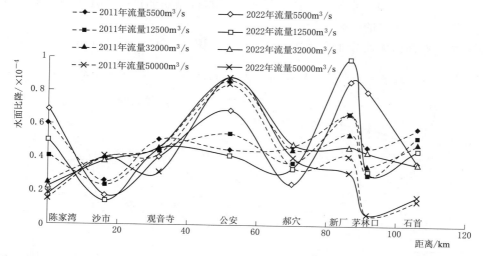

图 5.2.4 2022 年末预测地形和 2011 年末原型河道地形定床模型试验水面纵比降变化对比图

由表 5.2.9 和图 5.2.4 可以看出，在 2022 年末预测河道地形条件下，不同流量级下各分河段水面纵比降多在 $(0.07\sim1.00)\times10^{-4}$ 范围变动，具体表现如下。

陈家湾—沙市河段水面纵比降随流量增大而减小；沙市—观音寺河段在流量较小（沙市流量 5000m³/s 和 12500m³/s）时，水面纵比降比较小，随流量的增大水面纵比降也增大，在洪水（沙市流量 50000m³/s）情况下，河段水面纵比降最大为 0.40×10^{-4}；不同流量级下，观音寺—公安河段水面纵比降变化不大，在 $(0.31\sim0.47)\times10^{-4}$ 之间；公安—郝穴河段与沙市—观音寺段类似，即流量较小时水面纵比降比较小，随流量的增大，水面纵比降也增大，但该段水面纵比降均大于沙市—观音寺河段，其中沙市流量 32000m³/s 和 50000m³/s 时，该段水面纵比降达 0.88×10^{-4}；郝穴—新厂河段与观音寺—公安河段类似，水面纵比降变化不大，在 $(0.25\sim0.48)\times10^{-4}$ 之间；新厂—茅林口河段枯水流量下水面纵比降较其上、下游河段有明显增大，随流量增大，水面纵比降逐渐减小；茅林口—石首河段及石首至模型尾门河段水面纵比降变化规律与新厂—茅林口河段类似，即随流量增大，水面纵比降逐渐减小。

从图 5.2.4 可以看出，2022 年末预测河道地形条件下，沙市—观音寺河段、公安—郝穴河段、郝穴—新厂河段由于河道断面由上而下逐渐窄深，当流量增加、水位上升时，其过水断面的增长较宽谷河段为小，为下泄增大的水量，必然要加大水面比降，以增加水流速度，水面纵比降随流量的增加有逐渐增大的趋势；其余河段如陈家湾—沙市河段、观音寺—公安河段、新厂—石首河段则相反，水面纵比降随流量的增加有逐渐减小的趋势。

与 2011 年末原型河道地形条件相比，2022 年末预测河道地形条件下各河段在各流量级下水面纵比降整体呈现下降趋势。分析其原因应与荆江由上而下的冲刷发展过程有一定关系，由于上游冲刷发展相对较早，与下游河床高程差减小，河床相对平坦化，造成 2022 年预测地形与 2011 年初始地形相比，各流量级下水面纵比降有所减小。

3）典型断面流速变化。分别在 2011 年末原型河道地形和 2022 年末预测河道地形条件下施放 50000m³/s 级洪水流量，选取沿程典型水位站断面进行流速测量，对比分析河道再造过程对防洪形势的影响。

从各水位站断面流速分布变化图（图 5.2.5～图 5.2.11）可以看出，2022 年末预测

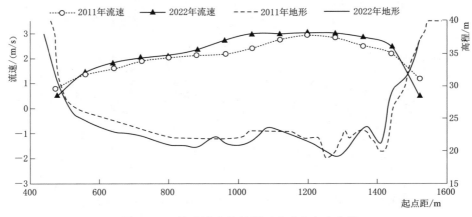

图 5.2.5　陈家湾水位站断面流速分布变化图

河道地形与 2011 年末原型河道地形条件相比，总体而言洪水流量下各水位站断面流速分布未有大的变化，主流线位置均未有大的摆动；受河道再造过程影响，各水位站断面流速略有增大。

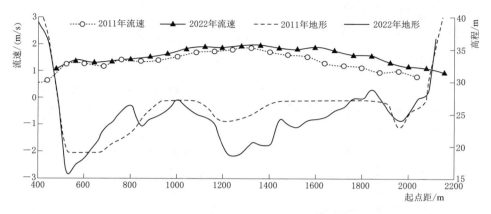

图 5.2.6　沙市水位站断面流速分布变化图

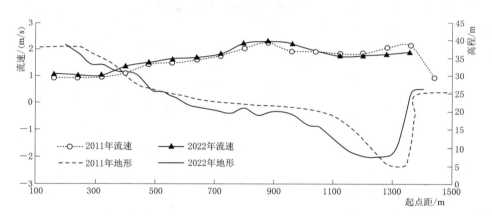

图 5.2.7　公安水位站断面流速分布变化图

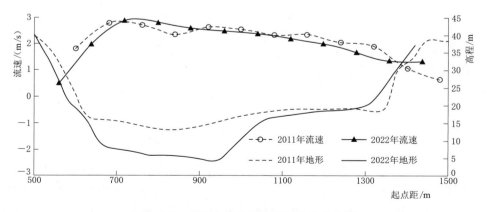

图 5.2.8　郝穴水位站断面流速分布变化图

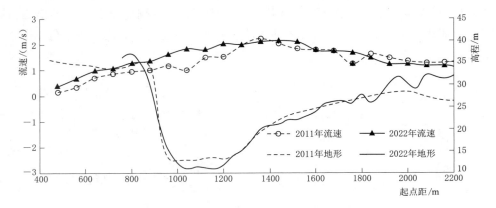

图 5.2.9　新厂水位站断面流速分布变化图

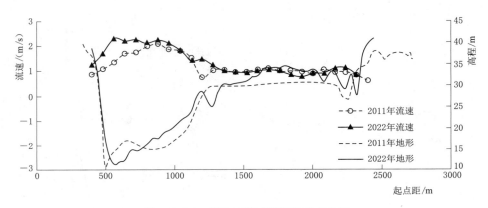

图 5.2.10　茅林口断面流速分布变化图

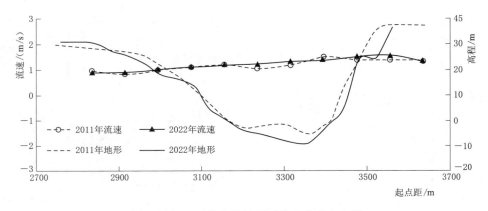

图 5.2.11　石首水位站断面流速分布变化图

对陈家湾水位站断面，2022 年末预测河道地形与 2011 年末原型河道地形条件相比，流速分布基本不变，主流略有左摆，但幅度不大，受河道再造过程影响，该段水面比降略有增大，断面流速也略有增大。对沙市水位站断面，主流整体呈右摆趋势，受三八滩南汊冲刷发展影响，河道断面右汊流速增大，导致主流线右摆，有利于缓解沙市防洪压力。对公安水位站断面，流速分布基本不变，由于公安弯道凸岸边滩冲刷后退，断面主流线向左略有摆动，主槽位置流速则相应有所减小。对郝穴水位站断面，流速分布变化不大，主流仍位于左侧深槽处，受郝穴矶头处冲刷下切影响，水流有偏向左岸的趋势，主槽流速相应有所增大。对新厂水位站断面，流速分布变化主要受河道再造过程影响，左侧主槽冲刷下切，流速略有增大，右侧滩地流速则相应有所减小。对茅林口断面，流速分布变化与新厂水位站断面变化类似，左侧主槽流速略有增大，右侧滩地流速相应有所减小。对石首水位站断面，流速分布基本不变，主槽虽冲刷下切，但由于该河段水面比降变化较小，因此该站断面流速分布基本不变。

5.3 小结

综上所述，本章采用江湖河网水流数学模型，以1998年洪水为典型，不考虑沿程分洪溃口，按照三峡工程对荆江补偿的防洪调度方式，模拟计算了三种工况下1998年型洪水在荆江河段的演进过程。采用定床实体模型，选取荆江杨家垴至北碾子湾河段，分别在2011年末原型河道地形和第4章动床模型试验预测得到的2022年末河道再造地形基础上，选取典型流量级，研究预测了河段洪水位和流速等的变化情况。在上述研究基础上，分析了荆江河道再造过程对防洪形势的影响。主要结果如下：

（1）数学模型计算结果表明，三峡水库的调度使得长江干流的洪峰流量不同程度地被削平，长江中游各主要站最大洪峰流量的削减比例为1.6%～11.6%，其中监利及以上各站削减比例较大，莲花塘以下削峰效果不明显。三峡等控制性水库运用至2022年末时，荆江河道再造对洪峰流量有所影响，宜昌站、枝城站洪峰流量变化不大，沙市站洪峰流量增加1%，监利站洪峰流量增加3.4%，莲花塘以下变化很小。

（2）受三峡水库调度影响，洪水期荆江河段来流量减少，荆江三口分流量相应减少2.5%，其中藕池口减少4.9%。受荆江河道再造影响，与现状情况（2011年河道地形）相比，至2022年荆江三口分流量减少9.5%，其中太平口、藕池口分别减少26.1%和20.7%。

（3）受三峡水库调度影响，荆江河段洪峰水位降低较为明显，枝城、沙市、莲花塘各站洪峰水位分别降低0.18m、0.52m、0.25m。受荆江河道再造影响，至2022年末，尽管沙市站、监利站洪峰流量有所增加，洪峰水位相对现状（2011年河道地形）略有降低，降低幅度为0.02～0.05m。

（4）若不考虑沿程分洪溃口，无论是在现状条件下，还是在三峡等水库联合运用至2022年末河床发生冲淤再造的地形条件下，对1998年洪水采用对荆江补偿的防洪调度后，都可以不启用荆江分洪区，就能使沙市水位在45.00m以下，防洪形势明显缓解，可保证荆江河段的行洪安全。但仅仅依靠三峡水库的调度，尚不能完全解决城陵矶附近的防洪问题。

（5）定床模型试验研究表明，2022年末河道再造地形条件与2011年末原型河道地形条件相比，各水位站枯水位有较明显下降，降幅均在1m左右，其中石首站水位降幅最大，达到 1.61m；随着流量增大，各站水位下降幅度有所减小，流量 50000m³/s 时，2022 年末河道再造地形条件下各站水位与 2011 年末原型河道地形下水位相比略有下降，降幅均不超过 0.2m；洪水位下降有利于缓解试验河段防洪压力；水位沿程下降幅度与各河段枯水河槽冲刷结果相应，即枯水河槽冲刷较大的河段，枯水位降幅也较大；各水位站洪水位（50000m³/s 流量级下）整体下降幅度不大。可见，河道再造过程对试验河段洪水位的下降有一定作用，但影响不甚明显。

（6）2022 年末河道再造地形条件与 2011 年末原型河道地形条件相比，总体而言洪水流量下各水位站断面流速分布未有大的变化，主流线位置均未有大的摆动；受河道再造过程影响，各水位站断面流速略有增大。可见，河道再造过程对试验河段主流位置影响较小，就这个意义而言对试验河段防洪形势的不利影响较小。

第 6 章

荆江河道再造过程对取水工程运用的影响研究

溪洛渡、向家坝、亭子口等水库与三峡水库联合运用后，水库的调度运行改变了坝下游的流量过程；同时，长期清水下泄将引起坝下游河道的冲淤演变，使得同流量下的水位发生改变，尤其是中枯水水位变化较大。本节将分别采用江湖河网水流数学模型和定床实体模型，研究荆江河道再造过程对取水工程正常运用的影响。

6.1 荆江河道再造过程对取水工程运用影响数值模拟研究

本节选取典型水文年，采用江湖河网水流数学模型分别计算在 2011 年末原型实测河道地形和溪洛渡、向家坝、亭子口等水库与三峡水库联合运用至 2022 年末预测河道地形上荆江河段重要取水工程处（以引江济汉取水口和观音寺闸为例）的流量和水位变化情况，进而分析水库运用后荆江河道再造对取水工程正常运用的影响。

6.1.1 计算条件

（1）典型水文年的选取。自 2003 年三峡工程运用以后，坝下游的水文情势已受到三峡工程的影响，因此典型年宜采用蓄水之前的年份。根据实测资料分析，选取 1986 年（小水年）和 2000 年（中水年）作为典型年进行模拟计算。

采用宜昌站 1986 年、2000 年的实测逐日平均流量过程，按照溪洛渡、向家坝、亭子口、三峡等水库联合调度方式进行调度，调度前后宜昌站流量过程见图 6.1.1 和图 6.1.2。调度得到的水库下泄流量过程作为此次计算的上边界条件。

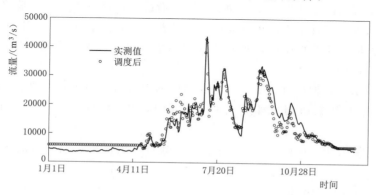

图 6.1.1 水库调度前后宜昌站 1986 年流量过程

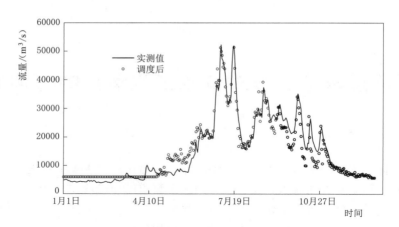

图 6.1.2　水库调度前后宜昌站 2000 年流量过程

（2）计算工况。此次研究主要关注溪洛渡、向家坝、亭子口等水库与三峡水库联合运用后荆江河道发生冲刷调整后，河床再造对沿程中枯水流量和水位的影响。计算主要考虑以下 3 种工况：

工况 1：现状条件下（2011 年地形），不考虑三峡水库的调度。

工况 2：现状条件下（2011 年地形），考虑三峡水库的优化调度方式（见 2009 年编制的《三峡水库优化调度方案》，下同）。

工况 3：2022 年条件下（溪洛渡、向家坝、亭子口等水库与三峡水库联合运用至 2022 年末的计算预测地形），考虑三峡水库的优化调度方式。

选取 1986 年和 2000 年作为典型年，采用江湖河网水流数学模型，分别计算上述 3 种工况下荆江典型断面水位和流量的变化情况。

工况 1 上边界宜昌站流量过程采用典型年实测值，工况 2 和工况 3 上边界宜昌站流量过程相同，均采用三峡水库优化调度后的流量过程。

6.1.2　南水北调引江济汉取水口

引江济汉工程是南水北调中线一期汉江中下游综合治理工程之一，是湖北省境内当时最大的引调水工程，设计引水流量 350m³/s，最大引水流量 500m³/s。工程的主要任务是补充汉江中下游因南水北调中线调水而减少的水量，同时改善兴隆以下汉江河段的生态、灌溉、供水和航运用水条件。

引江济汉取水口工程渠首布置于上荆江南向的涴市河弯和北向的沙市河弯之间的顺直过渡段左岸，处于松滋口与太平口之间，上距陈家湾水位站 3.5km，下距沙市水文站 12.5km。

以下分别计算分析 1986 年、2000 年典型年条件下引江济汉取水口处水位流量变化及其影响。

1. 典型枯水年（1986 年）

（1）水库调度的影响。由于三峡水库调蓄作用引起下泄径流过程发生较大改变，根据计算成果可知，下泄径流过程变化对引江济汉取水口工程处月平均水位、月平均流量影响较大。由于该处引水主要集中在中枯水期，因此着重分析该处中枯水期月平均水位、月平均流量变化。

首先分析仅考虑水库对径流的调节作用引起引江济汉取水口工程处月平均流量、月平均水位在中枯水期的变化情况，即工况 2（有三峡水库调度）相对于工况 1（无三峡水库调度）的变化。1986 年典型年计算成果见表 6.1.1 与表 6.1.2。

表 6.1.1　　　　引江济汉取水口处月平均流量变化（1986 年典型年）　　　单位：m^3/s

月份	月 平 均 流 量			变 化 值		
	工况 1	工况 2	工况 3	工况 2－工况 1	工况 3－工况 2	工况 3－工况 1
9	23495	20829	20799	−2666	−30	−2696
10	15440	11642	11474	−3798	−168	−3966
11	9201	8767	8634	−434	−133	−567
12	6061	6115	6038	54	−77	−23
1	4410	6075	5998	1665	−77	1588
2	3929	6035	5957	2106	−78	2028
3	4543	6186	6107	1643	−79	1564
4	5325	6487	6401	1162	−86	1076
5	9527	10180	10068	653	−112	541
6	16163	16895	16841	732	−54	678

表 6.1.2　　　　引江济汉取水口处月平均水位变化（1986 年典型年）　　　单位：m

月份	月 平 均 水 位			变 化 值		
	工况 1	工况 2	工况 3	工况 2－工况 1	工况 3－工况 2	工况 3－工况 1
9	39.60	38.76	37.85	−0.84	−0.91	−1.75
10	37.01	35.41	33.89	−1.60	−1.52	−3.12
11	34.25	34.04	32.34	−0.21	−1.70	−1.91
12	32.32	32.45	30.64	0.13	−1.81	−1.68
1	30.99	32.39	30.58	1.40	−1.81	−0.41
2	30.50	32.36	30.54	1.86	−1.82	0.04
3	31.08	32.49	30.69	1.41	−1.80	−0.39
4	31.73	32.69	30.92	0.96	−1.77	−0.81
5	34.26	34.58	33.02	0.32	−1.56	−1.24
6	37.36	37.67	36.60	0.31	−1.07	−0.76

在汛后蓄水期（9—11 月），由于三峡水库拦蓄了上游来水，因此在引江济汉取水口处，9 月、10 月和 11 月平均流量分别减少了 $2666m^3/s$、$3798m^3/s$ 和 $434m^3/s$；相应的这 3 个月平均水位分别下降了 0.84m、1.60m 和 0.21m，可见 10 月的平均水位下降幅度较大。仅从上述角度而言，汛后蓄水对引江济汉取水口的取水带来了不利影响。

在枯水期（12 月至次年 4 月），由于三峡水库在枯水期对下游进行补水，下泄径流量一般大于来流量，从 12 月至次年 4 月各月平均流量分别增加了 54m³/s、1665m³/s、2106m³/s、1643m³/s 和 1162m³/s；相应的这 5 个月平均水位分别抬高了 0.13m、1.40m、1.86m、1.41m 和 0.96m，因此在枯水期水库加大下泄流量对引江济汉取水口的取水条件带来有利的影响。

在汛前消落期（5—6 月），由于三峡水库需在汛前腾空防洪库容，因此下泄径流量也大于来流量，5 月、6 月平均流量分别增加了 653m³/s 和 732m³/s；相应的这 2 个月平均水位分别抬高了 0.32m 和 0.31m，汛前消落期水库加大下泄流量对引江济汉取水口的取水有利。

（2）河道再造的影响。溪洛渡、向家坝、亭子口等水库与三峡水库联合运用后，清水下泄，将会造成坝下游河道发生较大幅度的冲刷调整，进而对荆江河段取用水工程处的水位流量关系、尤其是中枯水水位流量关系造成影响。

以下着重分析河道冲刷调整对水位流量的影响，即工况 3（2022 年末预测河道地形）相对于工况 2（2011 年原型实测河道地形）的变化情况。

引江济汉取水口位于松滋口与太平口之间，其断面流量可能受到松滋口分流能力变化的影响。上游水库联合运用至 2022 年，松滋口口门河段发生冲刷，其分流量将有所变化，口门以下干流河段的流量相应也将有所改变。与 2011 年地形条件相比，2022 年末地形条件下该取水口处的月均流量略有减少，但量值不大（表 6.1.1）。

引江济汉取水口所在的松滋口至太平口河段及其下游太平口至藕池口河段河床均发生较大的冲刷，故取水口附近同流量下水位下降也较多，总体来说，在枯水期小流量时水位下降较大，在汛期大流量时水位下降较小（表 6.1.2）。

在汛后蓄水期（9—11 月），与 2011 年地形条件相比，2022 年末地形条件下该处 9 月、10 月和 11 月平均水位分别下降了 0.91m、1.52m 和 1.70m，说明三峡及上游水库联合运用后在汛后蓄水期引江济汉取水口工程处水位将会较大幅度下降，尤其在 10 月、11 月平均水位下降数值较大。

在枯水期（12 月至次年 4 月），2022 年末地形条件下，引江济汉取水口处 12 月至次年 4 月的月平均量约为 5957～6401m³/s，流量较小；与 2011 年地形条件相比，2022 年末地形条件下该处枯水期各月份平均水位均呈下降趋势，下降了 1.77～1.82m；由此说明，尽管枯水期有三峡水库的补水作用，但由于河床冲刷引起该处水位流量关系发生较大调整，导致在枯水期月均水位仍以下降为主。

在汛前消落期（5—6 月），由于三峡水库下泄径流量一般大于来流量，2022 年末地形条件下该处 5 月、6 月月平均流量分别为 10068m³/s、16841m³/s；与 2011 年地形条件相比，2022 年末地形条件下该处汛前消落期各月份平均水位仍呈下降趋势，分别下降了 1.56m、1.07m。

2. 典型中水年（2000 年）

（1）水库调度的影响。首先分析仅考虑水库对径流的调节作用引起引江济汉取水口工程处月平均流量、月平均水位在中枯水期的变化情况，即工况 2（有三峡水库调度）相对于工况 1（无三峡水库调度）的变化。2000 年典型年计算成果见表 6.1.3 与表 6.1.4。

表 6.1.3　　　　引江济汉取水口处月平均流量变化（2000 年典型年）　　　　单位：m³/s

月份	月 平 均 流 量			变 化 值		
	工况 1	工况 2	工况 3	工况 2-工况 1	工况 3-工况 2	工况 3-工况 1
9	23349	20604	20608	-2745	4	-2741
10	20542	16715	16645	-3827	-70	-3897
11	10727	10135	9981	-592	-154	-746
12	6685	6673	6577	-12	-96	-108
1	4825	6204	6126	1380	-78	1302
2	4382	6076	5998	1694	-78	1616
3	5734	6164	6085	430	-79	351
4	7534	6596	6507	-938	-89	-1027
5	8241	12201	11991	3960	-210	3750
6	20029	22037	22041	2008	4	2012

表 6.1.4　　　　引江济汉取水口处月平均水位变化（2000 年典型年）　　　　单位：m

月份	月 平 均 水 位			变 化 值		
	工况 1	工况 2	工况 3	工况 2-工况 1	工况 3-工况 2	工况 3-工况 1
9	39.76	38.91	38.03	-0.85	-0.88	-1.73
10	38.88	37.52	36.43	-1.36	-1.09	-2.45
11	35.15	34.81	33.30	-0.34	-1.51	-1.85
12	32.85	32.77	30.98	-0.08	-1.79	-1.87
1	31.35	32.51	30.70	1.16	-1.81	-0.65
2	31.00	32.39	30.58	1.39	-1.81	-0.42
3	32.13	32.49	30.72	0.36	-1.77	-1.41
4	33.31	32.75	31.00	-0.56	-1.75	-2.31
5	33.70	35.58	34.09	1.88	-1.49	0.39
6	38.54	39.18	38.33	0.64	-0.85	-0.21

　　在汛后蓄水期（9—11 月），由于三峡水库拦蓄了上游来水，因此在引江济汉取水口处，9 月、10 月和 11 月平均流量分别减少了 2745m³/s、3827m³/s 和 592m³/s；相对应的这 3 个月平均水位分别下降了 0.85m、1.36m 和 0.34m，仅就此而言，汛后蓄水对引江济汉取水口的取水带来了不利影响。

　　在枯水期（12 月至次年 4 月），由于三峡水库一般会在枯水期对下游进行补水，在 2000 年典型年中，12 月流量略有减小，4 月流量减小了 938m³/s，1—3 月平均流量分别增加了 1380m³/s、1694m³/s 和 430m³/s，相应的这 3 个月平均水位分别抬高了 1.16m、1.39m 和 0.36m，因此总体而言，在枯水期水库加大下泄流量对引江济汉取水口的取水条件带来有利的影响。

在汛前消落期（5—6 月），由于三峡水库需在汛前腾空防洪库容，因此下泄径流量也大于来流量，5 月、6 月平均流量分别增加了 3960m³/s 和 2008m³/s；相应的这 2 个月平均水位分别抬高了 1.88m 和 0.64m，可见汛前消落期水库加大下泄流量对引江济汉取水口的取水带来有利的影响。

（2）河道再造的影响。溪洛渡、向家坝、亭子口等水库与三峡水库联合运用后，清水下泄，将会造成坝下游河道发生较大幅度的冲刷调整，进而对荆江河段取用水工程处的水位流量关系、尤其是中枯水水位流量关系造成影响。

以下着重分析河道冲刷调整对水位流量的影响，即工况 3（2022 年末地形条件）相对于工况 2（2011 年地形）的变化情况。

引江济汉取水口位于松滋口与太平口之间，其断面流量可能受到松滋口分流能力变化的影响。上游水库联合运用至 2022 年，松滋口口门河段发生冲刷，其分流量将有所变化，口门以下干流河段的流量也将有所改变。与 2011 年地形条件相比，2022 年末地形条件下该取水口处的月均流量略有减少，但量值不大（表 6.1.3）。

引江济汉取水口所在的松滋口至太平口河段及其下游太平口至藕池口河段河床均发生较大的冲刷，故取水口附近同流量下水位下降也较多，总体来说，在枯水期小流量时水位下降较大，在汛期大流量时水位下降较小（表 6.1.4）。

在汛后蓄水期（9—11 月），在 2000 年典型年条件下，与 2011 年地形条件相比，2022 年末地形条件下该处 9 月、10 月和 11 月平均水位分别下降了 0.88m、1.09m 和 1.51m，说明三峡及上游水库联合运用后在汛后蓄水期引江济汉取水口工程处水位将会大幅下降，尤其在 10 月、11 月平均水位下降数值较大。

在枯水期（12 月至次年 4 月），2022 年末地形条件下，12 月至次年 4 月引江济汉取水口处长江干流的月平均量约为 5998～6577m³/s，流量较小；与 2011 年地形条件相比，2022 年末地形条件下该处枯水期各月平均水位均呈下降趋势，下降了 1.75～1.81m；由此说明，尽管枯水期有三峡水库的补水作用，但由于河床冲刷引起该处水位流量关系发生较大调整，导致在枯水期月平均水位仍以下降为主。

在汛前消落期（5—6 月），由于三峡水库下泄径流量一般大于来流量，2022 年末地形条件下该处 5 月、6 月月平均流量分别为 11991m³/s、22041m³/s；与 2011 年地形条件相比，2022 年末地形条件下该处汛前消落期各月平均水位仍呈下降趋势，分别下降了 1.49m、0.85m。

6.1.3　观音寺闸取水口

观音寺闸位于太平口至藕池口之间，荆江左岸，荆江大堤桩号 740＋750 处，承担着沙市、江陵、潜江、监利及江北农场、三湖农场、六合垸等地农业灌溉和工业生产用水的任务，灌溉面积达 96 万亩，是荆州市乃至老荆州地区范围内最大的灌溉闸，对地方工农业的发展起到了重要保障作用。该闸于 1959 年 11 月底正式动工，次年 4 月 5 日竣工放水，设计流量 56.79m³/s，校核流量 77m³/s。

以下分别计算分析 1986 年、2000 年典型年条件下观音寺闸处水位流量变化及其影响。

1. 典型枯水年（1986 年）

（1）水库调度的影响。由于三峡水库调蓄作用引起下泄径流过程发生较大改变，根据计算成果可知，下泄径流过程变化对观音寺闸处月平均水位、月平均流量影响较大。由于该处引水主要集中在中枯水期，因此着重分析该处中枯水期月平均水位、月平均流量的变化。

首先分析仅考虑水库对径流的调节作用引起观音寺闸处月平均水位、月平均流量在中枯水期的变化情况，即工况 2（有三峡水库调度）相对工况 1（无三峡水库调度）的变化。1986 年典型年计算成果见表 6.1.5 与表 6.1.6。

在汛后蓄水期（9—11 月），由于三峡水库拦蓄了上游来水，因此在观音寺闸处，9 月、10 月和 11 月平均流量分别减少了 2469m³/s、3620m³/s 和 448m³/s；相应的这 3 个月平均水位分别下降了 0.80m、1.68m 和 0.26m，仅从上述角度而言，汛后蓄水对观音寺闸处的取水带来了不利的影响。

表 6.1.5　　　观音寺闸所在长江干流河段月平均流量变化（1986 年典型年）　　　单位：m³/s

月份	月 平 均 流 量			变 化 值		
	工况 1	工况 2	工况 3	工况 2－工况 1	工况 3－工况 2	工况 3－工况 1
9	22652	20183	20457	−2469	274	−2195
10	15156	11537	11463	−3620	−74	−3694
11	9199	8751	8642	−448	−109	−557
12	6106	6153	6083	47	−70	−23
1	4445	6091	6020	1647	−72	1575
2	3938	6044	5972	2106	−72	2034
3	4555	6202	6128	1647	−73	1574
4	5319	6480	6401	1161	−79	1082
5	9442	10065	10018	622	−46	576
6	15814	16511	16665	696	154	851

表 6.1.6　　　观音寺闸所在长江干流河段月平均水位变化（1986 年典型年）　　　单位：m

月份	月 平 均 水 位			变 化 值		
	工况 1	工况 2	工况 3	工况 2－工况 1	工况 3－工况 2	工况 3－工况 1
9	38.33	37.53	36.72	−0.80	−0.81	−1.61
10	35.83	34.15	32.72	−1.68	−1.43	−3.11
11	32.87	32.61	31.03	−0.26	−1.58	−1.84
12	30.67	30.82	29.17	0.15	−1.65	−1.50
1	29.20	30.73	29.07	1.53	−1.66	−0.13
2	28.65	30.69	29.03	2.04	−1.66	0.38
3	29.27	30.85	29.21	1.58	−1.64	−0.06

续表

月份	月 平 均 水 位			变 化 值		
	工况 1	工况 2	工况 3	工况 2－工况 1	工况 3－工况 2	工况 3－工况 1
4	30.02	31.11	29.52	1.09	−1.59	−0.50
5	32.86	33.21	31.79	0.35	−1.42	−1.07
6	36.22	36.54	35.57	0.32	−0.97	−0.65

在枯水期（12 月至次年 4 月），由于三峡水库在枯水期对下游进行补水，下泄径流量一般大于来流量，从 12 月至次年 4 月各月平均流量分别增加了 47m^3/s、1647m^3/s、2106m^3/s、1647m^3/s 和 1161m^3/s；相应的这 5 个月平均水位分别抬高了 0.15m、1.53m、2.04m、1.58m 和 1.09m，因此在枯水期水库加大下泄流量对观音寺闸的取水条件带来有利的影响。

在汛前消落期（5—6 月），由于三峡水库需在汛前腾空防洪库容，因此下泄径流量也大于来流量，5 月、6 月平均流量分别增加了 622m^3/s 和 696m^3/s；相应的这 2 个月平均水位分别抬高了 0.35m 和 0.32m，汛前消落期水库加大下泄流量对观音寺闸的取水有利。

（2）河道再造的影响。溪洛渡、向家坝、亭子口等水库与三峡水库联合运用后，清水下泄，将会造成坝下游河道发生较大幅度的冲刷调整，进而对荆江河段取用水工程处的水位流量关系、尤其是中枯水水位流量关系造成影响。

以下着重分析河道冲刷调整对水位流量的影响，即工况 3（2022 年末预测河道地形条件）相对于工况 2（2011 年原型实测河道地形条件）的变化情况。

观音寺闸所在的太平口至藕池口河段及其下游藕池口至城陵矶河段河床均发生较大的冲刷，故在同流量下水位下降也较多，总体来说，枯水期小流量时水位下降较大，汛期大流量时水位下降较小。

在汛后蓄水期（9—11 月），与 2011 年地形条件相比，2022 年末地形条件下该处 9 月、10 月和 11 月平均水位分别下降了 0.81m、1.43m 和 1.58m，说明三峡及上游水库联合运用后在汛后蓄水期观音寺闸所在河段的水位将会有较大幅度下降，尤其在 10 月、11 月平均水位下降数值较大。

在枯水期（12 月至次年 4 月），2022 年末地形条件下，观音寺闸所在河段 12 月至次年 4 月的月平均量约为 5972～6401m^3/s，流量较小；与 2011 年地形条件相比，2022 年末地形条件下该处枯水期各月平均水位均呈下降趋势，下降了 1.59～1.66m；由此说明，尽管枯水期有三峡水库的补水作用，但由于河床冲刷引起该处水位流量关系发生较大调整，导致在枯水期月均水位仍以下降为主。

在汛前消落期（5—6 月），由于三峡水库下泄径流量一般大于来流量，2022 年末地形条件下该处 5 月、6 月月平均流量分别为 10018m^3/s、16665m^3/s；与 2011 年地形条件相比，2022 年末地形条件下该处枯水期各月平均水位仍均呈下降趋势，分别下降了 1.42m、0.97m。

2. 典型中水年（2000 年）

（1）水库调度的影响。首先分析仅考虑水库对径流的调节作用引起观音寺闸处月平均流量、月平均水位在中枯水期的变化情况，即工况 2（有三峡水库调度）相对于工况 1（无三峡水库调度）的变化。2000 年典型年计算成果见表 6.1.7 与表 6.1.8。

表 6.1.7　　观音寺闸所在长江干流河段月平均流量变化（2000 年典型年）　　单位：m³/s

月份	月 平 均 流 量			变 化 值		
	工况 1	工况 2	工况 3	工况 2－工况 1	工况 3－工况 2	工况 3－工况 1
9	22461	19909	20210	−2552	301	−2250
10	19920	16360	16502	−3559	141	−3418
11	10687	10108	10021	−579	−87	−666
12	6698	6679	6591	−18	−88	−106
1	4850	6229	6156	1378	−73	1305
2	4390	6081	6009	1691	−72	1619
3	5725	6161	6088	436	−73	363
4	7500	6579	6495	−921	−84	−1005
5	8194	11985	11882	3792	−103	3689
6	19297	21196	21492	1899	296	2195

表 6.1.8　　　观音寺闸所在长江干流河段月平均水位变化（2000 年典型年）　　单位：m

月份	月 平 均 水 位			变 化 值		
	工况 1	工况 2	工况 3	工况 2－工况 1	工况 3－工况 2	工况 3－工况 1
9	38.53	37.73	36.95	−0.80	−0.78	−1.58
10	37.72	36.35	35.38	−1.37	−0.97	−2.34
11	33.88	33.51	32.14	−0.37	−1.37	−1.74
12	31.26	31.16	29.53	−0.10	−1.63	−1.73
1	29.57	30.88	29.22	1.31	−1.66	−0.35
2	29.16	30.72	29.07	1.56	−1.65	−0.09
3	30.43	30.87	29.28	0.44	−1.59	−1.15
4	31.78	31.17	29.60	−0.61	−1.57	−2.18
5	32.23	34.32	32.93	2.09	−1.39	0.70
6	37.34	37.99	37.24	0.65	−0.75	−0.10

在汛后蓄水期（9—11 月），由于三峡水库拦蓄了上游来水，因此在观音寺闸处，9 月、10 月和 11 月平均流量分别减少了 2552m³/s、3559m³/s 和 579m³/s；相应的这 3 个月平均水位分别下降了 0.80m、1.37m 和 0.37m，仅就此而言，汛后蓄水对观音寺闸处的取水带来了不利的影响。

在枯水期（12 月至次年 4 月），由于三峡水库在枯水期对下游进行补水，在 2000 年典型年中，12 月流量略有减小，4 月流量减小 921m³/s，1—3 月平均流量分别增加了 1378m³/s、1691m³/s 和 436m³/s；相应的这 3 个月平均水位分别抬高了 1.31m、1.56m

和 0.44m，因此总体而言，在枯水期水库加大下泄流量对观音寺闸的取水条件带来有利的影响。

在汛前消落期（5—6 月），由于三峡水库需在汛前腾空防洪库容，因此下泄径流量也大于来流量，5—6 月平均流量分别增加了 3792m³/s 和 1899m³/s；相应的这 2 个月平均水位分别抬高了 2.09m 和 0.65m，可见汛前消落期水库加大下泄流量对观音寺闸的取水带来有利的影响。

（2）河道再造的影响。溪洛渡、向家坝、亭子口等水库与三峡水库联合运用后，清水下泄，将会造成坝下游河道发生较大幅度的冲刷调整，进而对荆江河段取用水工程处的水位流量关系、尤其是中枯水水位流量关系造成影响。

以下着重分析河道冲刷调整对水位流量的影响，即工况 3（2022 年末预测河道地形条件）相对于工况 2（2011 年原型实测河道地形）的变化情况。

同 1986 年典型年成果一样，上游水库联合运用至 2022 年，观音寺闸附近河段的流量变化不大；但观音寺闸所在的太平口至藕池口河段及其下游藕池口至城陵矶河段河床均发生较大的冲刷，故在同流量下取水口附近水位下降也较多，总体来说，枯水期小流量时水位下降较大，汛期大流量时水位下降较小（表 6.1.8）。

在汛后蓄水期（9—11 月），在 2000 年典型年条件下，与 2011 年地形条件相比，2022 年末地形条件下该处 9 月、10 月和 11 月平均水位分别下降了 0.78m、0.97m 和 1.37m；说明三峡及上游水库联合运用后观音寺闸处水位将会较大幅度下降，尤其在 10 月、11 月平均水位下降数值较大。

在枯水期（12 月至次年 4 月），2022 年末地形条件下，12 月至次年 4 月观音寺闸处长江干流的月平均量约为 6088～6591m³/s，流量较小；与 2011 年地形条件相比，2022 年末地形条件下该处枯水期各月平均水位均呈下降趋势，下降了 1.57～1.66m；由此说明，尽管枯水期有三峡水库的补水作用，但由于河床冲刷引起该处水位流量关系发生较大调整，导致该处在枯水期月平均水位仍以下降为主。

在汛前消落期（5—6 月），由于三峡水库下泄径流量一般大于来流量，2022 年末地形条件下该处 5 月、6 月月均流量分别为 11882m³/s、21492m³/s；与 2011 年地形条件相比，2022 年末地形条件下该处汛前消落期各月平均水位分别下降了 1.39m、0.75m。

6.2　荆江河道再造过程对取水工程运用影响定床模型试验研究

选取荆江杨家垴至北碾子湾河段，分别在 2011 年末原型实测河道地形和第 4 章动床模型试验预测得到的 2022 年末河道再造地形基础上，选取典型的洪、中、枯水流量级，开展定床模型试验，研究预测典型取水工程处（以引江济汉取水口、盐卡、观音寺闸和颜家台闸为例）水位和流速等的变化情况，分析河道再造过程对取水工程正常运用的影响。

定床模型的模拟范围、模型设计与制作、模型验证均与 5.2 节一致。试验所选取的四级典型流量级同 5.2 节。

6.2.1　取水工程处水位变化

引江济汉工程是南水北调中线一期汉江中下游综合治理工程之一，是湖北省境内最大的引调水工程，设计引水流量 350m³/s，最大引水流量 500m³/s。工程的主要任务是补充汉江中下游因南水北调中线调水而减少的水量，同时改善兴隆以下汉江河段的生态、灌溉、供水和航运用水条件。引江济汉取水口工程渠首布置于上荆江南向的涴市河弯和北向的沙市河弯之间的顺直过渡段左岸，处于松滋口与太平口之间，上距陈家湾水位站 3.5km，下距沙市水文站 12.5km。

　　盐卡位于沙市河弯下段的凹岸（左岸），滨临长江，堤外无滩，江水直接冲刷堤角，堤内为广阔的平原和农田，农业灌溉需求大，地面高程 29.00～32.50m[52]。

　　观音寺闸位于太平口至藕池口之间，荆江左岸，荆江大堤桩号 740+750 处，承担着沙市、江陵、潜江、监利及江北农场、三湖农场、六合垸等地农业灌溉和工业生产用水的任务，灌溉面积达 96 万亩，是荆州市乃至老荆州地区范围内最大的灌溉闸，对地方工农业的发展起到了重要保障作用。该闸于 1959 年 11 月底正式动工，次年 4 月 5 日竣工放水，设计流量 56.79m³/s，校核流量 77m³/s[53]。

　　颜家台闸是为解决观音寺闸引水对灌区东南地区不能满足灌溉要求而兴建的取水灌溉闸。该闸建在长江北岸荆江大堤桩号 703+525 处，距郝穴镇 5km，以地名颜家台而得名。该闸始建于 1966 年，为两孔拱涵式结构，每孔宽 3m、高 3.5m，闸底板高程 30.50m（吴淞冻结，黄海高程 28.80m），设计流量 37.6m³/s，校核流量 41.6m³/s，灌溉农田 40.18 万亩，为四湖地区农业丰收和工业发展发挥了巨大作用。1996 年国家投资对颜家台闸进行改建，改建后，该闸设计流量 50m³/s，校核流量 60m³/s[54]。

　　表 6.2.1 为在 2011 年末原型实测河道地形和 2022 年末预测河道地形条件下，在各级流量下各取水工程处的水位对比表。

表 6.2.1　2011 年末原型实测河道地形和 2022 年末预测河道地形下各取水工程在不同流量级下水位对比表

单位：m

取水工程位置	Q=5500m³/s			Q=12500m³/s			Q=32000m³/s			Q=50000m³/s		
	2011水位	2022水位	差值	2011水位	2022水位	差值	2011水位	2022水位	差值	2011水位	2022水位	差值
引江济汉取水口	30.01	28.86	−1.15	33.79	32.74	−1.05	39.99	39.44	−0.55	42.7	42.45	−0.25
盐卡	28.90	27.88	−1.02	32.97	31.98	−0.99	39.21	39.04	−0.17	42.06	41.97	−0.09
观音寺闸	28.85	27.69	−1.16	32.9	31.87	−1.03	38.95	38.67	−0.28	41.79	41.61	−0.18
颜家台闸	27.01	25.46	−1.55	31.00	29.93	−1.07	36.59	35.90	−0.69	39.65	39.21	−0.44

　　由表 6.2.1 可以看出，溪洛渡、向家坝、亭子口等水库与三峡水库联合运用至 2022 年末预测地形条件下，与 2011 年末原型地形条件相比，不同流量级下各取水工程处水位均有所下降，其中枯水流量水位下降幅度最大，均在 1m 以上，其中颜家台闸处水位下降幅度最大，达到 1.55m。随着流量增大，各取水工程处水位下降幅度有所减小，在 50000m³/s 流量时，2022 年末预测地形条件下与 2011 年末原型地形条件下的试验结果相比，各取水工程处水位仅略有下降，降幅均不超过 0.5m。具体如下：

　　在引江济汉取水口处，水位在各流量级下均有所下降，其中：枯水流量 5500m³/s 下该处水位下降 1.15m；12500m³/s 和 32000m³/s 流量下水位分别下降 1.05m 和 0.55m；

在 50000m³/s 流量下水位降幅较小，下降 0.25m。

在盐卡处，水位在各流量级下也均有所下降，其中：流量为 5500m³/s 和 12500m³/s 时，降幅较大，分别达到 1.02m 和 0.99m；随着流量增大，水位降幅减小，32000m³/s 和 50000m³/s 流量下水位分别下降 0.17m 和 0.09m。

观音寺闸距盐卡约 8.5km，该处水位变化与盐卡类似，流量为 5500m³/s 和 12500m³/s 时，降幅较大，分别达到 1.16m 和 1.03m；随着流量增大，水位降幅减小，32000m³/s 和 50000m³/s 流量下水位分别下降 0.28m 和 0.18m。

在颜家台闸处，水位在各流量级下均有所下降，且与其他取水工程相比水位降幅较大，枯水流量 5500m³/s 下该处水位下降幅度达 1.55m；12500m³/s 和 32000m³/s 流量下水位分别下降 1.07m 和 0.69m；50000m³/s 流量下水位降幅略小，但也达到 0.44m。

总体而言，2022 年末预测河道地形与 2011 年末原型实测河道地形条件相比，在各流量级下杨家垴至北碾子湾段各取水工程处水位均有所下降，各处水位下降幅度与各工程所在河段枯水河槽冲刷幅度相应，即枯水河槽冲刷幅度较大的河段，枯水位降幅也较大。不同流量级下，枯水流量（5500m³/s）下各取水工程处水位下降幅度最大，均在 1m 以上；随流量增加，水位降幅逐渐减小。

不同取水工程之间相比，颜家台闸处各流量级下水位降幅最大，分析其原因，颜家台闸位于郝穴—新厂河段，该河段 2022 年末预测河道地形下水面纵比降较 2011 年末原型实测河道地形下大幅增加（图 5.2.4），相应的颜家台闸处水位降幅较大。

6.2.2　取水工程断面流速变化

图 6.2.1～图 6.2.4 为在 2011 年末原型实测河道地形和 2022 年末预测河道地形条件下，在中水流量（12500m³/s）下各取水工程处的断面流速分布对比图，由图可见，2022 年末预测河道地形与 2011 年末原型河道地形条件相比，总体而言，中水流量下各取水工程断面流速分布没有大的变化；受河道再造过程的影响，个别取水工程处断面主流位置发生一定幅度的摆动。

对引江济汉取水口断面，流速分布基本不变，主流略有右摆，但幅度不大，受河道再

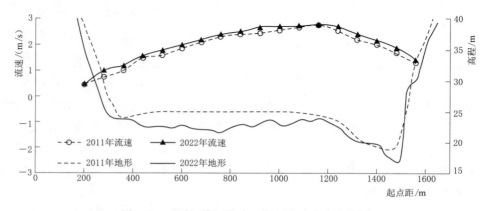

图 6.2.1　引江济汉取水口断面流速分布变化图

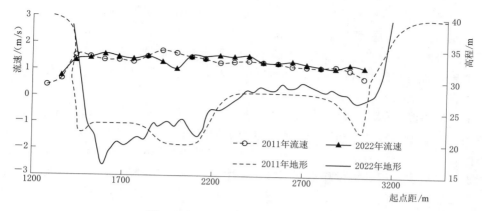

图 6.2.2　盐卡断面流速分布变化图

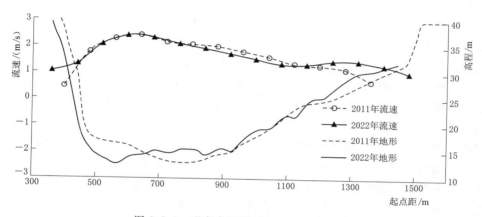

图 6.2.3　观音寺闸断面流速分布变化图

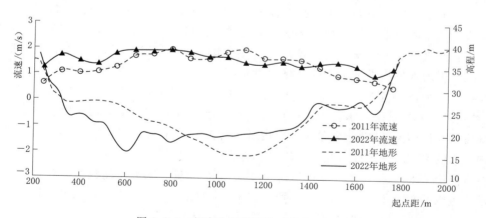

图 6.2.4　颜家台闸断面流速分布变化图

造过程影响，太平口心滩左汊进口处冲刷下切，断面左侧滩面流速也略有增大。

对盐卡断面，受左侧主槽冲刷发展影响，主流整体呈左摆趋势，金城洲右汊河床淤积抬高，河道断面右汊流速相应有所减小。

对观音寺闸断面，流速分布基本不变，左侧主槽冲刷下切引起断面主流线向左略有摆动，但幅度不大，主槽位置流速则相应有所增大。

对颜家台闸断面，流速分布变化相对较大，受河道再造过程影响，颜家台闸处淤积体刷低，主流由断面中部摆向左侧，摆幅约 300m 左右，主槽流速相应有所增大，从这一角度考虑，有利于颜家台闸取水运用。

综上，溪洛渡、向家坝、亭子口等水库与三峡水库联合运用至 2022 年末，与 2011 年末原型实测河道地形条件下相比，在各流量级下杨家垴至北碾子湾段各取水工程处水位均有所下降，其中在枯水流量（5500m³/s）下水位下降幅度最大，降幅均在 1m 以上；随着流量增加，各取水工程处水位降幅逐渐减小。中水流量（12500m³/s）下各取水工程断面流速分布没有发生大的变化；受河道再造过程影响，个别取水工程处断面主流位置发生一定幅度的摆动。

6.3　小结

综上所述，本节采用江湖河网水流数学模型，选取典型水文年，计算在 2011 年末原型实测河道地形和溪洛渡、向家坝、亭子口等水库与三峡水库联合运用至 2022 年末预测河道地形上荆江河段重要取水工程处（以引江济汉取水口和观音寺闸为例）的流量和水位变化情况。采用定床模型试验，选取荆江杨家垴至北碾子湾河段，分别在 2011 年末原型实测河道地形和动床模型试验预测得到的 2022 年末河道再造地形基础上，选取典型洪、中、枯水流量级，研究预测典型取水工程处（以引江济汉取水口、盐卡、观音寺闸和颜家台闸为例）水位和流速等的变化情况。

在上述研究基础上，分析了荆江河道再造过程对取水工程正常运用的影响。主要结果为：

（1）数值模拟计算结果表明，在汛后蓄水期（9—11 月），由于三峡等水库汛后蓄水，荆江河段各典型取用水工程处月均流量大幅度减小，相应月均水位尤其在 10 月下降幅度较大；随着清水下泄、河床冲刷发展，在三峡等水库联合运用至 2022 年末各典型取用水工程处的月平均水位将进一步有较大幅度的下降。

在枯水期（12 月至次年 4 月），由于三峡水库枯季补水，下泄流量一般大于来流量，在 12 月至次年 4 月月平均水位一般以抬高为主，但随着河床冲刷下切的影响加大，在三峡等水库联合运用至 2022 年末各典型取用水工程处的月平均水位仍以下降为主，说明河道冲刷引起的水位下降可能会超过三峡水库补水带来的水位抬高。

在汛前消落期（5—6 月），由于三峡水库下泄径流量一般大于来流量，在这 2 个月份平均水位也以抬高为主。同样，随着河床冲刷下切的影响加大，在三峡等水库联合运用至 2022 年末各典型取用水工程处的月平均水位以下降为主。

因此，随着三峡及上游水库群联合运用时间的增长，坝下游河道将出现长时期、长距离的冲刷，沿程中枯水水位进一步下降，可能对沿岸的取用水带来影响。

（2）定床模型试验研究表明，2022 年末预测河道地形条件下与 2011 年末原型实测河道地形条件下相比，在各流量级下杨家垴至北碾子湾段各取水工程处水位均有所下降，各处水位下降幅度与各工程所在河段枯水河槽冲刷结果相应，即枯水河槽冲刷较大的河段，枯水位降幅也较大。不同流量级下，枯水流量（5500m³/s）下水位下降幅度最大，均在1m以上；随着流量的增加，水位降幅逐渐减小。不同取水工程之间相比，颜家台闸处各流量级下水位降幅相对较大。

2022年末预测河道地形条件下与2011年末原型实测河道地形条件下相比，总体而言，中水流量下各取水工程断面流速分布没有发生大的变化；受河道再造过程影响，个别取水工程处断面主流位置发生一定幅度的摆动，也可能对取水工程的取用水带来一定影响。

第7章

结 论 与 展 望

7.1 主要结论

本书通过现场查勘、原型观测资料分析、进一步验证和率定后的实体模型试验和数学模型计算，分析了三峡工程运用以来荆江河段河床变形及再造规律，研究预测了溪洛渡、向家坝、亭子口等水库与三峡水库联合运用后荆江河道再造过程及变化趋势，在此基础上，进一步研究了荆江河道再造过程对防洪形势和取水工程正常运用的影响，取得的主要研究成果如下：

（1）分析阐明了三峡工程运用以来荆江水文情势变化特性。三峡工程运用以来，水沙总量及过程的改变是荆江河道再造床产生的根源。荆江河段年径流量在三峡工程运用前后无明显变化，水量略偏枯（3%～6%），主要与上游来水偏小有关；蓄水以来荆江年内流量过程呈现枯水流量增大（沙市站不小于 $5000\text{m}^3/\text{s}$）、中枯水流量持续时间延长的变化规律。三峡工程运用以来荆江河段悬移质输沙总量锐减（减少 67%～93%），年内分配更集中于汛期，非蓄水期输沙量占比增大，主蓄水期占比减少；出库泥沙粒径偏细，河床沿程冲刷后干流各站悬沙粗颗粒泥沙含量明显增多；蓄水以来坝下游推移质泥沙大幅度减少，2012 年后未测到砾卵石推移质输沙，宜昌站沙质推移质输沙量减少 91%。三峡工程运用以来荆江河道的持续冲刷引起枯水位不同程度下降，$6000\text{m}^3/\text{s}$ 时沙市站水位下降约1.74m（2003—2015 年），随着流量增大，水位降幅逐渐减小。

（2）揭示了荆江三口分流分沙变化特点及主要影响因素。荆江三口分流分沙变化的主要影响因素为重大人类活动（如水库蓄水引起的河床冲淤调整、干流与分流道的水位差变化等）和特殊水文情势（如来流条件的直接变化等）。三峡工程运用以来，荆江三口分流比和分流量呈下降趋势；分沙量显著减小，有利于减缓洞庭湖区的泥沙淤积；分沙比有所增大；同流量下分流比无明显变化，由于洞庭湖顶托作用减弱和荆江三口分流道出现一定冲刷，分洪能力无衰减趋势；荆江三口断流时间有所增加，其中松滋口东支增加最多；在水库主要蓄水期（9—10 月），荆江三口断流天数均有所增多，尤以松滋口东支和藕池口最为明显。

（3）揭示了荆江河段河床冲淤特征、河床再造规律及产生机制。三峡工程运用以来（2002 年 10 月至 2018 年 10 月），荆江河段进入强烈的再造床过程，平滩河槽年均冲刷量 0.71 亿 m^3，远大于蓄水前的 0.137 亿 m^3。三峡工程运用前上荆江整体冲刷，下荆江滩淤槽冲，蓄水后上荆江仍为整体冲刷，下荆江则表现为滩槽均冲。三峡工程运用以来纵向深泓以冲刷为主，平均冲深 2.96m，最大冲深 17.8m；横断面冲刷集中在枯水河槽，断面过水面积增大，宽深比总体减小。蓄水以来荆江分汊河道普遍出现支汊冲刷发展、江心洲（滩）萎缩的现象；不同类型分汊河道支汊发展程度为顺直分汊段＞微弯分汊段＞弯曲分汊段；输沙量减少、主支汊河床组成的差异以及局部河床边界条件的变化是引起分汊河段发生局部河势调整的主要原因。蓄水以来下荆江急弯段普遍发生"凸冲凹淤"现象，部分弯道发生"撇弯切滩"；从形态响应上表现为凸岸侧边滩滩唇后退面积萎缩，凹岸侧水下潜洲面积增大，滩、槽宽度比明显减小；水动力条件、泥沙来源的突变是造成急弯段"凸冲凹淤"的决定性因素。

（4）预测了水库联合运用后荆江河段未来整体冲淤变化趋势及水位流量关系变化。荆江河段继续剧烈冲刷，2013 年至 2032 年末，荆江河道冲刷量 14.78 亿 m^3，其中上荆江 4.62 亿 m^3，河床平均冲深 2.07m；下荆江 10.16 亿 m^3，河床平均冲深 3.73m。荆江河段冲刷量占宜昌至武汉段总冲刷量的 74%。同流量水位呈下降趋势，至 2022 年末，7000m^3/s 流量时，枝城、沙市、监利各站水位相对现状（2012 年）分别下降 0.88m、1.56m、1.23m；40000m^3/s 时，相应各站分别下降 0.42m、0.51m、0.38m。不同流量级下松滋、太平、藕池三口口门段干流处水位比现状水位（2012 年）分别降低约 0.52～0.94m、0.43～1.45m、0.61～1.70m，以藕池口口门处水位下降最大。

（5）采用二维水沙数学模型预测了溪洛渡、向家坝、亭子口等水库与三峡水库联合运用后上荆江杨家垴至公安河段（分汊河段）、下荆江柴码头至陈家马口河段（弯曲河段）河道再造过程及变化趋势。研究显示，上述河段总体河势格局变化不大，总体冲刷，河槽冲刷扩展，局部岸段和边滩（滩缘或低滩）冲刷后退。杨家垴至公安河段在水库联合运用后计算 20 年末（2013—2032 年）平滩河槽平均冲深 3.87m，深泓高程变幅 -13.1～5.2m，断面过水面积增大 5.4%～33.3%，宽深比减小 0.1%～0.7%。柴码头至陈家马口河段在水库联合运用后计算 20 年（2013—2032 年）末平滩河槽平均冲深 4.68m，深泓高程变幅 -11.9～3.0m，断面过水面积增大 22.1%～63.2%，宽深比减小 0.28%～1.04%。金成洲右汊分流比有所减小，马羊洲、三八滩、突起洲、乌龟洲右汊分流比增加。

（6）采用长江防洪实体模型预测了溪洛渡、向家坝、亭子口等水库与三峡水库联合运用后上荆江杨家垴至北碾子湾河段和下荆江盐船套至螺山河段河道再造过程及变化趋势。杨家垴至北碾子湾河段至 2022 年末仍以枯水河槽冲刷为主，2011—2022 年累计冲刷 1.61 亿 m^3，平均下切 1.12m；总体河势与初始地形条件相比变化不大，深槽刷深拓展，过渡段主流整体有所下移，局部段江心洲滩及汊道段变化较为剧烈，以沙市河段上段变化尤为显著；太平口心滩段由左右双槽且右槽为主槽的河道形态逐步向双槽且左槽为主槽转变，三八滩汊道洲体右侧切割、右汊发展扩大，左汊进口淤积、左汊稍有萎缩；太平口心滩左槽分流比增大，三八滩汊道左汊分流比减少，金城洲左汊分流比略有增大，突起洲左汊分流比减小。盐船套至螺山河段至 2022 年末仍以枯水河槽冲刷为主，2013—2022 年累计冲刷 3950 万 m^3，平均下切 0.82m；总体河势变化不大，河床沿程逐步冲刷下切，特别是城陵矶江湖汇流段附近，下切幅度明显；深槽刷深拓展，弯道顶冲点调整，主流贴岸段变化，过渡段主流平面摆动较大；七弓岭弯道段凸岸崩退趋势放缓，"撇弯切滩"有所减弱。

（7）采用江湖河网水流数学模型预测了荆江河段洪水演进特性，阐明了河道再造过程对防洪形势的影响。定量预测了三峡水库调蓄对长江干流洪峰流量削峰作用，枝城、沙市、监利站削峰比例分别为 11.2%、10.6% 和 7.4%，三峡水库"削峰滞蓄"对荆江防洪作用明显；定量预测了河道再造过程对长江干流洪峰流量的影响，河道持续冲刷使得干流水位下降，荆江三口分流减少，荆江流量相对增大，沙市站、监利站洪峰流量分别增加 1.0% 和 3.4%；定量预测了三峡水库调蓄对长江干流洪峰水位的影响，枝城、沙市、莲花塘站最高洪水位分别降低 0.18m、0.52m、0.25m；定量预测了河道再造过程对长江干流洪峰水位的影响，尽管沙市站、监利站洪峰流量有所增加，但增加幅度不大，受河道冲刷的影响，枝城站、沙市站最高洪水位分别下降 0.05m、0.04m。在此基础上将河道再造影响下的汛期洪水过程水位与警戒水位、堤防设计水位进行对比，定量分析了荆江河段防洪形势。

（8）利用定床实体模型试验预测了荆江典型河段洪水特性，进一步阐明了河道再造过程对防洪形势的影响。定量预测了四级特征流量下河道再造过程对水位的影响，各水位站水位均有所下降，随着流量级增大，水位下降幅度有所减小，其中 50000m³/s 时，水位略有下降，降幅不超过 0.2m，仅就此而言，河道再造过程对洪水位下降有一定作用，但不甚明显；各水位站沿程下降幅度与各河段枯水河槽冲刷结果相应，即枯水河槽冲刷较大的河段，枯水位降幅也较大；定量预测了河道再造过程对水面纵比降的影响，各河段在各流量级下水面纵比降整体呈现下降趋势；定量预测了河道再造过程对断面流速的影响，总体而言洪水流量下各水位站断面流速分布未有大的变化，主流线位置未有大的摆动，受河道再造过程影响，各水位站断面流速略有增大。

（9）采用江湖河网水流数学模型定量预测了水库调蓄和河道再造过程对中、枯水水位、流量的影响及其对取水工程的影响。由于水库调蓄，在汛后蓄水期（9—11 月），月平均流量和水位均下降，对取水不利，其中 10 月平均水位下降幅度较大；在枯水期（12 月至次年 4 月），由于三峡水库对下游补水，月平均流量和水位均上升，有利于取水；在汛前预泄期（5—6 月），月平均流量和水位均上升，有利于取水。由于河道再造，沿程中、枯水位不同程度的降低，其中在汛后蓄水期（9—11 月），水库蓄水与河床冲刷再造均造成水位下降，尤其在 10 月、11 月平均水位下降数值较大；在枯水期（12 月至次年 4 月）和汛前消落期（5—6 月），河床冲刷下切引起的水位下降超过水库枯季补水或加大泄量带来的水位抬高，月均水位仍以下降为主。

（10）利用定床实体模型试验进一步定量预测了河道再造过程对中、枯水流量级下水位、流速的影响及其对取水工程的影响。河道再造后，各水位站及取水工程处枯水位有较明显下降，降幅均在 1m 左右，随着流量增大，水位下降幅度有所减小；水位沿程下降幅度与各河段枯水河槽冲刷幅度相应，即枯水河槽冲刷幅度较大的河段，枯水位降幅也较大。不同取水工程间，颜家台闸处各流量级下水位降幅相对较大。河道再造后，中水流量下各取水工程断面流速分布未有大的变化；受河道再造过程影响，个别取水工程处断面主流位置发生一定幅度的摆动，可能对取水工程的取用水带来一定影响。

7.2　展望

荆江河段河道演变复杂，防洪问题突出，而水库群的联合调度、洲滩与岸线利用、河道与航道整治、河道采砂等人类活动的影响也日渐突出。同时，长江大保护、长江经济带建设与发展都对河道防洪、供水等不断提出更高要求。不断变化的外部条件及不断提高的内在需求都决定了围绕三峡工程坝下游河道演变及其影响与对策的研究不可能一蹴而就，是一个长期的、不断深入的过程，应随边界条件变化和观测资料积累而不断完善研究手段、不断深化，是一项长期的任务。未来应进一步加强原型观测资料的跟踪分析，加强水库下游泥沙运动规律与河道再造床机理等基础问题研究，加强河道演变模拟技术研究，提高模型模拟预测精度，在研究揭示变化条件下的河道演变规律与影响范围、程度的基础上，研究提出治理的方向与措施，并适时实施，维护河流健康生命，保障河流功能永续利用。

参 考 文 献

［1］　卢金友，罗恒凯. 长江与洞庭湖关系变化初步分析［J］. 人民长江. 1999，30（4）：240－26，48.

［2］　余文畴，卢金友. 长江河道演变与治理［M］. 北京：中国水利水电出版社，2005.

［3］　卢金友，朱勇辉. 水利枢纽下游河床冲刷与再造过程研究进展［J］. 长江科学院院报，2019，36（12）：1－9.

［4］　长江水利委员会水文局. 2018年度三峡水库进出库水沙特性、水库淤积及坝下游河道冲刷分析［R］. 2019.

［5］　朱勇辉，黄莉，郭小虎，等. 三峡工程运用后长江中游沙市河段演变与治理思路［J］. 泥沙研究，2016（3）：31－37.

［6］　陶铭，黄莉. 长江杨家垴至北碾子湾段河床冲淤规律试验研究［J］. 水利水电快报，2017，38（11）：29－34.

［7］　Zhu Yonghui, Guo Xiaohu, Qu Geng, et al. Features of recent scouring and silting of the river channel of the Jingjiang River downstream of the Three Gorges Project ［C］//Wieprecht et al.（Eds），River Sedimentation，Taylor & Francis Group，London，UK，2016，817－822.

［8］　朱玲玲，葛华. 三峡水库175m蓄水后荆江典型分汊河段演变趋势预测［J］. 泥沙研究，2016（2）：33－39.

［9］　张为，李义天，江凌. 三峡水库蓄水后长江中下游典型分汊浅滩河段演变趋势预测［J］. 四川大学学报（工程科学版），2008，（4）：20－27.

［10］　卢金友，朱勇辉. 三峡水库下游江湖演变与治理若干问题探讨［J］. 长江科学院院报，2014，31（2）：98－107.

［11］　杨燕华，张明进. 长江中游荆江河段不同类型分汊河段演变趋势预测研究［J］. 中国水运. 航道科技，2016，（1）：1－5.

［12］　李明，胡春宏. 三峡工程运用后坝下游分汊型河道演变与调整机理研究［J］. 泥沙研究，2017，6（42）：4－10.

［13］　许全喜，袁晶，伍文俊，等. 三峡工程蓄水运用后长江中游河道演变初步研究［J］. 泥沙研究，2011（2）：38－46.

［14］　刘亚，郑力，姚仕明，等. 分汊河道主支汊交替主导因子的转换模拟［J］. 水科学进展，2020，31（3）：348－355.

［15］　余梦清，罗健，吴凌波. 长江下游分汊河段支汊演变特点及整治对策分析［J］. 中国水运. 航道科技，2019（4）：10－16.

［16］　朱玲玲，葛华，李义天，等. 三峡水库蓄水后长江中游分汊河道演变机理及趋势［J］. 应用基础与工程科学学报，2015，23（2）：246－258.

［17］　李思璇. 三峡水库调蓄对荆江水沙输移及河床调整的作用机理研究［D］. 武汉：武汉大学，2019.

［18］　Wei Zhang, Jing Yuan, Jianqiao Han, et al. Impact of the Three Gorges Dam on sediment deposition and erosion in the middle Yangtze River：a case study of the Shashi Reach ［J］. Hydrology Research，2016，47：175－186.

［19］　姚仕明，余文畴，董耀华. 分汊河道水沙运动特性及其对河道演变的影响［J］. 长江科学院院报，2003（1）：7－9.

[20] 余文畴. 长江中下游河道崩岸机理中的河床边界条件 [J]. 长江科学院院报，2008 (1)：8 - 11.

[21] 姚仕明，张超，王龙，等. 分汊河道水流运动特性研究 [J]. 水力发电学报，2006 (3)：49 - 52.

[22] 李海宁. 水沙变化条件下长江中游河道调整响应 [D]. 北京：中国水利水电科学研究院，2016.

[23] 卢金友，渠庚，李发政，等. 下荆江熊家洲至城陵矶河段演变分析与治理思路探讨 [J]. 长江科学院院报，2011，28 (11)：114 - 118.

[24] 林承坤. 泥沙与河流貌地学 [M]. 南京：南京大学出版社，1992.

[25] 唐日长. 下荆江裁弯对荆江洞庭湖影响分析 [J]. 人民长江，1999 (4)：21 - 24.

[26] 谢鉴衡. 河床演变及整治 [M]. 中国水利水电出版社，1997.

[27] 宫平，黄煜龄，黄悦. 一维水沙数学模型江湖联算初探 [J]. 长江科学院院报，2002 (1)：10 - 12.

[28] 董耀华. 长江科学院河流水沙数学模型研究进展与展望 [J]. 长江科学院院报，2011，28 (10)：7 - 16.

[29] 张杰，李永红. 平面二维河床冲淤计算有限体积法 [J]. 长江科学院院报，2002 (5)：17 - 20.

[30] 崔占峰，张细兵，渠庚. 三峡工程运用后武汉段河道冲淤变化研究 [J]. 长江科学院院报，2011 (4)：80 - 86.

[31] 崔占峰，金中武. 2011 年第八届全国泥沙基本理论研究学术讨论会 [C]. 中国水利学会，2011.

[32] 张细兵，崔占峰，张杰. 河流数值模拟与信息化应用 [M]. 北京：中国水利水电出版社，2014.

[33] 徐芳，张云天，岳红艳. 石首弯道河床演变对护岸工程稳定性影响 [J]. 重庆交通大学学报（自然科学版），2012，31 (6)：1236 - 1239.

[34] 李溢汶，夏军强，周美蓉，等. 三峡工程运用后沙市段洲滩形态调整特点分析 [J]. 水力发电学报，2018，37 (10)：76 - 85.

[35] 周美蓉，夏军强，邓珊珊. 荆江石首河段近 50 年河床演变分析 [J]. 泥沙研究，2017，42 (1)：40 - 46.

[36] 渠庚，郭小虎，朱勇辉，等. 三峡水库下游河道演变机理与治理对策 [M]. 北京：中国水利水电出版社，2019.

[37] 张晓红，汪红英. 三峡工程建成后上荆江河道演变趋势及治理 [J]. 人民长江，2009，40 (22)：9 - 10.

[38] 韩飞. 长江中游周天河段近期河床演变及碍航特性 [J]. 水运工程，2017 (3)：100 - 105.

[39] 闫军，付中敏，陈婧，等. 长江中游藕池口水道河床演变及航道条件分析 [J]. 水运工程，2012 (1)：99 - 104.

[40] 汪红英，何广水，谢作涛. 三峡工程蓄水后荆江河势变化及整治方案研究 [J]. 人民长江，2010，41 (9)：26 - 28.

[41] 江凌，李义天，张为. 长江中游沙市河段演变趋势探析 [J]. 泥沙研究，2006 (3)：76 - 81.

[42] 黄莉，孙贵洲，李发政. 三峡工程运用初期上荆江杨家垴至郝穴河床冲淤变化试验研究 [J]. 长江科学院院报，2011，28 (2)：74 - 78.

[43] 彭严波，段光磊. 长江荆江河段沙市三八滩演变机理分析 [J]. 人民长江，2006 (9)：82 - 83.

[44] 彭玉明，熊超，杨朝云. 长江荆江河道演变与崩岸关系分析 [J]. 水文，2010，30 (6)：29 - 31.

[45] 黄伟，朱文清. 长江中游藕池口水道洲滩演变特点与治理思路研究 [J]. 中国水运，2015 (2)：58 - 59.

[46] 王伟峰. 心滩守护前后泥沙运动规律及冲刷变形特性研究 [D]. 重庆：重庆交通大学，2009.

[47] 长江水利委员会长江科学院. 长江防洪模型项目初步设计报告 [R]. 2004.

[48] 谢静红，唐剑，王琴. 三峡水库蓄水后荆江河段沙质推移质特征分析 [J]. 水利水电快报，2020，41 (7)：35 - 40.

[49] 张红武. 河工动床模型相似律研究进展 [J]. 水科学进展，2001 (2)：256 - 263.

［50］ 长江水利委员会长江科学院.长江防洪模型利用世界银行贷款项目实体模型选沙报告［R］.2005.

［51］ 邓晓丽，李文全，雷家利，等.基于对长江中游沙市河段近期河势分析的航道总体治理方案的优化建议［J］.泥沙研究，2013（6）：75－80.

［52］ 周承庚.沙市盐卡新港区基地吹填工程施工方法简介［J］.水运工程，1995（4）：46－50.

［53］ 刘弟海，王丽.荆江大堤观音寺闸拆除爆破与安全监测［J］.长江科学院院报，1999（3）：51－53.

［54］ 邓凯斌，任飞鹏.颜家台闸闸门阻降原因检测分析［J］.科技资讯，2008（32）：97.